高等职业教育机电类专业系列教材

单片机原理与接口技术

主　编　朱玉红　林小军
副主编　常文春　穆　颖
参　编　国洪建　范　昕
主　审　徐创文

机 械 工 业 出 版 社

本书以89C51单片机为例，以单片机基础知识和系统应用为主线，介绍了开发单片机产品的方法和必备工具，以及开发单片机产品的全过程。主要内容包括单片机概述、单片机学习基础、单片机开发平台的建立、单片机芯片结构、单片机存储器、80C51的指令系统和程序设计、80C51单片机的中断、单片机定时/计数器、单片机的串口及应用、显示接口设计等内容。

全书从实际应用出发，将单片机的基本知识与基本原理、C51程序设计和典型实例教学有机地结合在一起，体系完整，便于自学和教学。

本书可作为高职高专应用电子技术、自动化、机电和计算机类专业的教材，也可作为电子爱好者和各类工程技术人员学习单片机应用技术的参考书。

为方便教学，本书有电子课件、思考与练习答案等教学资源，凡选用本书作为授课教材的老师，均可通过电话（010-88379564）或QQ（3045474130）索取。

图书在版编目（CIP）数据

单片机原理与接口技术/朱玉红，林小军主编．—北京：机械工业出版社，2013.1（2024.7重印）
高等职业教育机电类专业系列教材
ISBN 978-7-111-40855-0

Ⅰ.①单…　Ⅱ.①朱…②林…　Ⅲ.①单片微型计算机－基础理论－高等职业教育－教材②单片微型计算机－接口－高等职业教育－教材　Ⅳ.①TP368.1

中国版本图书馆CIP数据核字（2012）第318909号

机械工业出版社（北京市百万庄大街22号　邮政编码100037）
策划编辑：曲世海　责任编辑：曲世海　韩　静
版式设计：霍永明　责任校对：张　媛
封面设计：赵颖喆　责任印制：邓　博
北京盛通数码印刷有限公司印刷
2024年7月第1版第6次印刷
184mm×260mm · 14.75印张 · 363千字
标准书号：ISBN 978-7-111-40855-0
定价：45.00元

电话服务　　　　　　　　　　网络服务
客服电话：010-88361066　　机 工 官 网：www.cmpbook.com
　　　　　010-88379833　　机 工 官 博：weibo.com/cmp1952
　　　　　010-68326294　　金 书 网：www.golden-book.com
封底无防伪标均为盗版　　机工教育服务网：www.cmpedu.com

前 言

随着电子技术和计算机技术的发展，单片机应用系统已成为众多产品、设备的智能化核心，单片机技术在社会各个领域中获得了越来越广泛的应用，学习单片机并掌握其设计、使用技术已经成为当代大学生和一些工程技术人员必备的技能。为了适应这一人才培养目标，配合机电类、电子类及通信类等相关专业建设和教材改革的需要，特编写了本书。

本书以简单为特色，兼顾教学与应用，以教学为主导，以实用为主线，降低初学门槛，既不弱化理论，也不削弱实践。本书目的是让更多的人学习单片机，学会单片机。因为单片机应用是一门技能课，所以力求将单片机最基础的知识、技能和开发方法教授给学习者，在实践中不断地自学和充实，以此培养独立分析和解决问题的能力。

本书在介绍单片机时，是以 80C51 系列为例进行讲述的，而在介绍具体型号时，选用了 Atmel 公司的 AT89 系列产品。全书共分 16 个单元，主要包括单片机概述、单片机学习基础、单片机开发平台的建立、单片机芯片结构、单片机存储器、80C51 的指令系统和程序设计、80C51 单片机的中断、单片机定时/计数器、单片机的串口及应用、显示接口设计等内容。全书从实际应用出发，将单片机的基本知识与基本原理、C51 程序设计和典型实例教学有机地结合在一起，体系完整，便于自学和教学。

本书由朱玉红和林小军主编，朱玉红、穆颖编写了单元 9、单元 14、附录，林小军编写了单元 1、单元 5、单元 8、单元 10、单元 12，常文春编写了单元 2、单元 4、单元 6、单元 7，国洪建编写了单元 3、单元 11、单元 13、单元 16，国洪建、范昕编写了单元 15。

本书由徐创文教授担任主审，承蒙徐创文教授认真细致地审阅，提出了许多宝贵的修改意见和建议，在此谨致以诚挚的谢意。

本书可作为高等专科和高等职业院校的“单片机应用技术”课程教材，也可作为电类专业师生、单片机应用工程技术人员及单片机应用技术爱好者的参考书。

由于编者水平有限，书中难免有疏漏之处，恳请读者批评指正。

编 者

目　录

单元1　单片机概述

学习目的：了解什么是单片机，单片机的功能及单片机的分类，熟悉单片机的应用领域。

重点难点：单片机概念及分类。

外语词汇：CPU（中央处理器）、Input（输入）、Output（输出）、Single Chip Microcomputer（单片机）、Embedded（嵌入式）。

1.1　初识单片机

1.1.1　单片机的外观

单片机外观图如图1-1所示，其为C51单片机系列中的AT89C51单片机，外观与常见集成电路块类似，体积较小，尺寸一般为52mm×15mm。左右两侧各有一排金属引脚，共40个引脚（DIP40封装），用来与外部电路连接。单片机学习的很大一部分内容就是学习这些引脚的使用。

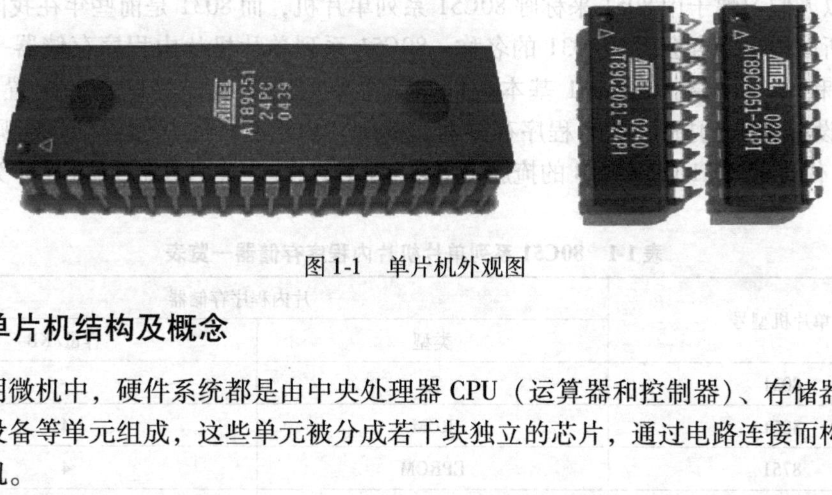

图1-1　单片机外观图

1.1.2　单片机结构及概念

在通用微机中，硬件系统都是由中央处理器CPU（运算器和控制器）、存储器、输入设备、输出设备等单元组成，这些单元被分成若干块独立的芯片，通过电路连接而构成一台完整的计算机。

如果将CPU芯片、存储器芯片、I/O接口芯片和简单的I/O设备（小键盘、LED数码显示器）等装配在一块印制电路板上，再配上监控程序（固化在ROM中），就构成了一台单板微型计算机（简称单板机）。

如果在一片集成电路芯片上集成中央处理器、存储器、I/O接口电路，即一块芯片就构成了一个完整的计算机系统，称为单片微型计算机，简称为单片机（Single Chip Microcomputer）。单片机组成框图如图1-2所示。准确反映单片机本质的叫法应该是微控制器（Microcontroller Unit），目前国外大多数厂家和学者已普遍采用MCU的叫法，也有人根据单片机的结构和微电子设计特点将单片机称为嵌入式微处理器（Embedded Microprocessor）或嵌入式微控制器（Embedded Microcontroller）。本书仍用单片机这一叫法。

图 1-2　单片机组成框图

通用微机、单板机及单片机示意图如图 1-3 所示。

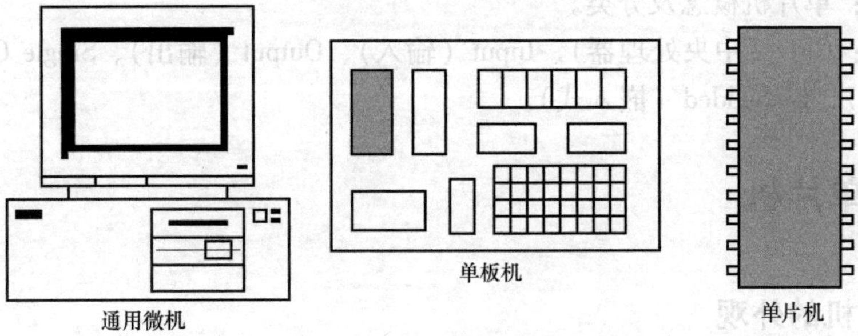

图 1-3　通用微机、单板机及单片机示意图

单片机是由美国 Intel 公司发明的。80C51 是指由 Intel 公司生产的一系列单片机的总称，这一系列单片机包括了许多型号，如 8031、8051、8751、8032、8052、8752 等。其中 8051 是最早最典型的产品，该系列其他单片机都是在 8051 的基础上进行功能的增、减、改变而来的，所以人们习惯于用 8051 来称呼 80C51 系列单片机，而 8031 是前些年在我国最流行的单片机，所以很多场合会看到 8031 的名称。80C51 系列单片机片内程序存储器一览表见表 1-1，8031 和 8751 的结构与 8051 基本相同，其主要差别反映在存储器的配置上的不同。8051 内部设有 4KB 的掩膜 ROM 程序存储器，8031 片内没有程序存储器，8751 则是以 4KB 的 EPROM 代替了 8051 内部 4KB 的掩膜 ROM，而 8951 则是以 4KB 的 FLASH 作为片内存储器。

表 1-1　80C51 系列单片机片内程序存储器一览表

单片机型号	片内程序存储器	
	类型	容量/KB
8031	无	
8051	ROM	4
8751	EPROM	4
8951	FLASH	4

单片机具有体积小、质量轻、价格便宜的特点，为应用和开发提供了便利条件。

众所周知，一台计算机价格要几千甚至上万元，但是一片单片机的价格只是十元左右，其体积也不大。那么，它的功能怎么样？有什么用途？

1.1.3　单片机的功能及应用

单片机的功能很强大，是电子产品的发展方向。单片机只要外接一些简单的电子元器件，并将编译好的程序下载到单片机的存储器中，就可以成为一个新的电子产品。单片机接上键盘可以进行信号输入，接上显示器可以实现数据显示，接上扬声器可以发出声音，可以定时计数，可以控制电动机和机器人，可以控制酒店门口的装饰彩灯，等等。可以说，凡是与控制或简单计算有关的电子设备都可以用单片机来实现。

目前单片机已渗透到人们生活的各个领域，如手机、电视、冰箱、洗衣机、门禁系统、航空航天、计算机的网络通信与数据传输、工业自动化过程的实时控制和数据处理、医疗器械、智能仪表、广泛使用的各种智能IC卡、民用豪华轿车的安全保障系统、录像机、摄像机，以及程控玩具、电子宠物等，这些都离不开单片机。

1.2　单片机基本知识简介

1.2.1　基本型和增强型

80C51系列又分为基本型（51子系列）和增强型（52子系列），并以芯片型号的最末位数字是1还是2来区别。增强型与基本型相比，其功能有以下变化：

1）片内ROM从4KB增加到8KB。

2）片内RAM从128B增加到256B。

3）定时/计数器从2个增加到3个。

4）中断源从5个增加到6个。

1.2.2　芯片中“C”和“S”的含义

80C51系列单片机采用两种半导体工艺生产：一种是采用高速度、高密度和短沟道HMOS工艺；另外一种是采用高速度、高密度、高功耗的互补金属氧化物的CHMOS工艺。

带“C”的芯片除了具有低功耗（例如，8051的功耗为630mW，而80C51的功耗只有120mW）的特点之外，还具有各I/O接口电平既与TTL电平兼容，也与MOS电平兼容的特点。

AT89S51/89S52带“S”的系列产品最大的特点是具有“在系统可编程”功能。用户只要连接好下载线，就可以在不拔下51芯片的情况下，直接在系统中进行编程。编程期间系统是不能运行程序的。

1.2.3　常用存储器类型

RAM：随机存取存储器。每一存储单元都可方便而快速地存取。通常RAM是指任何快速可写的易失性存储器。

ROM：只读存储器。一旦写入，存储内容便不能再更改。通常，ROM是指不易写入的非易失性存储器。

EPROM：电可编程ROM。可以使用特定的设备写入，并可用紫外线擦除重新写入。

EEPROM：电可擦除可编程ROM。用电擦除而不是像EPROM那样用紫外线擦除，可利用微控制器写入。

FLASH：一种容易写入，但速度较慢的非易失性存储器。

1.2.4 80C51与AT89C51

Intel公司在1980年推出80C51系列单片机，由于80C51单片机应用早，影响面很大，所以已经成为工业标准。后来很多著名厂商如Atmel、Philips等公司申请了专利权，生产了各种与80C51兼容的单片机系列。虽然制造工艺在不断地改进，但内核却没有变化，指令系统完全兼容，而且大多数引脚也兼容。因此，称这些与80C51内核相同的单片机为80C51系列单片机或51系列单片机。

AT89C51单片机是Atmel公司1989年生产的产品，Atmel率先把80C51内核与FLASH技术相结合，推出了轰动业界的AT89系列单片机。AT89C51单片机指令系统和引脚完全与80C51兼容。

1.2.5 AT89C51和AT89S51

AT89S51单片机是AT89C51单片机的改进版，新增加了很多功能，性能有了较大的提升，价格基本不变，甚至比AT89C51更低，与80C51单片机完全兼容。

AT89S51相对于AT89C51增加的新功能主要有：ISP在线编程功能，最高工作频率提升为33MHz，具有双工UART串行通道、内部集成看门狗计时器、双数据指示器、电源关闭标识、全新的加密算法，程序的保密性大大加强等。

注意，向AT89C51单片机写入程序与向AT89S51单片机写入程序的方法有所不同，所以购买的编程器，必须具有写入AT89S51单片机的功能，以适应产品的更新。Atmel公司现已停止生产AT89C51型号的单片机，由AT89S51型号的单片机将其替代。

1.3 单片机的型号

每种单片机的型号都是由一长串字母和数字构成，里面包含了芯片生产商、芯片家族、芯片的最高时钟频率、芯片的封装和产品等级等信息。

下面以AT89S52-24PU单片机型号为例介绍型号里各个字符表示的含义：

AT——生产商标志，表示该器件是Atmel公司的产品。

89——Atmel公司的89系列产品（内含FLASH存储器）。

S——表示可在线编程。另外，C表示是CMOS产品，LS表示低电压2.7~4V，LV表示低电压2.7~6V，LP表示低功耗单时钟周期指令。

52——表示存储器的容量是8KB。同理，53是12KB、54是16KB、55是20KB、51是4KB、2051是2KB等。

24——表示芯片的最高时钟频率为24MHz，还有33MHz、20MHz、16MHz等。

P——表示DIP封装。同理，S表示SOIC封装、Q表示PQFP封装、A表示TQFP封装、J表示PLCC封装、W表示裸芯片等。

U——表示芯片的产品等级为无铅工业产品，温度范围为-40~85℃。此外，C表示商业产品，温度范围为0~70℃；I表示工业产品，温度范围为-40~85℃；A表示汽车用产品，温度范围为-40~125℃；M表示军用产品，温度范围为-55~150℃。

1.4 单片机的分类

Intel 公司将 80C51 的核心技术授权给了很多其他公司，所以有很多公司在做以 8051 为核心的单片机，当然，功能或多或少有些改变，以满足不同的需求。

目前世界上单片机生产厂商很多，如 Intel、Atmel、Motorola、Philips、Siemens、NEC、ADM 和 Zilog 等公司，其主流产品有几十个系列、几百个品种。尽管其各具特色，名称各异，但其原理大同小异。

8051 结构单片机主要产品包括：

Intel 公司的 MCS-51 系列单片机；

Atmel 公司的 AT89 系列单片机；

深圳宏晶科技有限公司的 STC 系列单片机；

Philips 公司的 80C51、80C52 系列；

恩智浦公司的 P89 系列、LPC 系列；

Silicon Laboratories 公司的 C8051 系列单片机。

非 80C51 结构单片机新品不断推出，给用户提供了更为广阔的选择空间，近年来推出的非 80C51 系列的主要产品包括：

Atmel 公司的 AVR 系列单片机；

Microchip 的 PIC 系列单片机；

TI 的 MSP430F 系列 16 位低功耗单片机；

Zilog 公司的 Z8 系列单片机。

既然单片机如此之多，那么作为初学者应该选择哪一种作为入门芯片呢？

1.5 初学者的选择

初学者一般选择 80C51 系列单片机，因为介绍 80C51 系列单片机的书籍比较多，为初学者学习和查找资料提供了方便。同时，80C51 系列单片机的开发工具可在网上免费下载，很容易建立学习、开发环境，且 80C51 系列单片机在我国普及的时间比较早，开发和应用的实例比较多，在学习编写程序时有丰富的实例可以参考和借鉴。80C51 的核心技术是单片机发展的基础，学会 80C51 系列单片机之后，再学习其他单片机会触类旁通，因为单片机的开发方法是类似的。

对于国内的初学者，也可以选择深圳宏晶科技有限公司的 STC89C52RC 系列单片机或 Atmel 公司的 AT89S51 系列单片机。

思考与练习

1. 上网查询了解当前单片机的发展和应用状况。
2. 何谓单片机？单片机与一般微型计算机相比，具有哪些特点？
3. 请列出你所知道的生产、生活各个领域中，哪些产品是以单片机为核心的？

单元 2　单片机学习基础

学习目的： 掌握数制的转换方法，了解单片机制作常用元器件。

重点难点： 数制的转换方法。

外语词汇： bit（位）、byte（字节，常用 B 表示）、word（字）、Hexadecimal（十六进制）、Binary（二进制）、Breadboard（面包板）、Prototype Board（万用板）、Printed Circuit Board（印制电路板）、Capacitor（电容）、Resistor（电阻）、Crystal Oscillators（晶振）。

2.1　单片机常用术语

2.1.1　位

在计算机中，数据的最小单位是位。一盏灯的亮灭或者说一根线电平的高低，能代表两种状态，实际上这就是一个二进制位 1 或 0。因此就把一根线称之为一"位"，用 bit 表示，所以位就是指一位二进制数。尽管一位数据只能有两种状态 0 或 1，但若干位二进制数的组合就能表示各种数据和字符。

在计算机中广泛采用二进制数。为什么要采用二进制形式呢？这是因为二进制最简单，它仅有两个数字符号，这就特别适合用电子元器件来表示。制造有两个稳定状态的元器件一般比制造具有多个稳定状态的元器件要容易得多。

2.1.2　字节

一根线能表示 0 和 1，两根线能表达 00、01、10、11 四种状态，也就是能表示 0～3，而三根线能表示 0～7。计算机中常用 8 根线放在一起同时计数，就能表示 0～255 共 256 种状态。这 8 根线或者 8 位就称之为一个字节（B）。

故相邻的 8 位二进制数码称为一个字节，即 1B＝8bit，也可以说一个字节的长度是 8 位，16 位的二进制数便是 2 个字节，即 2B。在微型计算机中，通常数据都是以字节为单位存放的，每 1024 个字节（即 1024B）为 1KB。比 KB 大的单位还有 MB、GB 和 TB。

$$1\text{KB} = 2^{10}\text{B} = 1024\text{B}$$

$$1\text{MB} = 2^{20}\text{B} = 1024\text{KB}$$

$$1\text{GB} = 2^{30}\text{B} = 1024\text{MB}$$

$$1\text{TB} = 2^{40}\text{B} = 1024\text{GB}$$

2.1.3　字和字长

在计算机中，一串数码是作为一个整体来处理或运算的，称为一个计算机字，简称字（word）。字通常分为若干个字节。字的长度用位数来表示。计算机的每一个字所包含的二进制数码的位数称为字长。现代计算机的字长通常为 16 位、32 位、64 位。

2.1.4 电平的高与低

数字电路的高低电平只是一个相对的概念，要结合电源电压以及接口的逻辑电平种类来说。其中，按典型电压划分，TTL 和 CMOS 的逻辑电平可分为四类：5V 系列（5V TTL 和 5V CMOS）、3.3V 系列、2.5V 系列和 1.8V 系列。5V TTL 和 5V CMOS 逻辑电平是通用的逻辑电平。

CMOS 逻辑电平范围比较大，范围为 3 ~ 15V，比如 CMOS 4000 系列，当 5V 供电时，输出在 4.6V 以上为高电平，在 0.05V 以下为低电平；输入在 3.5V 以上为高电平，在 1.5V 以下为低电平。

而对于 TTL 芯片，供电范围为 0 ~ 5V，常见的 TTL 芯片都是采用 5V 供电，输出在 2.7V 以上为高电平，在 0.5V 以下为低电平；输入在 2V 以上为高电平，在 0.8V 以下为低电平。

计算机串口通信的 RS-232 电平：用正负电压来表示逻辑状态，逻辑 1 = -15 ~ -3V，逻辑 0 =3 ~ 15V。

2.2 数制与编码

2.2.1 数制

数制，即进位计数制，是人们利用数字符号按进位原则进行数据大小计算的方法。通常是以十进制来进行计算的。另外，还有二进制、八进制和十六进制等。为了加以区分，通常在二进制数后面加标志字符 B，在八进制数后面加标志字符 O，在十进制数后面加标志字符 D 或不加，在十六进制数后面加标志字符 H，如果十六进制数是以字符 A ~ F 开头的，应在前面加一个 0。

在计算机的数制中，要掌握三个概念，即数码、基数和位权。下面来介绍这三个概念。

数码：一个数制中表示基本数值大小的不同数字符号。例如，八进制有 8 个数码：0、1、2、3、4、5、6、7。

基数：一个数值所使用数码的个数。例如，八进制的基数为 8，二进制的基数为 2。

位权：一个数值中某一位上的 1 所表示数值的大小。例如，八进制的 123，1 的位权是 64，2 的位权是 8，3 的位权是 1。

二进制数是计算机工作的基础，在计算机中只能使用二进制数。所有指令、数据、字符和地址的表示，以及它们的存储、处理和传送，都是以二进制的形式进行的。

所谓二进制形式，是指每位数码只取两个值。要么是“0”，要么是“1”，数码最大值只能是 1，超过 1 就应向高位进位。

2.2.2 数制的转换

1. 二、十六进制转换为十进制

原则：按权展开后相加即可。

例：
$$1011B = 1\times 2^3 + 0\times 2^2 + 1\times 2^1 + 1\times 2^0 = 11$$
$$0A4H = 10\times 16^1 + 4\times 16^0 = 164$$

2. 十进制转换为二、十六进制

原则：整数部分，除2（16）取余，反序书写。

小数部分，乘2（16）取整，顺序书写。乘不尽时，按需取位。

3. 二进制转换为十六进制

原则：每4位二进制对应一位十六进制。

例：1011011011B = 2DBH

2.2.3 计算机中数值的表示方法

数值有正负之分，数值在计算机中的表示形式称为机器数。而把机器数所代表的实际数值称为机器数的真值。

计算机中规定，有符号数的最高位为符号位，“0”为 +，“1”为 -。

有符号数（以8位二进制为例）常用的表示形式有原码、反码和补码。

1. 原码表示法

原码表示法中最高位表示符号，其中如果符号位为0表示该数为正，符号位为1则表示该数为负。8位二进制原码的表示范围：-127～127。

0的原码有两种表示方法：

$$[+0]_{原} = 00000000 \qquad [-0]_{原} = 10000000$$

2. 反码表示法

正数的反码和原码相同，负数的反码是保持负数原码的符号位不变，而其余各位按位取反。8位二进制反码的表示范围：-127～127。

反码“0”也有两种表示方法：

$$[+0]_{反} = 00000000 \qquad [-0]_{反} = 11111111$$

3. 补码表示法

正数的补码与原码相同；负数的补码等于反码的最低位加1。8位二进制补码的表示范围：-128～127。

$$[+0]_{补} = 00000000 \qquad [-0]_{补} = 00000000$$

负数的补码再取补就得到原码。

2.2.4 二进制的算术运算和逻辑运算

1. 二进制的算术运算

（1）加法运算 0 + 0 = 0　0 + 1 = 1

1 + 0 = 1　1 + 1 = 10（逢2进1）

（2）减法运算 0 - 0 = 0　0 - 1 = 1（有借位）

1 - 0 = 1　1 - 1 = 0

（3）乘法运算 0 × 0 = 0　0 × 1 = 0

1 × 0 = 0　1 × 1 = 1

（4）除法运算 0/1 = 0　1/1 = 1

2. 二进制的逻辑运算

常用的逻辑运算共有四种，即逻辑“与”运算、逻辑“或”运算、逻辑“非”运算和逻辑“异或”运算。逻辑运算按位进行。

逻辑“或”运算原则：只要有一个为“真”，结果就为“真”。

逻辑“与”运算原则：两个都为“真”时，结果才为“真”。

逻辑“非”运算原则：按位取反运算。

逻辑“异或”运算原则：两个变量的逻辑状态不同时，结果为“真”；相同时，结果为“假”。

2.2.5　计算机中使用的编码

编码分为两类：一类是数的编码，另一类是文字符号的编码。

1. 数的编码

二-十进制编码（BCD码）：BCD码用于与十进制相互转换。BCD码用4位二进制表示0~9共10个数字编码。4位之内为二进制关系，每4位之间为十进制关系。

例：十进制35的BCD码表示为0011 0101。

二-十六进制编码（8421码）：8421码用4位二进制表示0~F共16个数字编码，4位之内为二进制关系，每4位之间为十六进制关系。

例：十进制28的8421码表示为0001 1100（1CH）。

2. 文字符号的编码

文字符号代码用于在计算机中表示西文字符、汉字以及各种符号，最常用的文字符号代码是ASCII（American Standard Code）。ASCII码表见附录A。

2.3　单片机电路制作常用元器件

2.3.1　面包板

面包板（Breadboard）是一种最常用的电子实验工具，是元器件实现电气连接的载体。面包板的表面有规则排列的供插装元器件的插孔，在面包板中间有一条中心分隔槽把它分成上、下两个部分。上半部分每列5个插孔之间是导通的，下半部分每列5个插孔之间也是导通的。而上、下部分插孔之间不导通。面包板结构示意图如图2-1所示。

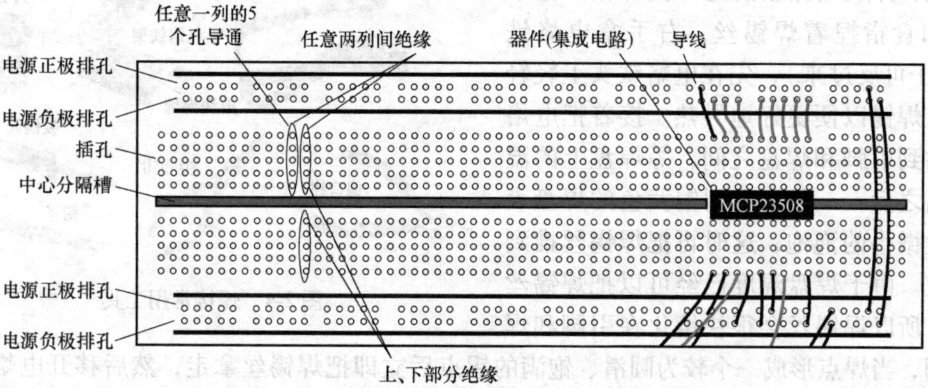

图2-1　面包板结构示意图

2.3.2 万用板

万用板（Prototype Board）是另一种接插元器件的实验工具，它与面包板完全不同，万用板结构示意图如图 2-2 所示。使用时，将元器件插在万用板的一面，使元器件的引脚穿过万用板上的过孔，在万用板另一面使用电烙铁将引脚与万用板上的焊盘焊接在一起，然后焊接导线，并通过导线实现元器件之间的电气连接。元器件一般都安装在万用板的同一面，而导线可以焊接在万用板的任意一面。

2.3.3 印制电路板

面包板和万用板一般只在电路设计、调试时使用，在成熟的电子产品中，电路的载体都是印制电路板（PCB），它是针对电路唯一设计出来的实现元器件焊装及电气连接的电路板。印制电路板是功能电路的最终表现形式，是电路设计的终极目标。电路原理图用软件（Protel 99 SE）设计出来以后，可用同一软件设计生成印制电路板图。把印制电路板图交给电路板生产厂家就可以把印制电路板加工出来。常见的印制电路板结构图如图 2-3 所示。

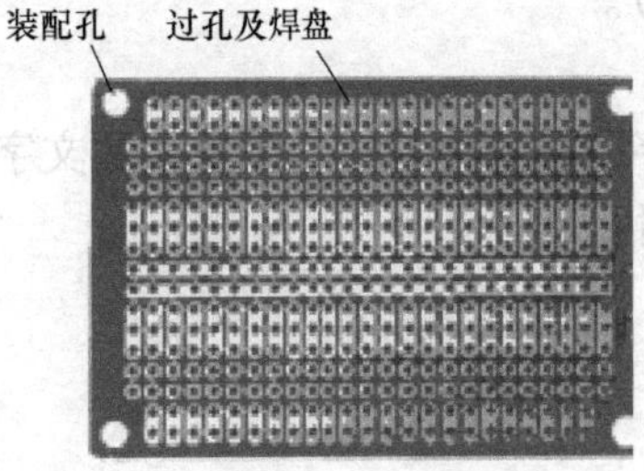

图 2-2 万用板结构示意图

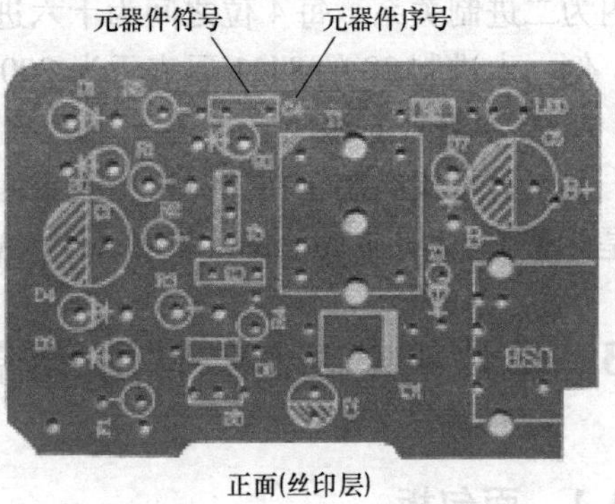

图 2-3 印制电路板结构图

2.3.4 焊接方法及其工具

焊接时，从个头较小的电阻、瓷介电容等元器件开始。把元器件的引脚插入印制电路板的过孔，并从电路板的另一侧伸出。左手拇指和食指捏着焊锡丝，右手拿电烙铁（左撇子可反过来），先在电烙铁头上轻轻蹭一点焊锡以便更好地导热。接着把电烙铁头贴到引脚和焊盘之间，等焊盘上的温度升高之后，一般会看到铜黄色的焊盘表面产生微小的泡泡，这时再把焊锡丝推到焊盘上。由于焊盘温度已经可以把焊锡丝熔化，所以焊锡丝会很快熔化在引脚和焊盘之间，当焊点形成一个较为圆滑、饱满的锡点后立即把焊锡丝拿走，然后移开电烙铁头，待焊锡冷却后即可形成一个焊点。焊接常用工具如图 2-4 所示。

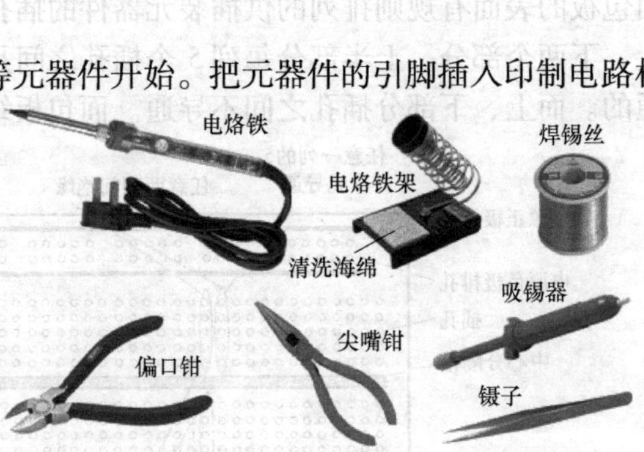

图 2-4 焊接常用工具

2.3.5 二极管

二极管（Diode）有两个引脚，这两个引脚分成正极和负极，电流只能从正极流向负极。电路符号中倒三角一端为正极，短横线一端为负极。实际器件中，二极管圆柱形外壳一端一般都有一个色环（银色、黑色、白色等），作为二极管负极的标记，与这个标记同侧的引脚为负极，另一侧的引脚则为正极。二极管外形及其符号如图2-5所示。有些二极管在圆柱形外壳上还印刷有器件的型号。注意，二极管的正极、负极在电路中是不能接反的，否则二极管发挥不了单向导电的作用，有时还会烧毁二极管。

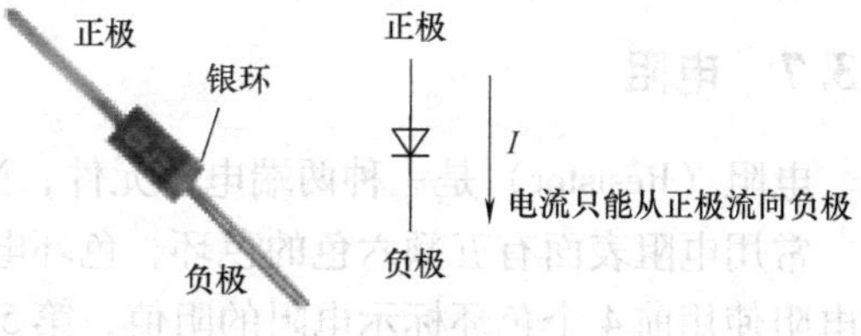

图2-5 二极管外形及其符号

2.3.6 电容

电容（Capacitor）是一种储能元件，它不允许直流电通过，但能让交流电通过。电容容量的大小用法拉（Farads，简写为F）来描述，这也是电容容量的单位。由于F（法）是一个非常大的单位，通常还有mF（毫法）、μF（微法）、nF（纳法）、pF（皮法）等，它们之间的换算关系为

$$1\text{F} = 10^3\text{mF} = 10^6\mu\text{F} = 10^9\text{nF} = 10^{12}\text{pF}$$

电容采取直观的数字标记法来指明容量，方法如下：

1）电容表面印刷有容量的数值和单位，如图2-6a所示，如1000μF等。另外，耐压值也常印在表面。

2）采用单位缩写的方法来标记，如图2-6b所示，如3n3代表3.3nF，33n代表33nF、4p7代表4.7pF。

3）采用纯数字的方法来标记，如图2-6c所示，如103，其中“10”代表容量的前两位数，最后一位“3”代表倍数（0的个数），单位一律是pF。所以103代表10 000pF，即10nF = 0.01μF。类似的222代表2200pF，474代表470000pF，即470nF等。

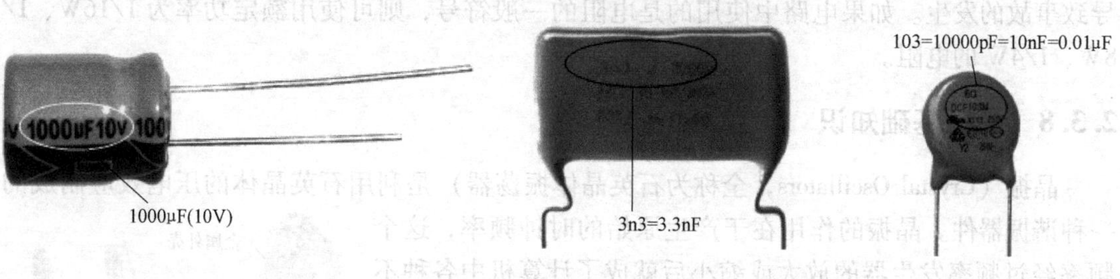

a）直接标记　b）带单位标记　c）纯数字标记

图2-6 电容外形及容量识别

电容工作在电路中，需要考虑其耐压值的问题。如果在其两端的电压超过了这个值，电容很有可能会被烧毁。如果电压超过得很夸张，那电容还会发生爆炸，甚至殃及其他元器件。电容的耐压值一般都会标记在其外壳上，在容量参数旁边往往都能找到其耐压值。如3n3的电容，其耐压值为2000V，说明施加在该电容两端的电压不能超过2000V。

注意，无论是铝电解电容还是钽电解电容都是有极性的电容，两个引脚有正、负极之分，在使用时切不可接反，否则很容易烧毁器件。此外，电解电容在选用时还需要注意其额定电压，在元件两端施加的电压值如果超过了其额定电压，元件就会发热甚至爆炸。

2.3.7 电阻

电阻（Resistor）是一种两端电子元件，当电流流过时，其两端的电压与电流成正比。

常用电阻表面有五颜六色的色环，色环电阻及颜色所代表的数值如图 2-7 所示。5（色）环电阻使用前 4 个色环标示电阻的阻值，第 5 个色环标示电阻的允许偏差。

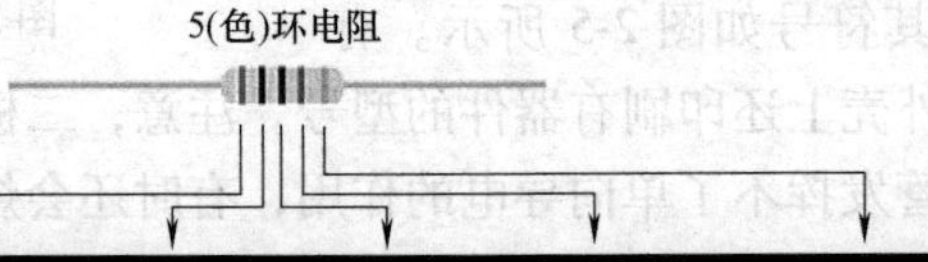

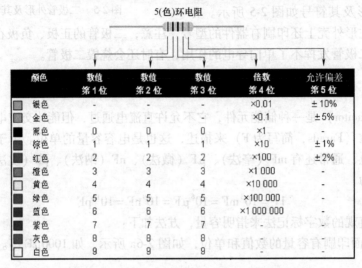

颜色	数值 第1位	数值 第2位	数值 第3位	倍数 第4位	允许偏差 第5位
银色	-	-	-	×0.01	±10%
金色	-	-	-	×0.1	±5%
黑色	0	0	0	×1	-
棕色	1	1	1	×10	±1%
红色	2	2	2	×100	±2%
橙色	3	3	3	×1 000	-
黄色	4	4	4	×10 000	-
绿色	5	5	5	×100 000	-
蓝色	6	6	6	×1 000 000	-
紫色	7	7	7	-	-
灰色	8	8	8	-	-
白色	9	9	9	-	-

图 2-7 色环电阻及颜色所代表的数值

电阻的功率也是常常需要考虑的。电路设计时需要明确电阻在电路中会获得多大的实际功率，从而选择一个额定功率比这个实际功率还要大的电阻。电阻的额定功率一般有 1/16W、1/8W、1/4W、1/2W、1W、2W、5W、10W 等几种。如果电阻功率大于 1/4W，应该在电路图中按照图所示的大功率电阻电路符号标明，否则很容易让自己或他人因误用电阻而导致事故的发生。如果电路中使用的是电阻的一般符号，则可使用额定功率为 1/16W、1/8W、1/4W 的电阻。

2.3.8 晶振基础知识

晶振（Crystal Oscillators，全称为石英晶体振荡器）是利用石英晶体的压电效应制成的一种谐振器件。晶振的作用在于产生原始的时钟频率，这个频率经过频率发生器的放大或缩小后就成了计算机中各种不同的总线频率。每一个晶振都有自己唯一且稳定的固有振荡频率，这个频率会印在晶振器件的外壳上。由于石英晶体的固有振荡频率不会随温度变化而改变，因此，晶振的振荡频率非常稳定，并且利用晶振设计的振荡器电路广泛应用于计算机、家电等各类电子系统中。常见晶振如图 2-8 所示，这是一种金属外壳封装的无源晶振，其两个引脚没有极性之分。

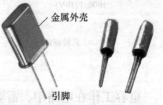

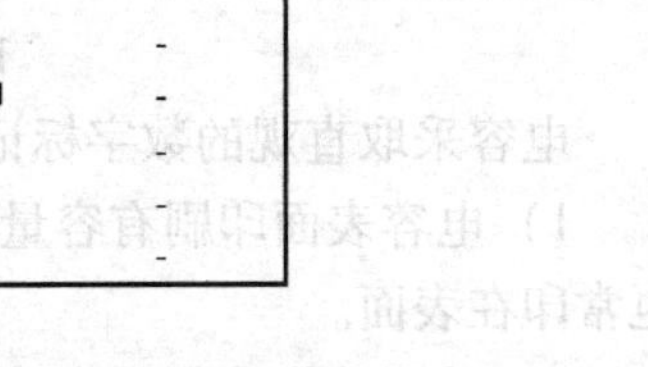

图 2-8 常见晶振

思考与练习

1. 什么是二进制？为什么在数字系统、计算机系统中采用二进制？

2. 把下列十进制数转化为二进制、十六进制和8421 BCD码：

(1) 135.625　　(2) 548.75

(3) 376.125　　(4) 254.25

3. 什么是原码、反码和补码？微型计算机中的数为什么常用补码表示？

4. 写出下列十进制数的原码、反码和补码（用8位二进制表示）：

(1) $x=+65$　　(2) $x=+115$

(3) $x=-65$　　(4) $x=-115$

5. 选择题

(1) 8位二进制补码表示的整数数据范围为（　　）。

A. −128 ~ 127　　B. −127 ~ 127　　C. −128 ~ 128　　D. −127 ~ 128

(2) 用8位二进制数表示的“0”的补码为（　　）。

A. 10000001B　　B. 11111111B　　C. 00000000B　　D. 10000000B

单元3 单片机开发平台的建立

学习目的：掌握单片机开发过程和开发环境的建立，掌握 Keil C51 的使用方法。

重点难点：Keil C51 的使用。

外语词汇：Integrated Develop Environment（集成开发环境）、Compile（编译）、Assembly（汇编）、Project（工程）。

学习单片机时，首先要建立一个单片机开发平台。只有在开发平台下动手练习，才能建立对单片机学习的兴趣，理解并掌握单片机的开发技巧。单片机开发平台由硬件平台和软件平台组成。

3.1 单片机开发过程

单片机开发的一般过程是首先进行硬件设计，然后根据硬件和系统的要求在开发环境中编写软件程序，程序调试成功后，再通过烧录器把程序写到单片机里。单片机开发流程如图 3-1 所示。

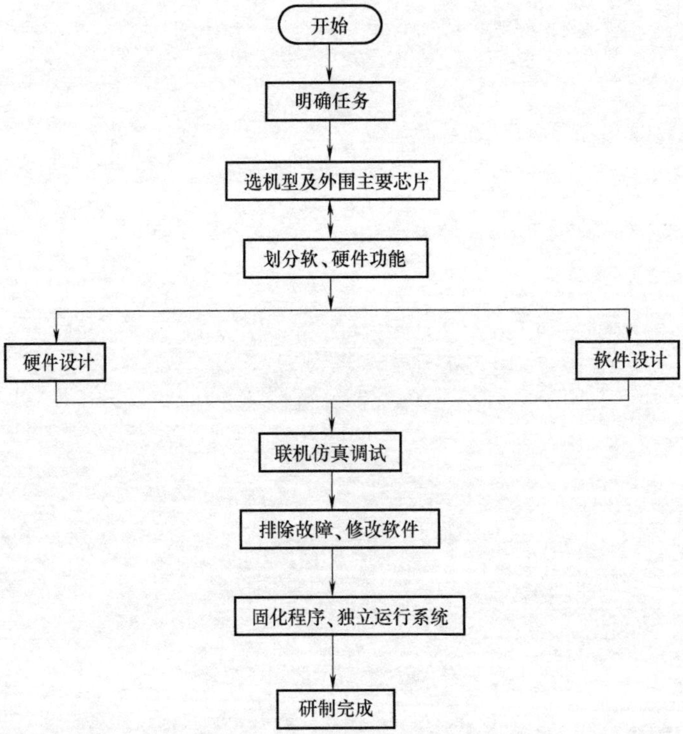

图 3-1 单片机开发流程

单片机初学者，不一定必须先要完成硬件设计，再进行软件设计。可以先掌握单片机运行和开发的一些基本技巧，然后在项目中深入学习和掌握单片机。不能等把所有的知识都掌握以后再去运用，这既不可能也不可取，要在干中学。

3.2 硬件平台建立

学习单片机光看书是不够的，也是学不会的。学单片机第一步是建立自己的硬件学习条件。首先需要一台计算机用于编程和学习，还需要一套单片机实验板（便宜的不到 100 元钱），简易实验板如图 3-2 所示，再就是买几块单片机芯片就可以了。

实验板用来进行单片机开发设计实践和验证程序的正确性，实验板一般配套程序下载电缆，现在很多单片机通过串口就可以下载，没有串口的计算机可以采用 USB 接口的下载线进行程序的下载，使用起来很方便。这样通过串口或 USB 接口下载线就将计算机与实验板连接成了一个系统。实验板和计算机连接示意图如图 3-3 所示。仿真器进行较复杂设计时用来调试单片机，方便实用，但价格高，初学者可以不买。

图 3-2 简易实验板

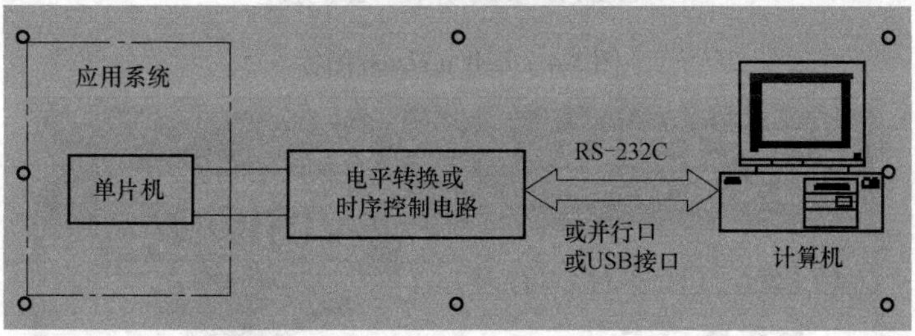

图 3-3 实验板和计算机连接示意图

3.3 软件平台建立

单片机开发光有硬件系统还不行，程序的编写和编译还需要一套单片机开发软件，一般叫做集成开发环境（Integrated Develop Environment，IDE）。IDE 是用于提供程序开发环境的应用程序，一般包括代码编辑器、编译器、调试器和图形用户界面工具，集成了代码编写功能、分析功能、编译功能、调试功能等一体化的开发软件。

常用的单片机集成开发环境有 Keil 公司的 μVision、伟福仿真软件、飞思卡尔公司的 Code Warrior 和 Microchip 公司的 MPLAB 等。本书以 Keil 公司的 μVision 为例进行介绍。

Keil C51（μVision）是美国 Keil software 公司专门为 80C51 系列单片机开发的第三方软件，它的免费测试版可在 www. keil. com 上下载，也可以在各种单片机网站上下载，虽然有 2KB 代码的限制，但足以满足初学者的需要。

3.3.1 Keil 集成开发环境安装方法

Keil C51 是由 Keil Software 公司出品的 51 系列兼容单片机 C 语言软件开发系统，是目前最流行的开发 80C51 系列单片机的软件。Keil C51 提供了包括 C 编译器、宏汇编、连接器、库管理和一个功能强大的仿真调试器等在内的完整开发方案，通过一个集成开发环境（μVision）将这些部分组合在一起。

3.3.2 Keil 工程的建立、设置与编译、连接

如果已正确安装了该软件，桌面上出现 Keil μVision 图标，如图 3-4 所示，可以直接双击 μVision 的图标以启动该软件。Keil μVision 启动画面如图 3-5 所示。

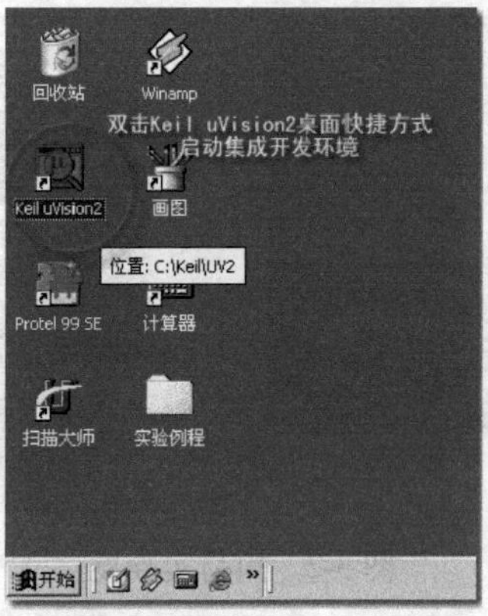

图 3-4 Keil μVision 图标

图 3-5 Keil μVision 启动画面

μVision 启动后，程序窗口的左边有一个工程管理窗口，如图 3-6 所示，该窗口有 5 个选项卡，分别是 Files、Regs、Books、Functions 和 Templates，这 5 个选项卡分别显示当前项目的文件结构、CPU 的寄存器及部分特殊功能寄存器的值（调试时才出现）、所选 CPU 的附加说明文件、函数和模板。如果是第一次启动 Keil，那么这 5 个选项卡全是空的。

在 μVision 中进行单片机程序开发，要建立工程、对工程进行设置、软件编写、编译、

连接等步骤。

1. 建立工程

在项目开发中，首先要为这个项目选择 CPU（Keil 支持数百种 CPU，而这些 CPU 的特性并不完全相同），确定编译、汇编、连接的参数，指定调试的方式，有一些项目还会由多个文件组成等。为管理和使用方便，Keil 使用工程（Project）这一概念，将这些参数设置和所需的所有文件都加在一个工程中，只能对工程而不能对单一的源程序进行编译（汇编）和连接等操作，下面就一步一步地来建立工程。

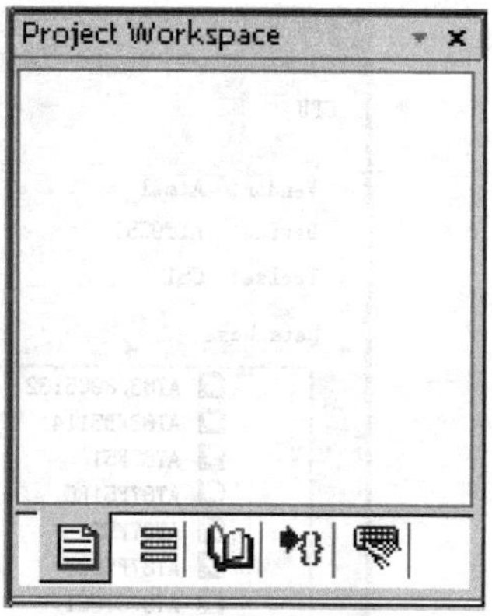

图 3-6 工程管理窗口

单击“Project→New Project…”菜单，出现建立新工程对话框，如图 3-7 所示，要求给将要建立的工程起一个名字。可以在编辑框中输入一个名字（如为 exam1），不需要扩展名。

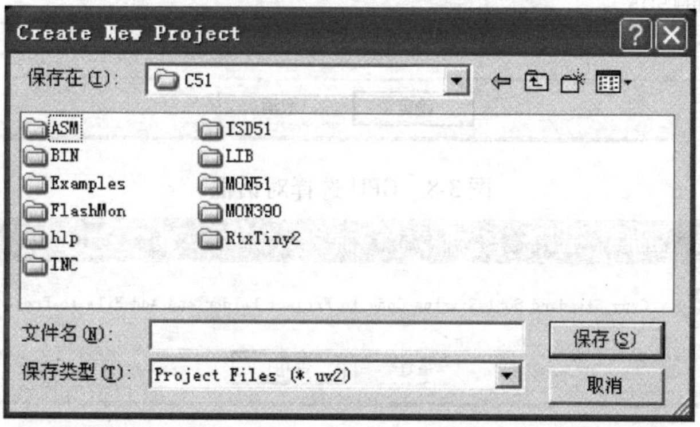

图 3-7 建立新工程对话框

单击“保存”按钮，出现 CPU 选择对话框，如图 3-8 所示，这个对话框要求选择目标 CPU（即所用芯片的型号）。Keil 支持的 CPU 很多，在此选择 Atmel 公司的 89C51 芯片。单击 ATMEL 前面的“+”号，展开该层，单击其中的 AT89C51，然后再单击“确定”按钮。

其后，会出现 8051 启动代码加载确认框，如图 3-9 所示。

选择“否”，不添加 8051 启动代码。

此时，在工程窗口的文件页中，出现了建立的工程界面，如图 3-10 所示，单击“Target1”前面的“+”号展开，可以看到下一层的“Source Group 1”，这时的工程还是一个空的工程，里面什么文件也没有，需要手动加入源程序。

2. 源程序的添加

使用菜单“File→New”或者单击工具栏的新建文件按钮，即可在项目窗口的右侧打开一个新的文本编辑窗口，在该窗口中输入以下汇编语言源程序：

```
ORG   0000H
MOV   A, #01H
MOV   B, #02H
ADD   A, B
SJMP  $
END
```

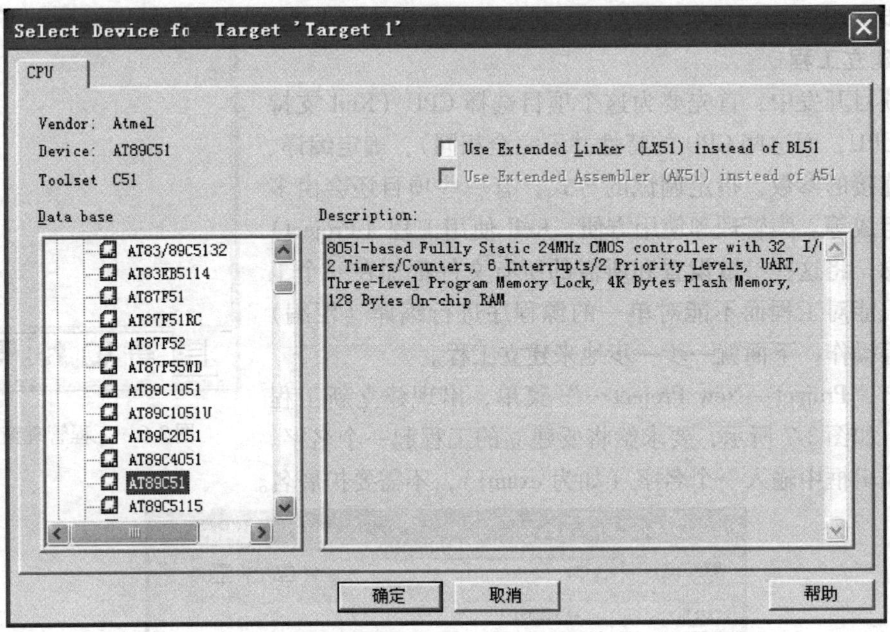

图 3-8　CPU 选择对话框

图 3-9　8051 启动代码加载确认框

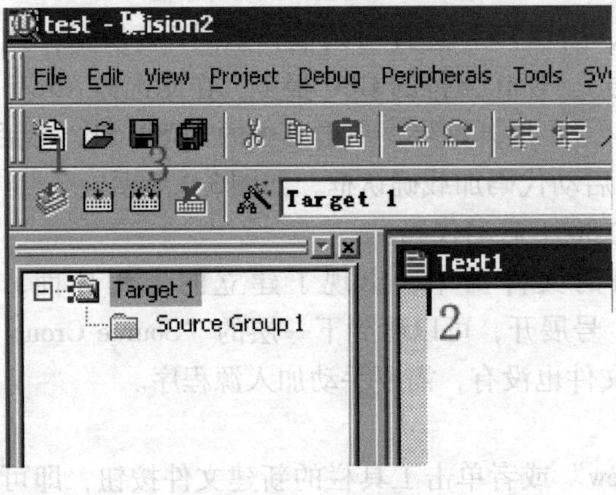

图 3-10　建立的工程界面

保存该文件，注意必须加上扩展名（汇编语言源程序一般用 asm 或 a51 为扩展名），这里将文件保存为 exam1. a51。

双击“Source Group 1”出现工程添加源文件对话框，如图 3-11a 所示，单击“Add Files to Group ‘Source Group 1’”，出现图 3-11b 所示的源文件添加对话框。注意，该对话框下面的“文件类型”默认为“C source file (＊. c)”，也就是以 c 为扩展名的文件，而汇编语言文件是以 asm 为扩展名的，所以在列表框中找不到 exam1. asm，要将文件类型改掉，单击对话框中“文件类型”后的下拉列表，找到并选中“Asm Source File（＊.a51，＊.asm）”。这样，在列表框中就可以找到 exam1.asm 文件了。

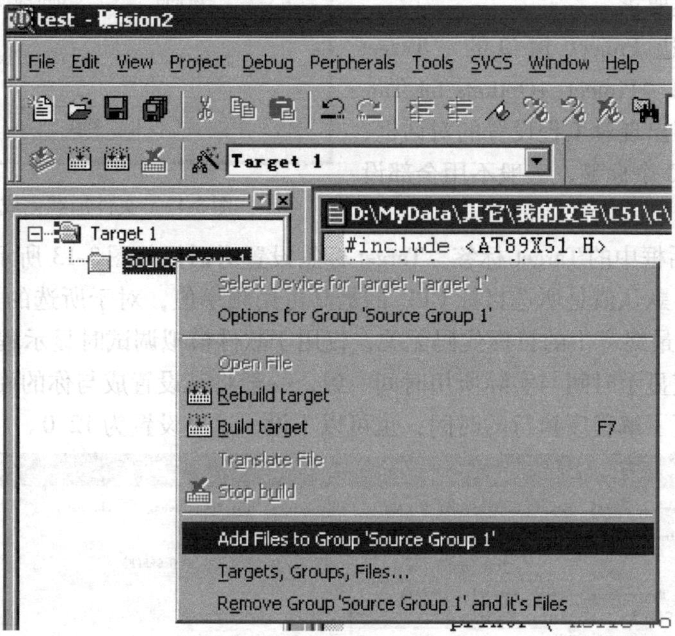

a）工程添加源文件对话框

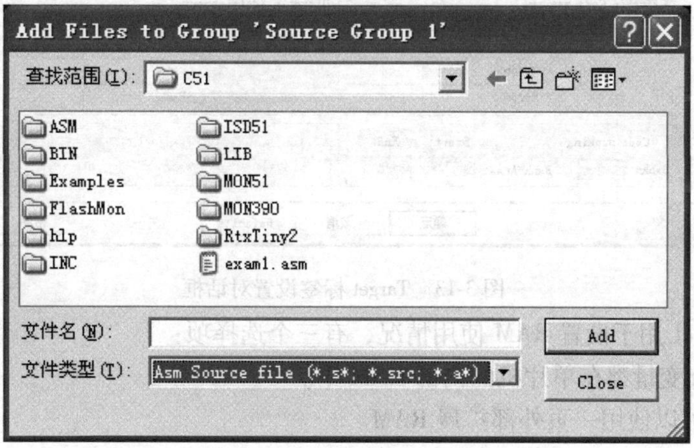

b）源文件添加对话框

图 3-11　向工程添加源文件对话框

双击 exam1.asm 文件，将文件加入项目，注意，在文件加入项目后，该对话框并不消失，等待继续加入其他文件，但初学时常会误认为操作没有成功而再次双击同一文件，这时会出现如图 3-12 所示的对话框，提示你所选文件已在列表中，此时应单击“确定”按钮，返回前一对话框，然后单击“Close”按钮即可返回主界面。

返回主界面后，单击“Source Group 1”前的“+”，会发现 exam1.asm 文件已在其中。双击文件名，即可打开该源程序。

3. 工程的设置

工程建立好以后，还要对工程进行进一步的设置，以满足要求。

首先单击左边 Project 窗口的 “Target 1”，然后使用菜单 “Project→Options for Target ‘Target 1’” 即出现对工程设置的对话框，这个对话框共有 10 个标签，一般不用全部设置，绝大部分设置项取默认值即可。

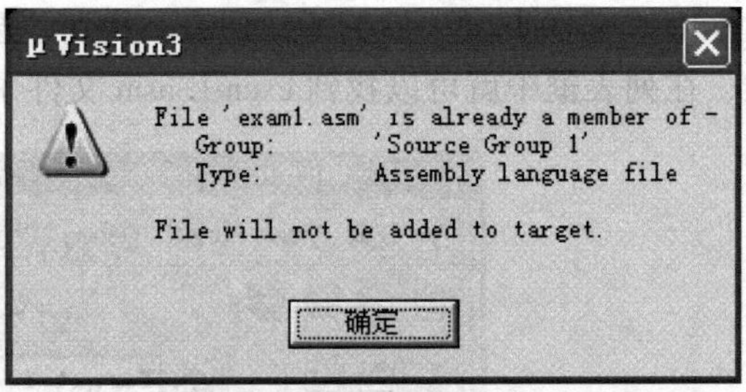

图 3-12　文件加载完成对话框

（1）设置对话框中的 Target 标签　Target 标签设置对话框如图 3-13 所示，Xtal 后面的数值是晶振频率值，默认值是所选目标 CPU 的最高可用频率值，对于所选的 AT89C51 而言是 24MHz，该数值与最终产生的目标代码无关，仅用于软件模拟调试时显示程序执行时间。正确设置该数值可使显示时间与实际所用时间一致，一般将其设置成与你的硬件所用晶振频率相同，如果没必要了解程序执行的时间，也可以不设，这里设置为 12.0。

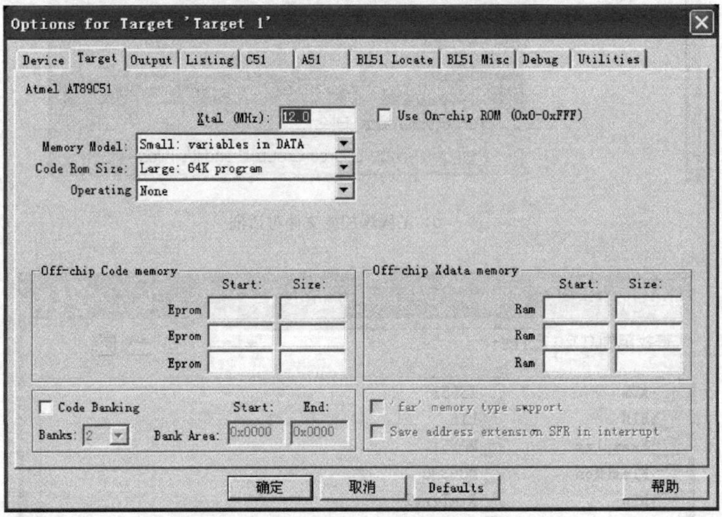

图 3-13　Target 标签设置对话框

Memory Model 用于设置 RAM 使用情况，有三个选择项：

Small 是所有变量都在单片机的内部 RAM 中。

Compact 是可以使用一页外部扩展 RAM。

Large 则是可以使用全部外部的扩展 RAM。

Code Rom Size 用于设置 ROM 空间的使用，同样也有三个选择项：

1）Small 模式，只用低于 2KB 的程序空间。

2）Compact 模式，单个函数的代码量不能超过 2KB，整个程序可以使用 64KB 程序空间。

3）Large 模式，可用全部 64KB。Use On-chip ROM 选择项，确认是否仅使用片内 ROM（注意：选中该项并不会影响最终生成的目标代码量）。

Operating 项是操作系统选择，Keil 提供了两种操作系统：Rtx tiny 和 Rtx full，通常不使用任何操作系统，即使用该项的默认值：None（不使用任何操作系统）。

Off-chip Code Memory 用以确定系统扩展 ROM 的地址范围，Off-chip xData Memory 组用

于确定系统扩展 RAM 的地址范围，这些选择项必须根据所用硬件来决定，对于本程序，未进行任何扩展，所以均不重新选择，按默认值设置。

(2) 设置对话框中的 Output 标签 Output 标签设置对话框如图 3-14 所示，其中“Create HEX File”用于生成可执行代码文件（可以是用编程器写入单片机芯片的 Hex 格式文件，文件的扩展名为 . Hex），默认情况下该项未被选中，如果要写片做硬件实验，就必须选中该项。选中“Debug Information”将会产生调试信息，这些信息用于调试，如果需要对程序进行调试，应当选中该项。“Browse Information”是产生浏览信息，该信息可以用菜单“View→Browse”来查看，这里取默认值。按钮“Select Folder for Objects”是用来选择最终的目标文件所在的文件夹，默认是与工程文件在同一个文件夹中。“Name of Executable”用于指定最终生成的目标文件的名字，默认与工程的名字相同，这两项一般不需要更改。

工程设置对话框中的其他各标签与 C51 编译选项、A51 的汇编选项、BL51 连接器的连接选项等用法有关，这里均取默认值，不作任何修改。

设置完成后单击“确定”按钮返回主界面，工程文件设置完毕。

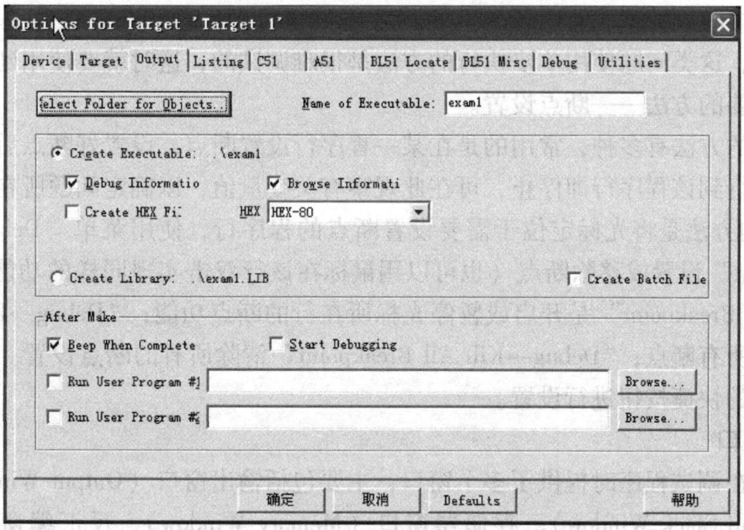

图 3-14 Output 标签设置对话框

3.3.3 Keil 的调试命令与方法

1. 调试命令

在对工程成功地进行汇编、连接以后，按组合键 < Ctrl + F5 > 或者使用菜单“Debug→Start/Stop Debug Session”即可进入调试状态，Keil 内建了一个仿真 CPU 用来模拟执行程序，该仿真 CPU 功能强大，可以在没有硬件和仿真机的情况下进行程序的调试。

进入调试状态后，Debug 菜单项中原来不能用的命令现在已可以使用了，工具栏会多出一个用于运行和调试的工具条。

学习程序调试，必须明确两个重要的概念，即单步执行与全速运行。全速运行是指一行程序执行完以后紧接着执行下一行程序，中间不停止，这样程序执行的速度很快，并可以看到该段程序执行的总体效果，即最终结果正确还是错误，但如果程序有错，则难以确认错误出现在哪些程序行。单步执行是每次执行一行程序，执行完该行程序以后即停止，等待命令执行下一行程序，此时可以观察该行程序执行完以后得到的结果，是否与写该行程序所想要得到的结果相同，借此可以找到程序中问题所在。程序调试中，这两种运行方式都要用到。使用菜单“STEP”相应的命令按钮或使用快捷键<F11>可以单步执行程序，使用菜单“STEP OVER”或功能键<F10>可以以过程单步形式执行命令，所谓过程单步，是指将汇编语言中的子程序或高级语言中的函数作为一个语句来全速执行。

另外，用鼠标在程序的某一行单击一下，把光标定位于该行，然后用菜单“Debug→Run to Cursor Line”，即可全速执行完当前位置与光标之间的程序行。

在全速运行方式下，遇到设置的断点处则也会停止运行。

在进入 Keil 的调试环境以后，如果发现程序有错，可以直接对源程序进行修改，但是要使修改后的代码起作用，必须先退出调试环境，重新进行编译、连接后再次进入调试。

注意，应当灵活应用多种调试方法，这样可以大大提高查错的效率。

2. 断点设置

程序调试时，一些程序行必须满足一定的条件（如程序中某变量达到一定的值、按键被按下、串口接收到数据、有中断产生等）才能被执行到，这些条件往往是异步发生或难以预先设定的，这类问题使用单步执行的方法是很难调试的，这时就要使用到程序调试中的另一种非常重要的方法——断点设置。

断点设置的方法有多种，常用的是在某一程序行设置断点，设置好断点后可以全速运行程序，一旦执行到该程序行即停止，可在此观察有关变量值，以确定问题所在。在程序行设置/移除断点的方法是将光标定位于需要设置断点的程序行，使用菜单“Debug→Insert/Remove Breakpoint”设置或移除断点（也可以用鼠标在该行双击实现同样的功能）；“Debug→Enable/Disable Breakpoint”是开启或暂停光标所在行的断点功能；“Debug→Disable All Breakpoint”暂停所有断点；“Debug→Kill All Breakpoint”清除所有的断点设置。这些功能也可以用工具条上的快捷按钮进行设置。

3. 调试窗口

Keil 软件在调试程序时提供了多个窗口，主要包括输出窗口（Output Window）、观察窗口（Watch&Call Stack Window）、存储器窗口（Memory Window）、反汇编窗口（Dissambly Window）、串行窗口（Serial Window）等。进入调试模式后，可以通过菜单“View”下的相应命令打开或关闭这些窗口。

（1）查看存储器　查看存储器窗口中可以显示系统中各种内存的值，通过在“Address”后的编辑框内输入“字母：数字”即可显示相应内存值，其中字母是代表查看的地址空间类型，地址空间类型见表 3-1，数字代表想要查看的地址。例如，输入 D：0 即可观察到地址 0 开始的片内 RAM 单元值，键入 C：30H 即可显示从 30H 开始的 ROM 单元中的值，即查看程序的二进制代码。

该窗口的显示值可以以各种形式显示，如十进制、十六进制、字符等，改变显示方式的方法是单击鼠标右键，然后在弹出的快捷菜单中进行选择。该菜单用分隔条分成三部分，其中第一部分与第二部分的三个选项为同一级别，选中第一部分的任一选项，内容将以整数形式显示，而选中第二部分的 Ascii 项则将以字符形式显示，选中 Float 项将相邻 4B 以浮点数形式显示，选中 Double 项则将相邻 8B 以双精度形式显示。第一部分又有多个选择项，其中 Decimal 项是一个开关，如果选中该项，则窗口中的值将以十进制的形式显示，否则按默认

表 3-1　地址空间类型

字母	查看的存储空间
C	代码存储空间
D	直接寻址的片内存储空间
I	间接寻址的片内存储空间
X	扩展的外部 RAM 空间

的十六进制的形式显示。Unsigned 和 Signed 后分别有三个选项：Char、Int、Long，分别代表以单字节方式显示、将相邻双字节以整型方式显示、将相邻 4B 以长整型方式显示，而 Unsigned 和 Signed 则分别代表无符号形式和有符号形式。究竟从哪一个单元开始的相邻单元则与你的设置有关，以整型为例，如果输入的是 I:0，那么 00H 和 01H 单元的内容将会组成一个整型数；而如果你输入的是 I:1，01H 和 02H 单元的内容将会组成一个整型数，以此类推。有关数据格式与 C 语言规定相同，默认以无符号单字节方式显示。

如要修改某个内存单元的值，在其单元上单击鼠标右键，弹出菜单的第三部分 Modify Memory at X：xx 用于更改鼠标处的内存单元值，选中该项即出现图 3-15 所示的内存单元修改对话框，可以在对话框内输入要修改的内容。

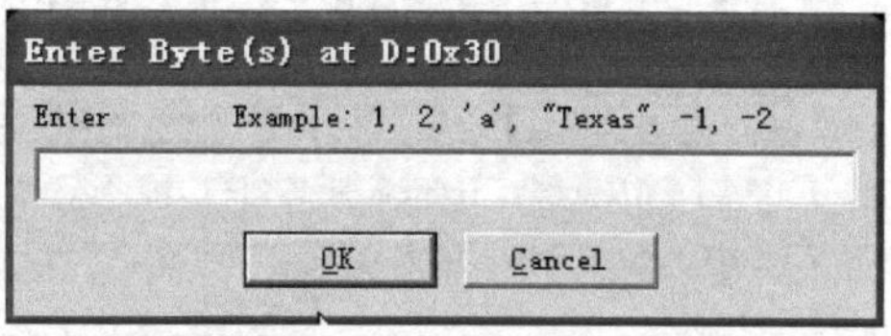

图 3-15　内存单元修改对话框

（2）查看寄存器　工程窗口寄存器界面包括了当前的工作寄存器组和系统寄存器组，工作寄存器组包含 R0 到 R7，系统寄存器组有一些是实际存在的寄存器，如 A、B、DPTR、SP、PSW 等，有一些是实际中并不存在或虽然存在却不能对其操作的，如 PC、Status 等。

3.4　程序下载方法

软件开发首先在集成开发环境的编辑器中编写程序，编写好后用编译器对源程序文件编译、查错，直到没有语法错误、程序运行正确为止。在源程序被编译后，生成了扩展名为 Hex 的目标文件，运行实验板下载程序 stc_isp_3.1，将编译生成的 Hex 文件下载到单片机的程序存储器，实验板（开发系统）上电后程序即可运行。

将编写好的程序下载到单片机程序存储器是单片机开发极为重要的一步。实验板使用前需连接好电源线与串口线，并保证此时单片机开发板上的单片机为 STC89C52RC 单片机。检查电源板上的电源指示灯是否亮起，如果没亮则检查 USB 电源线，如果已亮则关掉电源看后面的步骤。

首先安装购买实验板所带光盘目录下的 stc_isp_3.1 到个人计算机。启动软件后，就可将程序通过 USB 口下载到单片机中。程序下载过程如图 3-16 所示。

第 1 步：选择单片机型号。

第 2 步：找到“\ code”目录下“exam1. hex”文件并打开。

注意：使用 USB 转 232 线下载程序时，如图 3-16 中的“★”处所示，选择“COM4”（或者通过“右击我的电脑→属性→硬件→设备管理器→端口（COM 和 LTP）”查看安装到

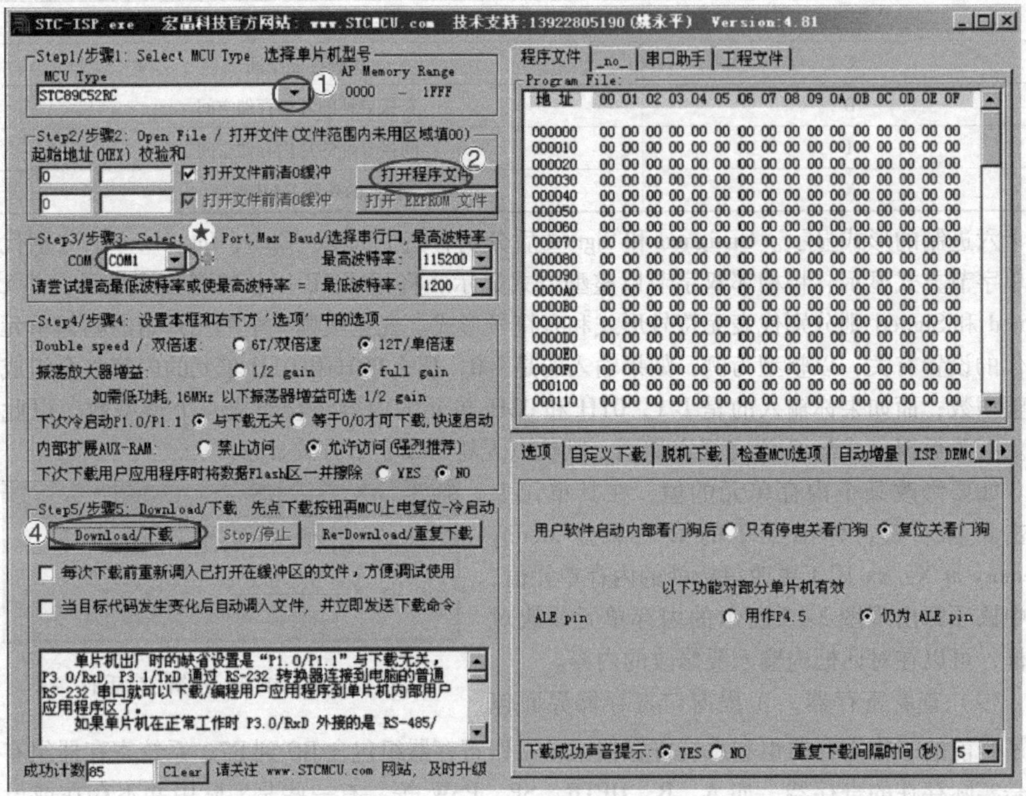

图 3-16 程序下载过程

哪个 COM 端)。

第 3 步:关闭电源,按下“OPEN”按钮,电源指示灯灭。

第 4 步:单击“Download/下载”窗口显示“仍在连接中,请给 MCU 上电……”。

第 5 步:打开学习板电源,电源指示灯亮,程序下载成功信息如图 3-17 所示。

图 3-17 程序下载成功信息

第 6 步:程序下载完毕,自动开始执行,可以单击“RST”复位,重新开始。

思考与练习

自己安装 Keil μVision 软件,体验其软件编写、编译、连接、调试和下载等功能。

单元4 单片机芯片结构

学习目的：掌握单片机的内部结构，熟悉单片机各引脚的功能，熟悉单片机输入/输出接口的基本使用。

重点难点：单片机内部结构和引脚、单片机输入/输出接口。

外语词汇：Pin（引脚）、Program Counter（PC，程序计数器）、Bus（总线）、Crystal Oscillator（晶振）。

单片机是单片机应用系统的核心，主要包括 CPU、存储器、输入/输出设备等部分，对初学者，需首先对其结构进行学习和了解。本章以 80C51 为例，详细介绍单片机的硬件基础知识，包括单片机的结构、工作原理、时序及复位电路等内容。

4.1 80C51 单片机外部引脚

80C51/89C51 是标准的 40 引脚双列直插式集成电路芯片，引脚排列图如图 4-1 所示。

单片机的 40 个引脚大致可分为四类：电源引脚、时钟引脚、控制引脚和并行 I/O 引脚。

1. 电源引脚

（1）V_{CC} 芯片电源，接 5V。

（2）V_{SS} 接地端。

2. 时钟引脚

（1）XTAL1 晶体振荡电路反相输入端。

（2）XTAL2 晶体振荡电路反相输出端。

当使用芯片内部时钟时，此二引线端用于外接石英晶体和微调电容；当使用外部时钟时，用于接外部时钟脉冲信号。

3. 控制引脚（共有 4 根控制线）

（1）ALE/$\overline{\text{PROG}}$ 地址锁存允许/片内 EPROM 编程脉冲。

1）ALE：用来锁存 P0 口送出的低 8 位地址。

2）$\overline{\text{PROG}}$：片内有 EPROM 芯片，在 EPROM 编程期间，此引脚输入编程脉冲。

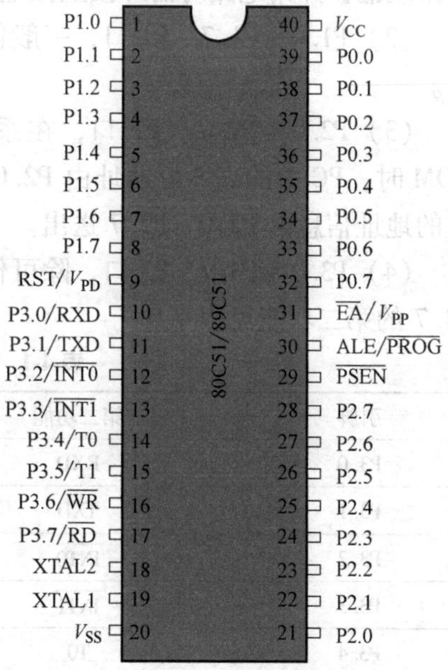

图 4-1 引脚排列图

（2）$\overline{\text{PSEN}}$ 片外 ROM 读选通信号。外部程序存储器读选通信号。在读外部 ROM 时，$\overline{\text{PSEN}}$有效（低电平），以实现外部 ROM 单元的读操作。

（3）RST/V_{PD} 复位/备用电源。

1）RST（Reset）：复位信号输入端。当输入的复位信号延续两个机器周期以上的高电平时即为有效，用以完成单片机的复位初始化操作。

2）V_{PD}功能：在 V_{CC}掉电情况下，接备用电源。

（4）$\overline{EA}/V_{PP}$　内外 ROM 选择/片内 EPROM 编程电源。

1）$\overline{EA}$：内外 ROM 选择端。访问程序存储控制信号。当信号为低电平时，对 ROM 的读操作限定在外部程序存储器；当信号为高电平时，对 ROM 的读操作是从内部程序存储器开始，并可延至外部程序存储器。

2）V_{PP}：片内有 EPROM 的芯片，在 EPROM 编程期间，施加编程电源 V_{PP}。

4. 并行 I/O 引脚

80C51 共有 4 个 8 位并行 I/O 口：P0、P1、P2、P3 口，共 32 个引脚。每一并行口包括输出锁存器、三态输入缓冲器、输出场效应晶体管。

引脚功能说明：

（1）P0.0～P0.7　P0 口，8 位双向口线。在系统扩展时，P0.0～P0.7 分时提供低 8 位地址信息和 8 位双向数据信息。

当单片机与外扩芯片交换信息时，P0.0～P0.7 先送出外扩芯片的低 8 位地址，并在 ALE 信号的作用下将地址信息锁存在外部锁存器中，然后再传送数据信息。

在没有外扩芯片时，P0.0～P0.7 作为一般的 I/O 口线使用，可以直接与外设通信。此外，由于 P0.0～P0.7 的输出驱动电路是开漏的，所以在使用 P0.0～P0.7 驱动集电极开路电路或漏极开路电路时需外接上拉电阻。

（2）P1.0～P1.7　P1 口，一般作通用 I/O 口线使用，用于完成 8 位数据的并行输入/输出。

（3）P2.0～P2.7　P2 口，在系统扩展时，P2.0～P2.7 输出高 8 位地址信息。外扩 ROM 时，PC 中的高 8 位地址由 P2.0～P2.7 送出；而当外扩 RAM 或 I/O 接口时，则 DPH 中的地址信息由 P2.0～P2.7 送出。

（4）P3.0～P3.7　P3 口，除可作通用 I/O 口线使用外，还具有第二功能，引脚 P3.0～P3.7 的第二功能见表 4-1。

表 4-1　引脚 P3.0～P3.7 的第二功能

引脚	第二功能	注释
P3.0	RXD	串行通信输入
P3.1	TXD	串行通信输出
P3.2	$\overline{INT0}$	外部中断 0 输入
P3.3	$\overline{INT1}$	外部中断 1 输入
P3.4	T0	定时器 0 外部输入
P3.5	T1	定时器 1 外部输入
P3.6	$\overline{WR}$	写信号
P3.7	$\overline{RD}$	读信号

并口总结：P0 口的输出级与 P1～P3 口的输出级在结构上是不同的，没有内部上拉电阻。因此，它们的负载能力和接口要求也各不相同，P1～P3 口也被称为准双向口。

1）P0 口的每一位可驱动 8 个 LSTTL 负载。P0 既可作 I/O 口使用，也可作地址总线/数据总线使用。当把它作通用口输出时，输出级是开漏电路，在驱动 NMOS 或其他拉电流负载时，只有外接上拉电阻，才有高电平输出；作地址总线/数据总线时，无需外接上拉电阻，但此时不能再作I/O口使用。

2）P1～P3口输出级接有内部上拉负载电阻，每位可驱动4个LSTTL负载。

3）P0～P3口都是双向I/O口，作输入时，必须先在相应端口锁存器上写“1”，使驱动管FET截止。系统复位时，端口锁存器全为“1”。

注意： Low-power Schottky TTL——低功耗肖特基TTL，LSTTL的功耗典型值为传统TTL的1/5。

4.2 80C51单片机的总线

总线（Bus）是计算机各种功能部件之间传送信息的公共通信干线，它是由导线组成的传输线束，按照计算机所传输的信息种类，计算机的总线可以划分为数据总线、地址总线和控制总线，分别用来传输数据、数据地址和控制信号。

1. 地址总线（AB）

地址总线宽度为16位，由P0口经地址锁存器提供低8位地址（A0～A7），P2口直接提供高8位地址（A8～A15）。地址信号是由CPU发出的，故地址总线是单方向的。地址总线的宽度决定了CPU的寻址范围。

2. 数据总线（DB）

数据总线宽度为8位，用于传送数据和指令，由P0口提供。数据总线是双向的。

3. 控制总线（CB）

控制总线随时掌握各种部件的状态，并根据需要向有关部件发出命令。

4.3 单片机内部结构

80C51单片机内部包括1个8位CPU、1个片内振荡器及时钟电路、256B的RAM（数据存储器）、4KB的ROM（程序存储器）、2个16位定时/计数器、32条可编程的I/O线（4个8位并行I/O端口）、1个全双工串口、5个中断源等。80C51内部结构框图如图4-2所示。

中央处理器CPU是单片机内部的核心部件，主要包括控制器、运算器等。

1. 控制器

控制器是识别指令，并根据指令性质控制计算机各组成部件进行工作的部件，与运算器一起构成中央处理器。在80C51单片机中，控制器包括程序计数器PC、指令寄存器IR、指令译码器、定时控制部分等逻辑电路。

程序计数器PC（Program Counter）是一个独立的计数器，不属于内部的特殊功能寄存器。PC中存放的是下一条将要从程序存储器中取出的指令的地址，具有自动加1的功能，即完成一条指令的执行后，其内容自动加1。

PC本身并没有地址，用户无法对它进行读写，但是可以通过转移、调用和返回等指令改变其内容，以控制程序按要求去执行。PC是一个16位的寄存器，由两个8位寄存器组成，其高8位用PCH表示，低8位用PCL表示，寻址范围为64KB。

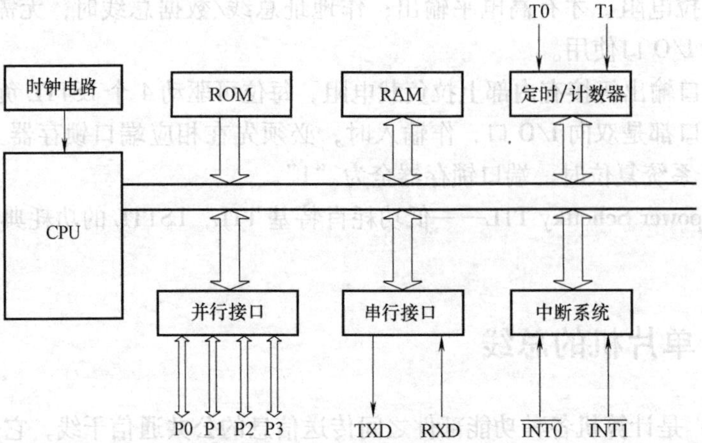

图 4-2　80C51 内部结构框图

当单片机上电复位时，PC =0000H，即指向程序存储器中的 0000H，单片机就把 0000H 上的代码取出执行。之后 PC 自动增加 1，变成 0001H，接着单片机就执行 0001H 单元地址中保存的代码。如图 4-3 所示，程序计数器的基本工作过程是：读指令时，程序计数器 PC 将其中的数作为所取指令的地址输出给程序存储器，然后程序存储器按此地址输出指令字节，同时程序计数器 PC 本身自动加 1，指向下一条指令地址。程序计数器 PC 变化的轨迹决定程序的流程。

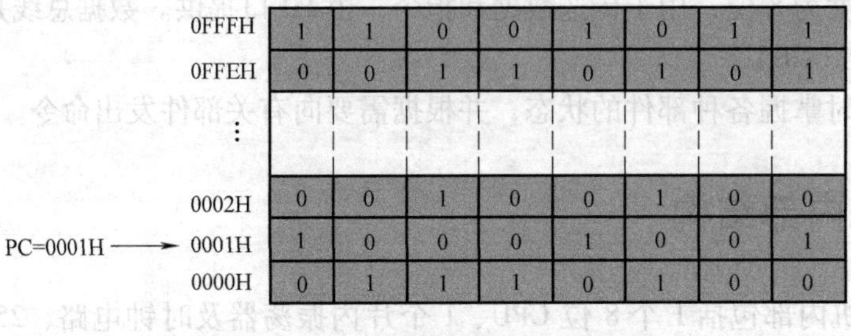

图 4-3　程序计数器的基本工作过程

指令寄存器 IR 是用来存放指令操作码的专用寄存器。执行程序时，首先进行程序存储器的读操作，也就是根据程序计数器给出的地址从程序存储器中取出指令，送指令寄存器 IR，IR 的输出送指令译码器；然后由指令译码器对该指令进行译码，译码结果送定时控制逻辑电路，指令寄存器工作过程如图 4-4 所示。

定时控制逻辑电路则根据指令的性质发出一系列定时控制信号，控制计算机的各组成部件进行相应的工作，执行指令。单片机的定时控制功能是用片内的时钟电路和定时电路来完成的。

2. 运算器

运算器主要用来实现对操作数的算术逻辑运算和位操作。如对传送到 CPU 的数据进行加、减、乘、除、比较、BCD 码校正等算术运算；“与”、“或”、“异或”等逻辑操作；移位、置位、清 0、取反、加 1、减 1 等操作。

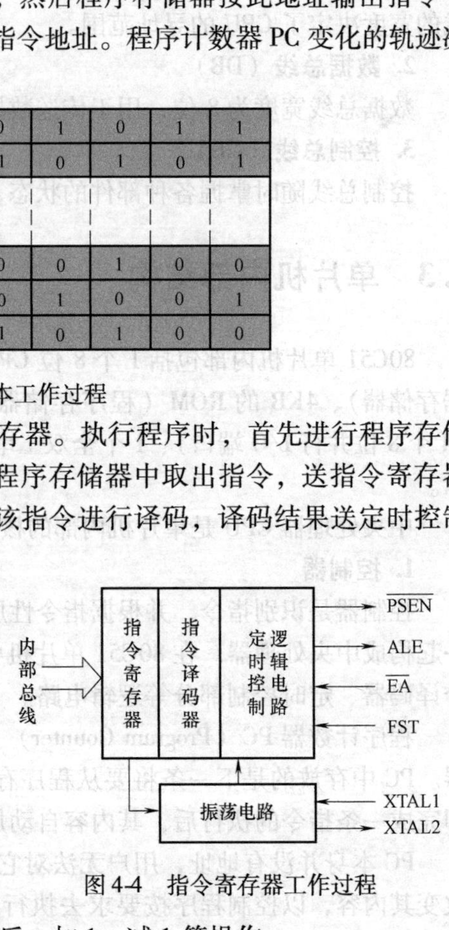

图 4-4　指令寄存器工作过程

80C51 的 ALU（Arithmetic Logical Unit，算术逻辑运算器）还具有极强的位处理功能，如位置 1、位清 0、位“与”、位“或”等操作。

4.4　单片机最小系统

单片机最小系统，或者称为最小应用系统，是指用最少的元器件组成的单片机可以工作的系统。对 51 系列单片机来说，最小系统一般应该包括单片机、时钟电路和复位电路等，单片机最小系统电路如图 4-5 所示。

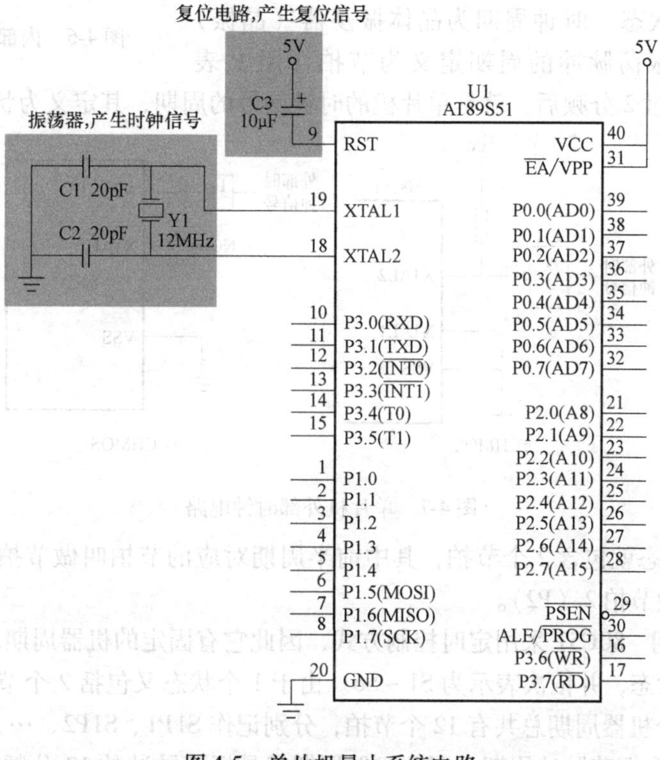

图 4-5　单片机最小系统电路

4.4.1　时钟电路与时序

单片机时钟电路有内部时钟方式和外部时钟方式两种方式。

1. 内部时钟电路

在 80C51 芯片内部有一个高增益反相放大器，其输入端为芯片引脚 XTAL1，其输出端为引脚 XTAL2。而在芯片的外部，XTAL1 和 XTAL2 之间跨接晶体振荡器（简称晶振）和微调电容，从而构成一个稳定的自激振荡器。内部时钟振荡电路如图 4-6 所示。

一般地，电容 C1 和 C2 取 30pF 左右，晶振的振荡频率范围是 1.2～12MHz。晶振的振荡频率高，则系统的时钟频率也高，单片机运行速度也就快。在通常应用情况下，80C51 使用振荡频率为 6MHz 或 12MHz。

2. 外部时钟电路

在由多片单片机组成的系统中，为了各单片机之间时钟信号的同步，应当引入唯一的公用外部脉冲信号作为各单片机的振荡脉冲。这时，外部的脉冲信号是经 XTAL2 引脚注入，单片机外部时钟电路如图 4-7 所示。

HMOS 和 CHMOS 单片机外部时钟信号接入方式不同。

3. 时序

时序是用定时单位来说明的。80C51 的时序定时单位共有 4 个，从小到大依次是节拍、状态、机器周期和指令周期。下面分别加以说明。

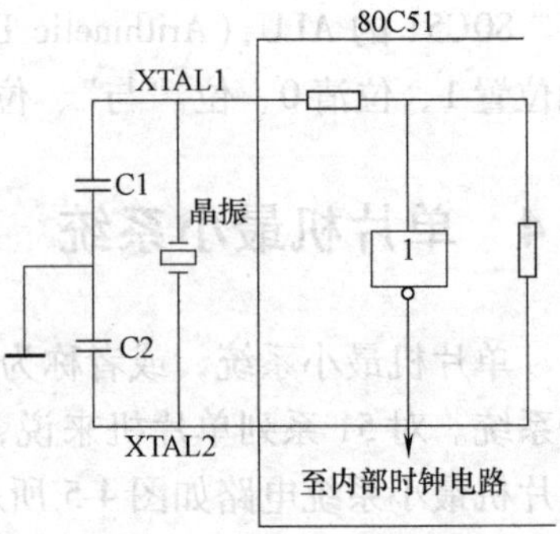

图 4-6 内部时钟振荡电路

(1) 节拍与状态 时钟周期为晶体振荡器（晶振）的振荡周期，把振荡脉冲的周期定义为节拍（用 P 表示）。振荡脉冲经过 2 分频后，就是单片机的时钟信号的周期，其定义为状态（用 S 表示）。

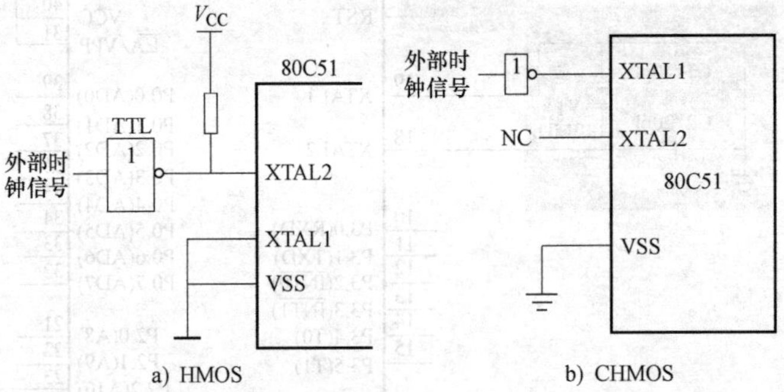

图 4-7 单片机外部时钟电路

这样，1 个状态就包含 2 个节拍，其中前半周期对应的节拍叫做节拍 1（P1），后半周期对应的节拍叫做节拍 2（P2）。

(2) 机器周期 80C51 采用定时控制方式，因此它有固定的机器周期。规定 1 个机器周期的宽度为 6 个状态，并依次表示为 S1 ~ S6。由于 1 个状态又包括 2 个节拍，称为 P1 相和 P2 相。因此，1 个机器周期总共有 12 个节拍，分别记作 S1P1、S1P2、…、S6P2。由于 1 个机器周期共有 12 个振荡脉冲周期，因此机器周期就是振荡脉冲的 12 分频。80C51 的 1 个机器周期和状态组成如图 4-8 所示。1 个机器周期中 ALE 信号两次有效。

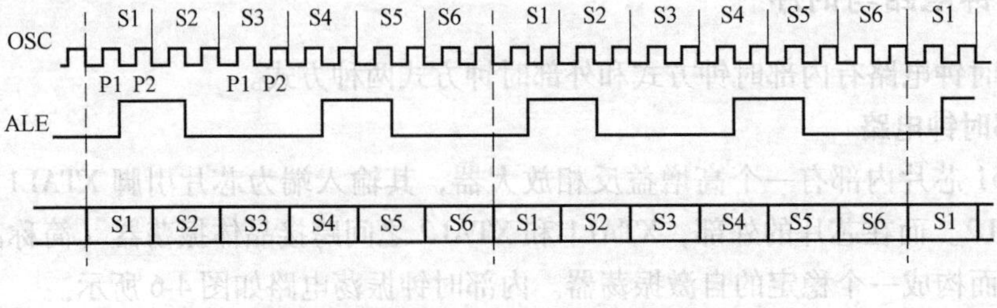

图 4-8 80C51 的 1 个机器周期和状态组成

当振荡脉冲频率为 12MHz 时，一个机器周期为 1μs；当振荡脉冲频率为 6MHz 时，一个机器周期为 2μs。

(3) 指令周期 指令周期是最大的时序定时单位，执行一条指令所需要的时间称为指令周期。它一般由若干个机器周期组成。不同的指令，所需要的机器周期数也不相同。通常，包含1个机器周期的指令称为单周期指令，包含2个机器周期的指令称为双周期指令。指令的运算速度与指令所包含的机器周期有关，机器周期数越少的指令执行速度越快。80C51单片机通常可以分为单周期指令、双周期指令和四周期指令等三种。四周期指令只有两条指令：乘法指令和除法指令，其余均为单周期指令和双周期指令。

单片机执行任何一条指令时都可以分为取指令阶段和执行指令阶段。80C51单片机的取指/执行时序如图4-9所示。

由图4-9可见，ALE引脚上出现的信号是周期性的，在每个机器周期内出现两次高电平。第一次出现在S1P2和S2P1期间，第二次出现在S4P2和S5P1期间。ALE信号每出现一次，CPU就进行一次取指操作，但由于不同指令的字节数和机器周期数不同，因此取指令操作也随指令不同而有小的差异。

图4-9a、b所示分别给出了单字节单周期指令和双字节单周期指令的时序。单周期指令的执行始于S1P2，这时操作码被锁存到指令寄存器内。若是双字节指令，则在同一机器周期的S4读第二字节。若是单字节指令，则在S4仍有读操作，但被读入的字节无效，且程序计数器PC并不增量。

图4-9c给出了单字节双周期指令的时序，两个机器周期内进行4次读操作码操作。因为是单字节指令，所以，后三次读操作都是无效的。

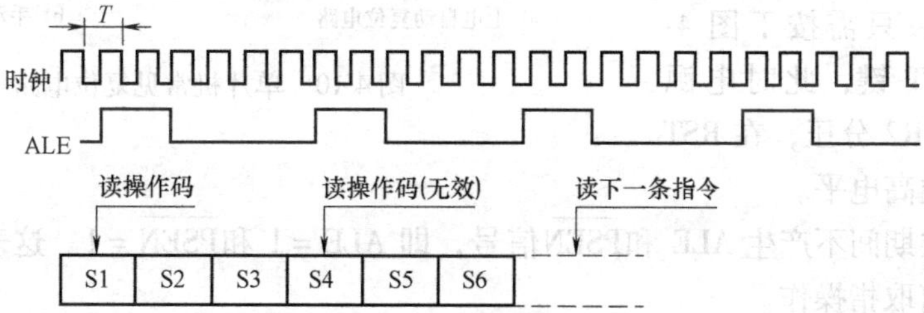

a) 单字节单周期指令

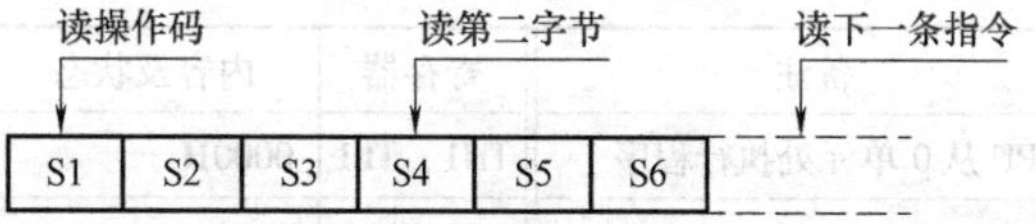

b) 双字节单周期指令

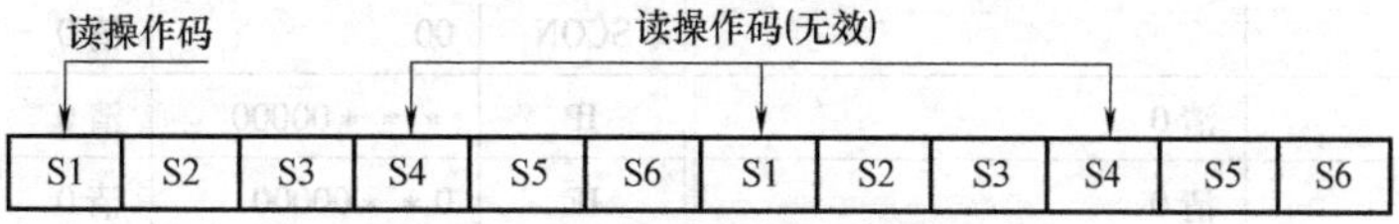

c) 单字节双周期指令

图4-9 80C51单片机的取指/执行时序

4.4.2 单片机的复位电路

复位是单片机初始化操作。单片机复位是使CPU和系统中的其他功能部件都处在一个确定的初始状态，并从这个状态开始工作，例如复位后PC=0000H，使单片机从第一个单元取指令。无论是在单片机刚开始接上电源时，还是断电后或者发生故障后都要复位，所以必须弄清楚80C51单片机复位的条件、复位电路和复位后的状态。

单片机复位的条件：必须使 RST/VPD 或 RST 引脚加上持续两个机器周期（即 24 个振荡周期）的高电平。例如，若时钟频率为 12MHz，每机器周期为 1μs，则需 2μs 以上时间，在 RST 引脚出现高电平后的第二个机器周期执行复位。

单片机常见复位电路如图 4-10 所示。外部复位电路有上电自动复位和手动按键复位。上电时，RST 端要保持一段时间高电平。复位电路由电容串联电阻构成，结合“电容电压不能突变”的性质，可以知道，当系统上电时，RST 端将会出现高电平，并且这个高电平持续的时间由电路的 *RC* 值来决定。

图 4-10a 为上电自动复位电路，它是利用电容充电来实现的。在接电瞬间，RST 端的电位与 V_{CC} 相同，随着充电电流的减小，RST 的电位逐渐下降。只要保证 RST 为高电平的时间大于两个机器周期，便能正常复位。

图 4-10b 为手动按键复位电路。该电路除具有上电复位功能外，若要复位，只需按下图 4-10b 中的 RESET 键，此时电源 V_{CC} 经电阻 R1、R2 分压，在 RST 端产生一个复位高电平。

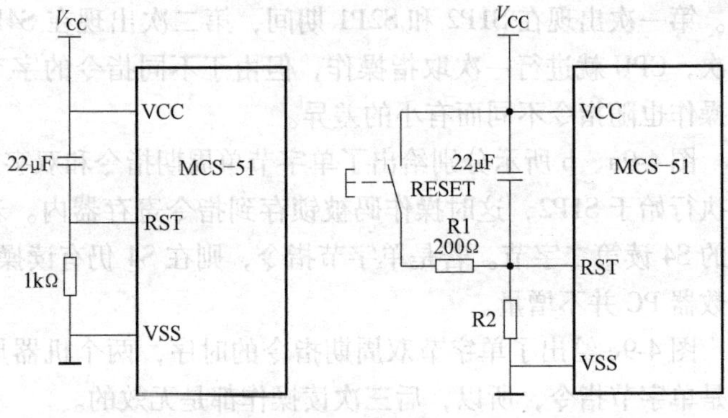

a) 上电自动复位电路　　b) 手动按键复位电路

图 4-10　单片机常见复位电路

单片机复位期间不产生 ALE 和 $\overline{PSEN}$ 信号，即 ALE = 1 和 $\overline{PSEN}$ = 1。这表明单片机复位期间不会有任何取指操作。

单片机复位后各专用寄存器的状态见表 4-2。

表 4-2　单片机复位后各专用寄存器的状态

寄存器	内容及状态	备注	寄存器	内容及状态	备注
PC	0000H	CPU 从 0 单元处执行程序	TH1、TL1	0000H	清 0
DPTR	0000H	清 0	P0 ~ P3	FFH	输出状态
PSW	00H	当前工作寄存器区为 0 区	SBUF	随机	状态不定
SP	07H		SCON	00	清 0
ACC	00H	清 0	IP	* * *00000	清 0
B	00H	清 0	IE	0 * *00000	清 0
TMOD	00H	清 0			
TH0、TL0	0000H	清 0			

注：*表示无关位。请注意：

1）复位后 PC 值为 0000H，表明复位后程序从 0000H 开始执行。

2）SP 值为 07H，表明堆栈底部在 07H。一般需重新设置 SP 值。

3）P0 ~ P3 口值为 FFH。P0 ~ P3 口用作输入口时，必须先写入“1”。单片机在复位后，已使 P0 ~ P3 口每一端线为“1”，为这些端线用作输入口做好了准备。

4.5　单片机最小系统的制作

掌握了单片机最小系统的组成及工作原理，就可以制作单片机的最小系统电路板。

制作单片机的最小系统电路前应先测试所有元器件，以保证所用元器件都合格。安装时为使实物焊接美观，建议按照元器件的高矮顺序依次焊接，即先焊接矮的元器件，再焊接高的元器件。另外集成块插座应按照印制电路板图中画的缺口方向安装（集成芯片暂不安装，待硬件调试中脱机检查确定无误后按联机调试顺序插入），焊接有极性的元器件时，注意不要装反，如电解电容、发光二极管等。

元器件安装后应按照参考电路元器件的型号、容量以及电路原理图来检查是否正确，制作完成的电路板如图 4-11 所示。

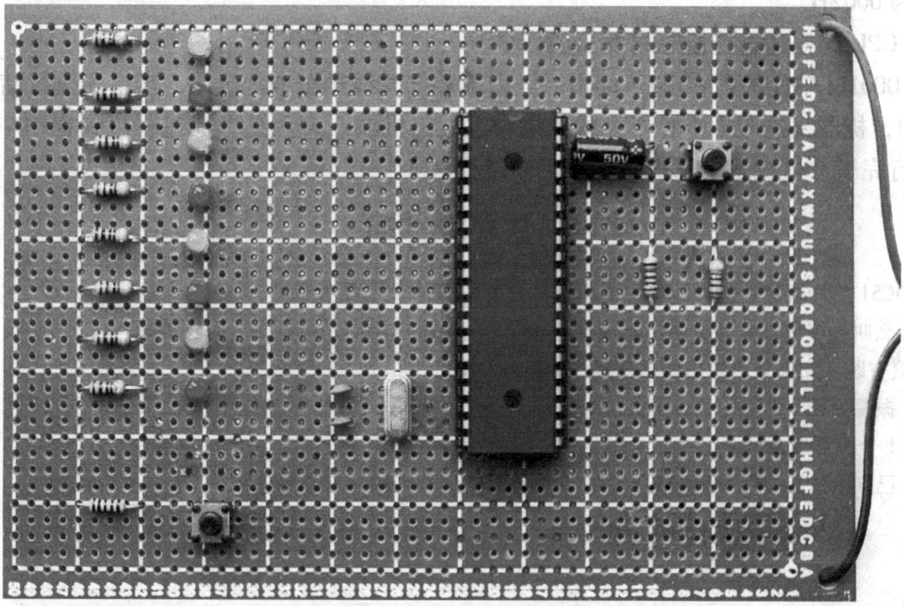

图 4-11　制作完成的电路板

特别注意：对于 31 脚（$\overline{EA}/V_{PP}$），当接高电平时，单片机在复位后从内部 ROM 的 0000H 开始执行；当接低电平时，复位后直接从外部 ROM 的 0000H 开始执行。这一点是初学者容易忽略的。

4.6　单片机的工作过程

单片机的工作过程实质上是执行用户编制程序的过程，一般程序的机器码都已固化到存储器中，因此开机复位后，就可以执行指令。执行指令又是取指令和执行指令的周而复始的过程。假设机器码 74H、E0H 已存在 0000H 开始的单元中，则此指令表示把 E0H 这个值送入 A 累加器。接通电源开机后，PC ＝0000H，下面来说明单片机的工作过程。

1. 取指令过程

1）PC 中的 0000H 送到片内的地址寄存器。

2）PC 的内容自动加 1 变为 0001H，指向下一个指令字。

3）地址寄存器中的内容 0000H 通过地址总线送到存储器，经存储器中的地址译码选中 0000H 单元。

4）CPU 通过控制总线发出读命令。

5）被选中单元的内容 74H 送内部数据总线上，该内容通过内部数据总线送到单片机内部的指令寄存器。到此，取指令过程结束，进入执行指令过程。

2. 执行指令的过程

1）指令寄存器中的内容经指令译码器译码后，说明这条指令是取数命令，即把一个立即数送 A 中。

2）PC 的内容为 0001H，送地址寄存器，译码后选中 0001H 单元，同时 PC 的内容自动加 1 变为 0002H。

3）CPU 同样通过控制总线发出读命令。

4）0001H 单元的内容 E0H 读出后经内部数据总线送至 A。至此，本指令执行结束。PC =0002H，机器又进入下一条指令的取指令过程。机器一直重复上述过程直到程序中的所有指令执行完毕，这就是单片机的基本工作过程。

思考与练习

1. 80C51 单片机芯片包含哪些主要组成部分？各有什么主要功能？
2. 什么叫指令周期？什么叫机器周期？80C51 的 1 个机器周期包括多少时钟周期？
3. 填空题：如果某单片机的振荡频率 $f_{osc}=12\text{MHz}$，则

（1）振荡周期 = ________ s = ________ ms = ________ μs。

（2）1 个机器周期 = ________ μs。

（3）已知乘法指令“MUL AB”是一条 4 周期指令，则执行这条指令需要________ μs。

单元 5 单片机存储器

学习目的： 掌握单片机存储器的结构，掌握单片机存储器的扩展方法。

重点难点： 单片机存储器的结构和扩展方法。

外语词汇： ROM（只读存储器）、RAM（随机存取存储器）、Special Function Register（特殊功能寄存器）、Program Status Word Register（程序状态字寄存器）、Accumulator（累加器）、Stack Pointer（堆栈指针）。

单片机存储器包括程序存储器和数据存储器。ROM 用于存放编好的程序和表格常数，因此称为程序存储器。RAM 可随时对存储器的内容进行读出写入操作，断电则信息丢失，因此这种存储器主要用于存放一些中间结果或不需要长期保留的数据，称为数据存储器。单片机的控制功能就是通过存储器控制外部引脚而实现的。程序存储器是只读性质，是单片机存放程序的地方，断电后数据不会消失，类似于计算机的硬盘。数据存储器是可读可写性质，用来存放程序运行中的数据，断电后数据消失，类似于计算机的内存。

5.1 存储器结构

单片微机的存储器有两种基本结构：一种是在通用微型计算机中广泛采用的将程序和数据合用一个存储器空间的结构，称为普林斯顿（Princeton）结构；另一种是将程序存储器和数据存储器截然分开，分别寻址的结构，称为哈佛（Harvard）结构。80C51 系列单片机采用哈佛结构。80C51 单片机存储器映像图如图 5-1 所示。

存储器就是用来存放数据的地方。它是利用电平的高低来存放数据的，也就是说，它存

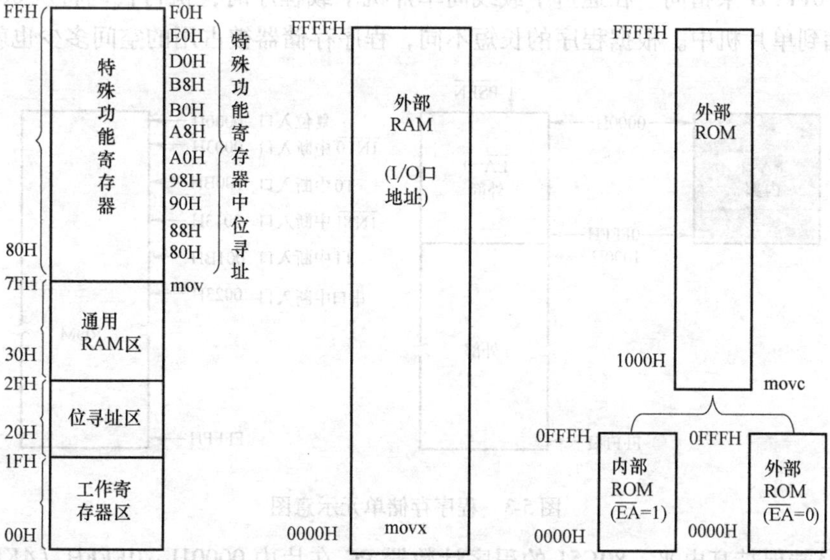

图 5-1 80C51 单片机存储器映像图

放的实际上是电平的高、低，即 0 和 1，而不是 1234 这样的数字。

存储器可以分为若干个存储单元，每个存储单元可以分为 8bit，每位存放 1 位二进制数。在理解存储器时，可以把它们看成是老中医的药柜（存储器）。药柜有好多抽屉（存储单元），一个抽屉有好几个格子（位），每个格子里存放着不同的药材（数据 0 或 1），每个抽屉都有自己的位置（地址）。因涉及的存储器多为 8 位，故存储器的一个单元就可看成是一个抽屉，这个抽屉有 8 个格子（位），因此可以保存一个 8 位数据。存储单元示意图如图 5-2 所示。

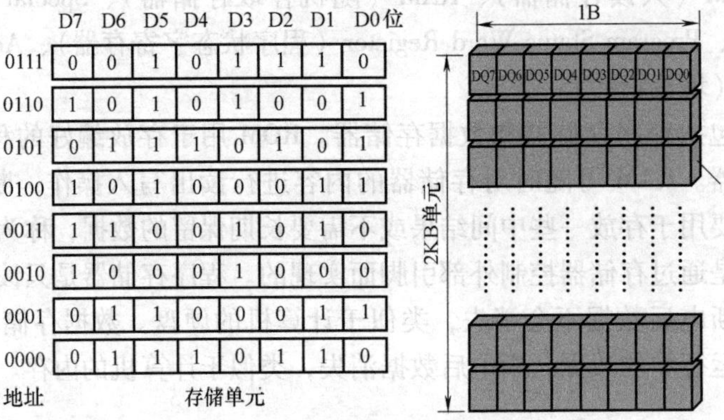

图 5-2　存储单元示意图

5.2 程序存储器

程序存储器用于存放编好的程序和表格常数，用 MOVC 指令访问。

单片机的程序存储器有片内和片外之分，程序存储单元示意图如图 5-3 所示。80C51 单片机的片内程序存储器容量为 4KB，即 4×1024B =4096B。这 4096B 片内程序存储器可用地址 0000H ~ 0FFFH 来指向。在通过下载线向单片机下载程序时，执行代码将从 0000H 开始，被依次存储到单片机中。根据程序的长短不同，程序存储器被占用的空间多少也就不同。

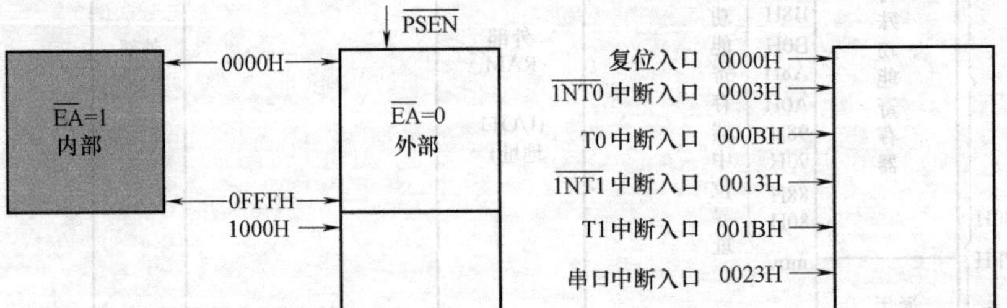

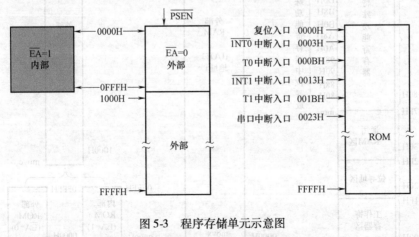

图 5-3　程序存储单元示意图

如果$\overline{EA}$端保持高电平，80C51 的程序计数器 PC 在片内 0000H ~ 0FFFH（4KB）范围内执行片内 ROM 程序，当 PC 值超出片内寻址范围 0FFFH 时，会自动转向片外 ROM 取指令。

如果$\overline{EA}$端保持低电平，80C51 的所有取指令操作均在片外程序存储器中进行，这时片外存储器可以从 0000H 开始编址。

在程序存储器中，以下 6 个存储空间具有特殊功能，不得随便占用，在编程时应注意：

0000H：80C51 复位后，PC＝0000H，即程序从 0000H 开始执行指令。

0003H：外部中断 0 入口。

000BH：定时器 0 溢出中断入口。

0013H：外部中断 1 入口。

001BH：定时器 1 溢出中断入口。

0023H：串口中断入口。

5.3　数据存储器

数据存储器用于存放中间运算结果或不需要长期保留的数据等。8051 内部有 256B 的内部数据存储器，其中 00H ~ 7FH 为内部随机存储器 RAM，80H ~ FFH 为专用寄存器区。

实际使用时应首先充分利用内部存储器，从使用角度讲，搞清内部数据存储器的结构和地址分配是十分重要的。因为将来在学习指令系统和程序设计时会经常用到它们。

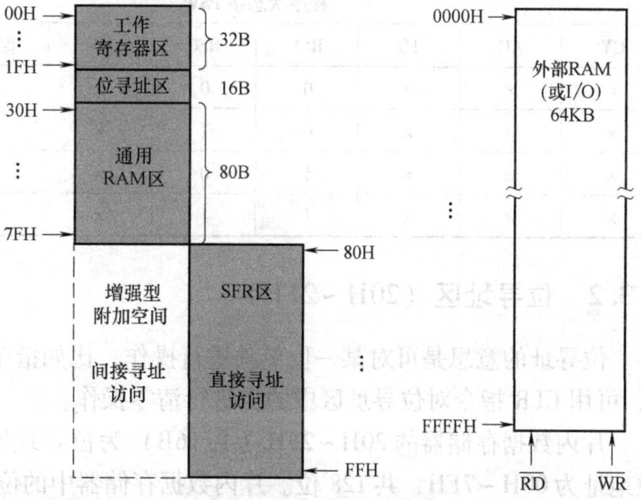

图 5-4　数据存储单元示意图

单片机的数据存储器也有片内和片外之分，数据存储单元示意图如图 5-4 所示。其外部最大容量可扩展到 64KB，用于存储实时输入的数据。片内数据存储器就是单片机中原有的数据存储器，即片内 RAM。片内数据存储器可分成三个部分：工作寄存器区、位寻址区、通用 RAM 区。这三个区都可用来保存单片机运行过程所产生的数据。

5.3.1　工作寄存器区（00H ~ 1FH）

00H ~ 1FH 地址为通用工作寄存器区，共分为 4 组，每组由 8 个工作寄存器（R0 ~ R7）组成，共占 32B，通用工作寄存器地址见表 5-1。在软件编程中，只能有一个组作为当前工作寄存器，其他按字节地址操作。复位时，当前组为 0 组。当前组由特殊功能寄存器 PSW 中的 RS0（PSW.3）和 RS1（PSW.4）位编程设定，RS0、RS1 与被选工作寄存器区对照表见表 5-2。

工作寄存器 R0 ~ R7 除了映射片内数据存储器的地址 00H ~ 07H 外，还可以映射向其余的地址 08H ~ 1FH。工作寄存器可用不同组别来称呼。80C51 单片机上电复位时工作寄存器默认的组别是第 0 组，即 R0 ~ R7 映射 00H ~ 07H。如果想改变当前程序使用的工作寄存器组别，可以通过更改程序状态字 PSW 中的第 3 位（RS0）和第 4 位（RS1）。

表 5-1　通用工作寄存器地址

第 0 组		第 1 组		第 2 组		第 3 组	
地址	工作寄存器	地址	工作寄存器	地址	工作寄存器	地址	工作寄存器
00H	R0	08H	R0	10H	R0	18H	R0
01H	R1	09H	R1	11H	R1	19H	R1
02H	R2	0AH	R2	12H	R2	1AH	R2
03H	R3	0BH	R3	13H	R3	1BH	R3
04H	R4	0CH	R4	14H	R4	1CH	R4
05H	R5	0DH	R5	15H	R5	1DH	R5
06H	R6	0EH	R6	16H	R6	1EH	R6
07H	R7	0FH	R7	17H	R7	1FH	R7

表 5-2　RS0、RS1 与被选工作寄存器区对照表

程序状态字 PSW								当前工作寄存器组别
CY	AC	F0	RS1	RS0	OV	保留	P	
×	×	×	0	0	×	×	×	第 0 组（00H ~ 07H）
×	×	×	0	1	×	×	×	第 1 组（08H ~ 0FH）
×	×	×	1	0	×	×	×	第 2 组（10H ~ 17H）
×	×	×	1	1	×	×	×	第 3 组（18H ~ 1FH）

5.3.2　位寻址区（20H ~ 2FH）

位寻址的意思是可对某一位单独进行操作，比如指令 SETB 可使位寻址区的任何一位置 1，可用 CLR 指令对位寻址区中的位进行清零操作。

片内数据存储器的 20H ~ 2FH（共 16B）为位寻址区，可用位寻址方式访问其各个位，位地址为 00H ~ 7FH，共 128 位。片内数据存储器中的位地址见表 5-3。

表 5-3　片内数据存储器中的位地址

单元地址	位地址 MSB（D7）←——LSB（D0）							
2FH	7FH	7EH	7DH	7CH	7BH	7AH	79H	78H
2EH	77H	76H	75H	74H	73H	72H	71H	70H
2DH	6FH	6EH	6DH	6CH	6BH	6AH	69H	68H
2CH	67H	66H	65H	64H	63H	62H	61H	60H
2BH	5FH	5EH	5DH	5CH	5BH	5AH	59H	58H
2AH	57H	56H	55H	54H	53H	52H	51H	50H
29H	4FH	4EH	4DH	4CH	4BH	4AH	49H	48H
28H	47H	46H	45H	44H	43H	42H	41H	40H
27H	3FH	3EH	3DH	3CH	3BH	3AH	39H	38H

（续）

单元地址	位地址							
	MSB（D7） ←							LSB（D0）
26H	37H	36H	35H	34H	33H	32H	31H	30H
25H	2FH	2EH	2DH	2CH	2BH	2AH	29H	28H
24H	27H	26H	25H	24H	23H	22H	21H	20H
23H	1FH	1EH	1DH	1CH	1BH	1AH	19H	18H
22H	17H	16H	15H	14H	13H	12H	11H	10H
21H	0FH	0EH	0DH	0CH	0BH	0AH	09H	08H
20H	07H	06H	05H	04H	03H	02H	01H	00H

在使用位寻址区中的位地址时，并不是直接操作20H~2FH这16个地址，而是用图示的映射地址来完成。假如程序中需要把20H上的D0位清0，就需要操作20H上的D0位所映射的地址——00H，于是指令可设计为“CLR 00H”。

5.3.3 通用RAM区（30H~7FH）

此地址在80C51中并未加以定义，由使用者自由使用，可以用来存放程序数据，这个区域存放数据的规则就是“先进后出，后进先出”，称之为堆栈。堆栈区的大小由使用者自行设定，栈底由堆栈指针SP开辟，然后向内存高地址处增加，最大值称为栈顶。SP值越小，堆栈空间越大；SP值越大，堆栈空间越小。堆栈结构图如图5-5所示。

5.3.4 特殊功能寄存器区（80H~FFH）

特殊功能寄存器（SFR）也称为专用寄存器，特殊功能寄存器反映了80C51单片机的运行状态。很多功能也通过特殊功能寄存器来定义和控制程序的执行。

80C51有21个特殊功能寄存器，它们被离散地分布在内部RAM的80H~0FFH地址中，这些寄存器的功能已作了专门的规定，用户不能修改其结构。其中有11个专用寄存器具有位寻址能力，它们的字节地址正好能被8整除。特殊功能寄存器见表5-4。

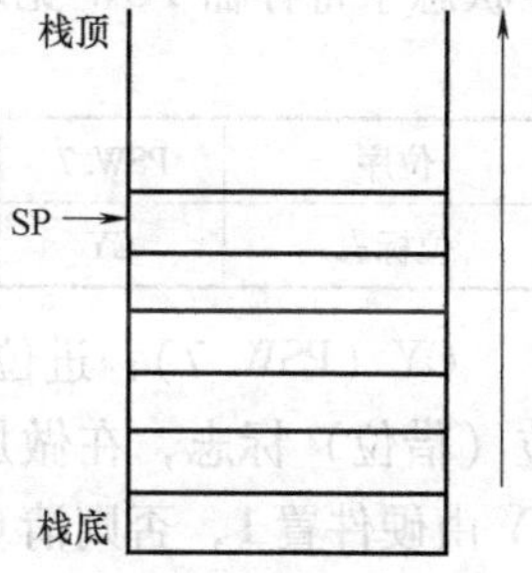

图5-5 堆栈结构图

表5-4 特殊功能寄存器

标志符号	地址	特殊功能寄存器名称
ACC	0E0H	累加器
B	0F0H	B寄存器
PSW	0D0H	程序状态字
SP	81H	堆栈指针
DPTR	82H、83H	数据指针（16位，含DPL和DPH）
IE	0A8H	中断允许控制寄存器
IP	0B8H	中断优先控制寄存器

（续）

标志符号	地址	特殊功能寄存器名称
P0	80H	I/O 口 0 寄存器
P1	90H	I/O 口 1 寄存器
P2	0A0H	I/O 口 2 寄存器
P3	0B0H	I/O 口 3 寄存器
PCON	87H	电源控制及波特率选择寄存器
SCON	98H	串口控制寄存器
SBUF	99H	串行数据缓冲寄存器
TCON	88H	定时控制寄存器
TMOD	89H	定时器方式选择寄存器
TL0	8AH	定时器 0 低 8 位
TH0	8CH	定时器 0 高 8 位
TL1	8BH	定时器 1 低 8 位
TH1	8DH	定时器 1 高 8 位

下面对其中一些主要的寄存器作简单介绍。

1. 与运算器有关的特殊功能寄存器（3 个）

（1）程序状态字寄存器 PSW　程序状态字寄存器是一个 8 位的寄存器，用于存放程序运行的状态信息，这个寄存器的一些位可由软件设置，有些位则由硬件运行时自动设置。程序状态字寄存器 PSW 见表 5-5，其中 PSW. 1 是保留位，未使用。

表 5-5　程序状态字寄存器 PSW

位序	PSW. 7	PSW. 6	PSW. 5	PSW. 4	PSW. 3	PSW. 2	PSW. 1	PSW. 0
位标志	CY	AC	F0	RS1	RS0	OV	—	P

CY（PSW. 7）：进位（借位）标志位，其功能主要有两方面：一是存放算数运算时的进位（借位）标志，在做加法（减法）运算时，如果操作结果的最高位有进位（借位）时，CY 由硬件置 1，否则清 0；二是在进行位操作时，CY 作为累加器 C（布尔处理器）使用，可进行位传送、位与位的逻辑运算等位操作，会影响该标志位。

AC（PSW. 6）：辅助进位标志位，当进行加、减运算，低 4 位向高 4 位有进位或借位时，AC 置 1，否则被清 0。AC 位常用于调整 BCD 码运算结果。

F0（PSW. 5）：用户标志位，供用户设置的标志位，可以根据自己的需要通过软件方法置位或复位 F0 位，用以控制程序的转向。

RS1 和 RS0（PSW. 4、PSW. 3）：工作寄存器组选择位。具体可参见本章的表 5-2。

OV（PSW. 2）：溢出标志位。带符号加减运算中，超出了累加器 A 所能表示的符号数有效范围（$-128\sim127$）时，即产生溢出，OV =1，表明运算结果错误，如果 OV =0，表明运算结果正确。

执行加法指令 ADD 时，当位 6 向位 7 进位，而位 7 不向 C 进位时，OV =1。或者位 6 不向位 7 进位，而位 7 向 C 进位时，同样 OV =1。执行乘法指令时，若乘积超过 255，OV =1。若乘积没有超过 255，OV =0。执行除法指令时，若除数为 0，OV =1，运算不被执行，否则 OV=0。

P（PSW.0）：奇偶标志位。表明运算结果累加器 A 中内容的奇偶性。如果 A 中有奇数个 1，则 P 置 1，否则置 0。凡是改变累加器 A 中内容的指令均会影响 P 标志位。

（2）累加器 ACC（Accumulator）　累加器 ACC 为 8 位寄存器，是最常用的专用寄存器，功能较多，地位重要。它既可用于存放操作数，也可用来存放运算的中间结果。80C51 单片机中大部分单操作数指令的操作数就取自累加器，许多双操作数指令中的一个操作数也取自累加器。

（3）寄存器 B　寄存器 B 是一个 8 位的寄存器，主要用于乘除运算，运算之前用于存放乘法的乘数和除法的除数，运算完成之后用于存放乘积的高 8 位和除法的余数。

2. 与指针有关的特殊功能寄存器（2 个）

（1）数据指针（DPTR）　数据指针 DPTR 为 16 位寄存器，编程时，既可以按 16 位寄存器来使用，也可以按两个 8 位寄存器来使用，即高位字节寄存器 DPH 和低位字节寄存器 DPL。

DPTR 主要是用来保存 16 位地址，当对 64KB 外部数据存储器寻址时，可作为间址寄存器使用，在访问程序存储器时，DPTR 可用来作基址寄存器，采用基址 + 变址寻址方式访问程序存储器，这条指令常用于读取程序存储器内的表格数据。

（2）堆栈指针 SP（Stack Pointer）　堆栈是一种数据结构，它是一个 8 位寄存器，它指示堆栈顶部在内部 RAM 中的位置。有两个作用，一是在中断或子程序调用时临时保存一些数据信息，二是作为特殊的数据交换区。

系统复位后，SP 的初始值为 07H，但从 RAM 的结构分布中可知，00H ~ 1FH 隶属工作寄存器区，若编程时需要用到这些数据单元，必须对堆栈指针 SP 进行初始化，一般设在 30H ~ 7FH。

数据的写入堆栈称为入栈（PUSH），从堆栈中取出数据称为出栈（POP），入栈和出栈遵循“先进后出，后进先出”的规则，也即最先入栈的数据放在堆栈的最底部，而最后入栈的数据放在栈的顶部，因此，最后入栈的数据出栈时则是最先的。

3. 与接口有关的特殊功能寄存器（7 个）

1）并行 I/O：P0、P1、P2、P3（4 个），均为 8 位，可实现数据在接口输入/输出。

2）串口数据缓冲器 SBUF。

3）串口控制寄存器 SCON。

4）串行通信波特率倍增寄存器 PCON。

4. 与中断相关的寄存器（2 个）

1）中断允许寄存器 IE。

2）中断优先级控制寄存器 IP。

5. 与定时/计数器 T0、T1 有关的寄存器（6 个）

1）定时/计数器 T0 为 16 位的加 1 定时/计数器，由低 8 位 TL0 和高 8 位 TH0 构成。

2）定时/计数器 T1 为 16 位的加 1 定时/计数器，由低 8 位 TL1 和高 8 位 TH1 构成。

3）定时/计数器的工作方式寄存器 TMOD。

4）定时/计数器控制寄存器 TCON。

特别注意容易混淆的两个寄存器：

PC（Program Counter）——程序计数器，通常理解为“指向下一运行指令的指针”，它有一个特殊的用法：MOVC A，@A+PC，该指令本身是用PC作为基地址去查表，因此PC事实上是指向程序存储器的。

DPTR（Data Pointer）——数据指针，它本身是一个通用的16位寄存器，由DPL和DPH两个8位寄存器组合构成，它是一个通用的指针，既可以指向数据存储器（MOVX指令），也可以指向程序存储器（MOVC指令）。

5.4 存储器的扩展

5.4.1 存储器三总线扩展方法

当单片机程序较长、片内存储器容量不够时，用户必须在单片机外部扩展存储器。80C51单片机有16条地址线，即P0口和P2口，因此最大寻址范围为64 KB（0000H～0FFFFH）。存储器的扩展主要考虑以下几个问题：

1）数据线的连接。

2）地址线的连接。

3）控制信号的连接。

4）译码电路的设计。

存储器三总线扩展图如图5-6所示。80C51单片机片外引脚可以构成图5-6所示的三总线结构，所有外部芯片都通过这三组总线进行扩展。

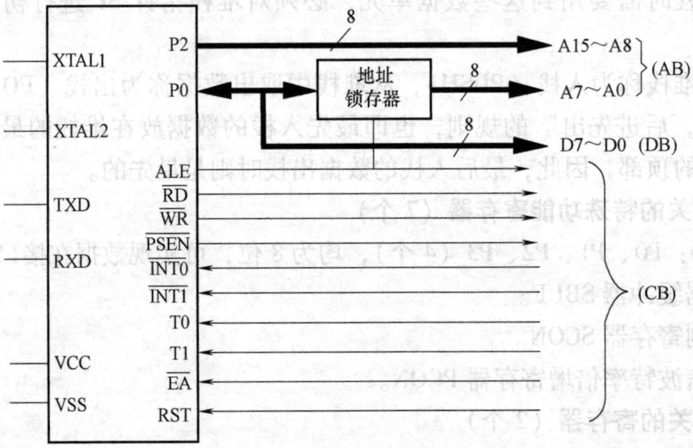

图5-6 存储器三总线扩展图

5.4.2 存储器存储容量的计算和编址方法

1. 存储容量的计算

1）存储容量=存储器单元数×数据线位数。

2）存储单元数=2^n，其中n为扩展芯片地址线位数。

可见，在数据线位数一定的情况下（如8位），地址线的位数越多，即n越大，存储器的容量也就越大。

2. 存储器编址

存储器扩展的核心问题是存储器的编址问题。所谓编址就是给存储单元分配地址。由于存储器通常由多片芯片组成，为此存储器的编址分为两个层次：即存储器芯片的选择和存储器芯片内部存储单元的选择。

存储器芯片的选择有两种方法：线选法和译码法。

（1）线选法　所谓线选法就是把某一根片选地址线直接连到外围电路芯片的片选端。也就是直接以系统的高位地址线作为存储器芯片的片选信号，为此只需把用到的高位地址线与存储器芯片的片选端直接相连即可。

（2）译码法　所谓译码法就是使用地址译码器对系统的片外地址进行译码，以其译码输出信号作为存储器芯片的片选信号。译码法又分为完全译码和部分译码两种。

1）完全译码。地址译码器使用了全部地址线，地址与存储单元一一对应。也就是1个存储单元只占用1个唯一的地址。

2）部分译码。地址译码器仅使用了部分地址线，地址与存储单元不是一一对应，而是1个存储单元占用了几个地址。1根地址线不接，一个单元占用2个地址；2根地址线不接，一个单元占用4个地址；3根地址线不接，则占用8（2^3）个地址，依此类推。

在设计地址译码器电路时，如果采用地址译码关系图，将会带来很大的方便。

所谓地址译码关系图，就是一种用简单的符号来表示全部地址译码关系的示意图。地址译码关系示意图如图5-7所示。

从地址译码关系图上可以看出以下几点：

① 属于完全译码还是部分译码。

② 片内译码线和片外译码线各有多少根。

③ 所占用的全部地址范围为多少。

P2.7～P2.3	P2.2～P2.0	P0.7～P0.0	地址范围
A_{15}～A_{11}	A_{10}～A_8	A_7～A_0	
0 … 0	0 … 0	0 … 0	0000H(首地址)
～	～	～	
0 … 0	1 … 1	1 … 1	07FFH(末地址)

图5-7　地址译码关系示意图

5.4.3　程序存储器的扩展

1. 地址锁存器简介

通常用作单片机的地址锁存器芯片有74HC373、74LS373、8282、74LS377等。74LS373的引脚如图5-8所示。74LS373是带三态输出的8位锁存器，74LS373真值表见表5-6。当输出使能端$\overline{OE}$无效时，输出为高阻态；当输出使能端$\overline{OE}$有效时，锁存端ALE为高电平，输出随输入变化，锁存端ALE由高变低时，输出端8位信息被锁存，直到ALE端再次有效。其中D0～D7为8个输入端，Q0～Q7为8个输出端。LE为数据输入控制端，当LE为1时，锁存器输出状态（Q0～Q7）同输入状态（D0～D7）；当LE由1变为0时，数据存入锁存器中。

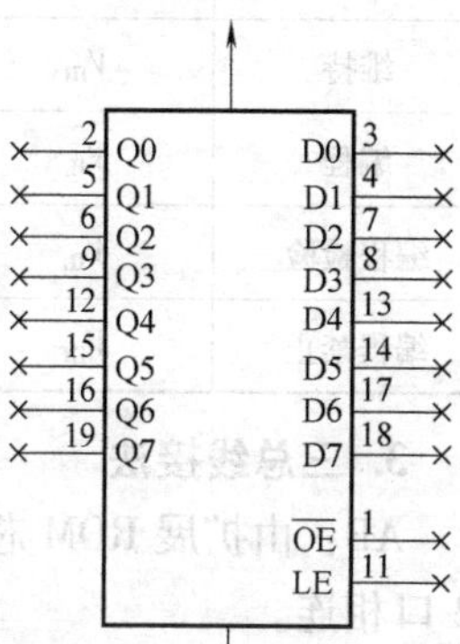

图5-8　74LS373的引脚

表 5-6　74LS373 真值表

$\overline{OE}$	LE	D	Q
0	1	1	1
0	1	0	0
0	0	×	Q0
1	×	×	高阻

2. 程序存储器简介

程序存储器寻址空间为64KB，地址编号为0000H～0FFFFH，使用单独的信号PSEN，读出数据用 MOVC 查表指令。常见 EPROM 存储器如图 5-9 所示，表示了各芯片引脚及其兼容性能。此处重点介绍 EPROM2764。

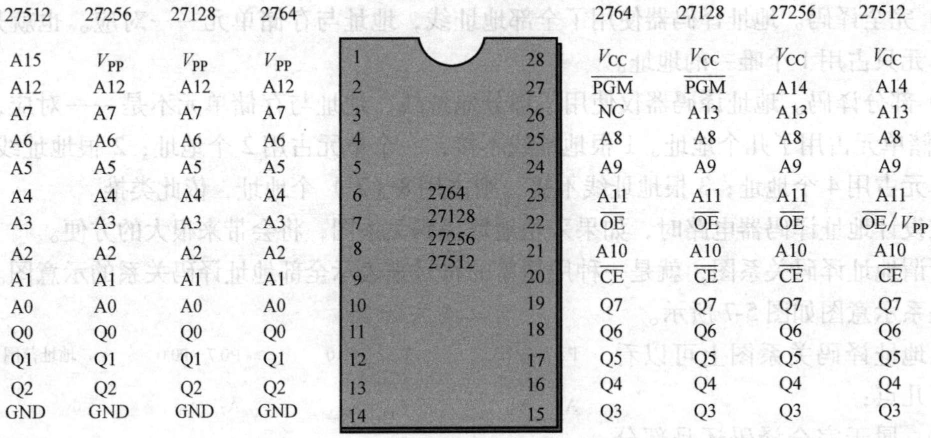

图 5-9　常见 EPROM 存储器

2764 芯片为双列直插式 28 引脚的标准芯片，容量为 8KB，2764 工作方式见表 5-7。

表 5-7　2764 工作方式

引脚 方式	$\overline{CE}$ (20)	$\overline{OE}$ (22)	$\overline{PGM}$ (27)	V_{PP}/V (1)	V_{CC}/V (28)	输出 (11～13，15～19)
读	V_{IL}	V_{IL}	V_{IH}	5	5	D_{OUT}
维持	V_{IH}	任意	任意	5	5	高阻
编程	V_{IL}	V_{IH}	V_{IL}	12.5	5	D_{IN}
编程检验	V_{IL}	V_{IL}	V_{IH}	12.5	5	D_{OUT}
编程禁止	V_{IH}	任意	任意	12.5	5	高阻

3. 三总线接法

AB：由扩展 ROM 芯片容量决定地址线根数。低 8 位通过锁存器与 P0 口相连，高位与 P2 口相连。

DB：与 P0 口直连。

CB：程序存储器芯片$\overline{OE}$与 80C51 的$\overline{PSEN}$相连，低电平有效，控制程序存储器的输出允许；锁存器的 G 端与 CPU 的 ALE 相连；P2 口的高位地址线作为片选信号线。

4. 典型的程序存储器扩展电路

程序存储器扩展电路如图 5-10 所示，图中 EPROM 27256 芯片为双列直插式 28 引脚的标准芯片，其中，A14 ~ A0 为 15 位地址线，O7 ~ O0 为 8 位数据线。

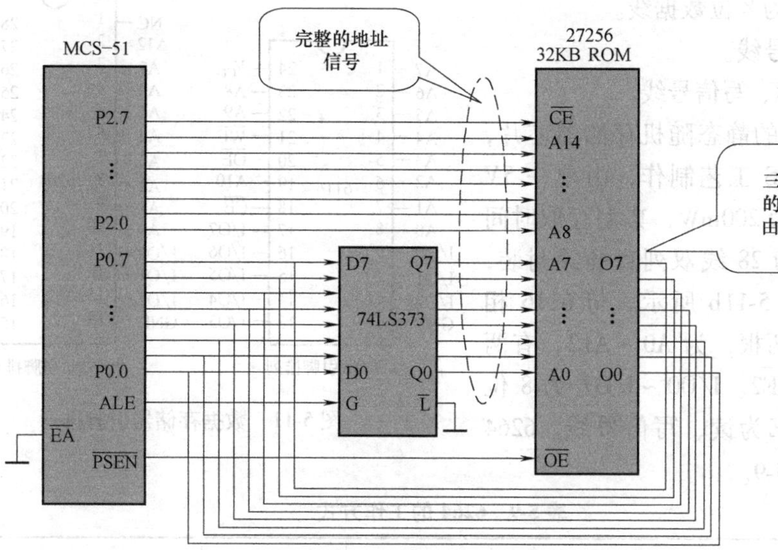

图 5-10　程序存储器扩展电路

存储容量 $=2^{14}\times 8\text{bit}=32\text{KB}$。采用线选法，按图 5-7 所示的地址译码关系示意图确定扩展程序存储器的地址范围，外部程序存储器 27256 的状态与地址线的关系见表 5-8。

表 5-8　外部程序存储器 27256 的状态与地址线的关系

外部 ROM 引脚	$\overline{CE}$	A14 ~ A8	A7 ~ A0	ROM 地址范围	ROM 工作状态
对应 51 引脚	P2.7	P2.6 ~ P2.0	P0 口		
引脚状态	0	0000000	00000000	0000H ~ 7FFFH	选中
	0	1111111	11111111		
	1	0000000	00000000	8000H ~ FFFFH	未选中
	1	1111111	11111111		

注意：

1）外部 ROM 的$\overline{OE}$与单片机的$\overline{PSEN}$连接。

2）外部 ROM 的$\overline{CE}$信号是存储器的片选。

3）由于采用地址线全译码，所以每一个地址都对应唯一的存储单元。

5.4.4　数据存储器的扩展

RAM 是用来存放各种数据的，80C51 系列 8 位单片机内部有 256B RAM 存储器。但是，当单片机用于实时数据采集或处理大批量数据时，仅靠片内提供的 RAM 是远远不够的。此时，可以利用单片机的扩展功能，扩展外部数据存储器。

1. 常见数据存储器

6116 是 2KB 静态随机存储器芯片，采用 CMOS 工艺制作，单一 5V 电源，额定功耗为 160mW，典型存取时间为 200ns，24 线双列直插式封装，数据存储器 6116 引脚排列如图 5-11a 所示。

A0 ~ A10 为片内 11 位地址线，共有 2048 个单元。

I/O0 ~ I/O7 为 8 位数据线。

$\overline{CE}$为片选信号线。

$\overline{OE}$、$\overline{WE}$为读、写信号线。

6264 是 8KB 的静态随机存储器芯片，它也是采用 CMOS 工艺制作，由单一 5V 供电，额定功耗为 200mW，典型存取时间为 200ns。6264 为 28 线双列直插式封装，其引脚排列如图 5-11b 所示。与 6116 相比，地址线增加两根，为 A0 ~ A12，有两个片选端$\overline{CE1}$、$\overline{CE2}$。I/O0 ~ I/O7 为 8 位数据线；$\overline{OE}$、$\overline{WE}$为读、写信号线。6264 的工作方式见表 5-9。

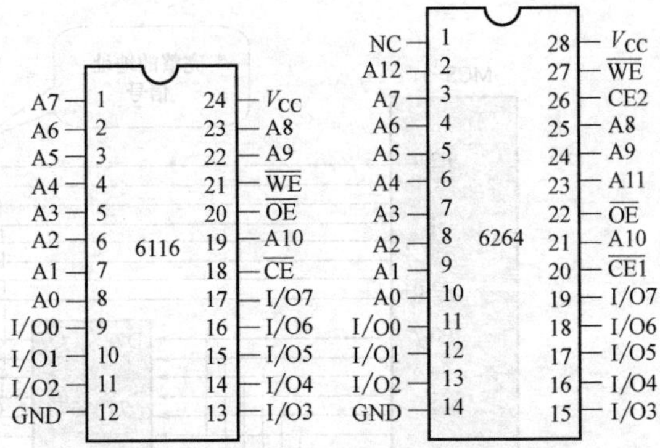

a) 6116引脚排列　　b) 6264引脚排列

图 5-11　数据存储器引脚排列

表 5-9　6264 的工作方式

工作方式 \ 引脚	$\overline{CE1}$	$\overline{CE2}$	$\overline{OE}$	$\overline{WE}$	I/O0 ~ I/O7
未选中（掉电）	V_{IH}	任意	任意	任意	高阻
未选中（掉电）	任意	V_{IL}	任意	任意	高阻
输出禁止	V_{IL}	V_{IH}	V_{IH}	V_{IH}	高阻
读	V_{IL}	V_{IH}	V_{IL}	V_{IH}	D_{OUT}
写	V_{IL}	V_{IH}	V_{IH}	V_{IL}	D_{IN}
写	V_{IL}	V_{IH}	V_{IH}	V_{IL}	D_{IN}

2. 三总线接法

AB 连接：由 ROM 容量决定地址线根数。低 8 位通过锁存器与 P0 口连，高位与 P2 口相关位相连。

DB：与 P0 直连。

CB：芯片的$\overline{OE}$与 80C51 的$\overline{RD}$相连，$\overline{WE}$与 80C51 的$\overline{WR}$相连，锁存器的 G 端与 CPU 的 ALE 相连，剩下高位地址线作为片选信号。

3. 典型的数据存储器扩展电路

数据存储器扩展电路如图 5-12 所示。选用 1 片 6264 为数据存储器扩展芯片，将片选信号$\overline{CE}$与 P2.5 相连，扩展芯片的$\overline{OE}$与 80C51 的$\overline{RD}$相连，$\overline{WE}$与 80C51 的$\overline{WR}$相连。

存储容量 $= 2^{13} \times 8\text{bit} = 8\text{KB}$。采用线选法，按图 5-7 所示的地址译码关系示意图确定扩展数据存储器 6264 的有效地址范围，外部数据存储器 6264 的读写有效地址范围见表 5-10。80C51 的$\overline{RD}$与$\overline{WR}$决定外部数据存储器的工作状态。

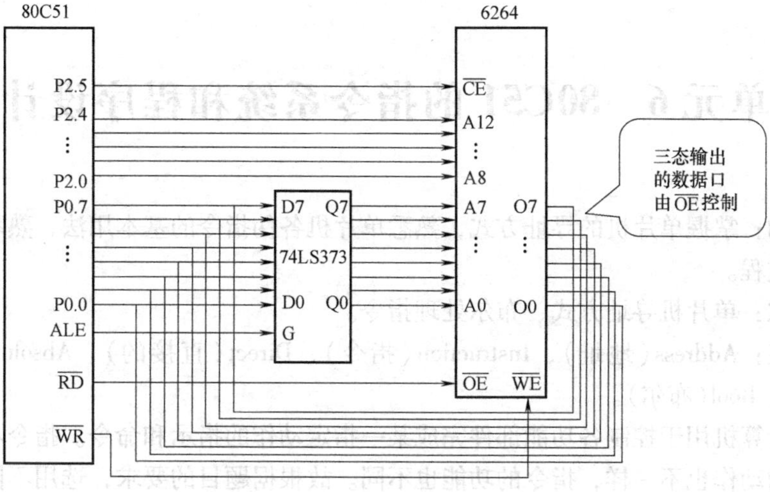

图 5-12　数据存储器扩展电路

表 5-10　外部数据存储器 6264 的读写有效地址范围

P2.7　P2.6	P2.5	P2.4 ~ P2.0	P0.7 ~ P0.0	有效地址范围
0　0	0	00000 ~ 11111	00000000 ~ 11111111	0000H ~ 1FFFH
0　1	0	00000 ~ 11111	00000000 ~ 11111111	4000H ~ 5FFFH
1　0	0	00000 ~ 11111	00000000 ~ 11111111	8000H ~ 9FFFH
1　1	0	00000 ~ 11111	00000000 ~ 11111111	C000H ~ DFFFH

思考与练习

1. 80C51 单片机的 $\overline{EA}$ 信号有何功能？只使用 80C51 片内 ROM 时，该信号引脚如何处理？
2. 简述程序状态字 PSW 中各位的含义。
3. 位地址 70H 与字节地址 70H 如何区别？位地址 70H 具体在片内 RAM 的什么位置？
4. 程序计数器 PC 有哪些特点？地址指针 DPTR 与程序计数器 PC 有何异同？
5. 堆栈有哪些功能？堆栈指针 SP 的作用是什么？在程序设计时，为什么还要对 SP 重新赋值？
6. 某 SRAM 芯片有 10 个地址线输入、1 个数据线输入/输出端，试确定该芯片的存储容量。
7. 下列容量的存储器（非 DRAM 芯片）各需要多少根地址线寻址？若要组成 64KB 的内存，各需几片？

（1）Intel 2716（2KB）

（2）Intel 27128（16KB）

（3）Intel 2817（2KB）

（4）Intel 62256（32KB）

8. 填空题

（1）内部 RAM 中，位地址为 30H 的位，该位所在字节的字节地址为（　　）。

（2）若 A 中的内容为 63H，那么，P 标志位的值为（　　）。

（3）80C51 单片机复位后，R4 所对应的存储单元的地址为（　　），因上电时 PSW =（　　），这时当前的工作寄存器是（　　）组工作寄存器区。

（4）单片机程序存储器的寻址范围是由程序计数器 PC 的位数决定的，80C51 的 PC 是 16 位，因此其寻址的范围是（　　）。

（5）80C51 内部程序存储器的容量为（　　），8031 内部程序存储器的容量为（　　）。

单元 6　80C51 的指令系统和程序设计

学习目的：掌握单片机的寻址方式，熟悉单片机各伪指令的基本用法，熟悉单片机各类指令的工作过程。

重点难点：单片机寻址方式、布尔处理指令。

外语词汇：Address(地址)、Instruction(指令)、Direct(直接的)、Absolute(绝对的)、Logic(逻辑)、Bool(布尔)。

指令是计算机用于控制各功能部件完成某一指定动作的指示和命令。指令不同，各功能部件所完成的动作也不一样，指令的功能也不同。故根据题目的要求，选用不同功能指令的有序集合就构成了程序。

6.1　汇编语言的指令格式

80C51 单片机的指令格式一般由标号、操作码、操作数和注释四个部分组成，格式如下：

[标号]：操作码 [目的操作数][，源操作数]；[注释]

标号：表示该指令所在的地址。由英文字母加数字组成，一般每个程序段的第一条指令和转移指令的目的指令前必须有一个标号。

操作码：是由助记符表示的字符串，它规定了指令要完成的具体操作。每条指令必须有一个操作码，而标号、操作数和注释可以根据情况可有可无，但最好养成注释的习惯。

操作数：参与操作的数据或数据所在的地址。

注释：是为该条指令所做的说明，以便于阅读，中英文不限。

例如：一条完整汇编指令可写为

LOOP：MOV A，#20H ；把立即数 20H 送入累加器 A 中

在本书中，汇编指令中的符号约定如下：

A：累加器(ACC)，通常用 ACC 表示累加器的地址，A 表示它的名称。

AB：累加器(ACC)和寄存器 B 组成的寄存器对。

Rn(n=0~7)：当前选中的 8 个工作寄存器 R0~R7。

Ri(i=0、1)：当前选中的用于间接寻址的两个工作寄存器 R0、R1。

Direct：8 位直接地址，可以是内部 RAM 单元地址(00H~7FH)，或是特殊功能寄存器(SFR)地址(80H~FFH)。

#data：指令中的 8 位立即数。

#data16：指令中的 16 位常数。

addrl6：16 位地址码。

addr11：11 位地址码。

bit：位地址，内部 RAM(20H~2FH)或是特殊功能寄存器(SFR)中的可寻址位。

rel：指令中的8位带符号偏移量，用于相对转移指令中，取值范围为 -128 ~ 127。

@：间接寻址符号。

+：加。

-：减。

*：乘。

/：除。

∧：与。

∨：或。

⊕：异或。

=：等于。

<：小于。

>：大于。

< >：不等于。

←：取代。

(X)：表示由X所指定的某寄存器或单元的内容。

((X))：由X寄存器的内容作为地址的存储单元内容。

rrr：指令代码中rrr三位的值由工作寄存器Rn确定，R7 ~ R0对应的rrr为111 ~ 000。

$：本条指令的起始地址。

6.2　寻址方式

在计算机中，寻找操作数的方法定义为寻址方式。在执行指令时，CPU首先要根据地址寻找参加运算的操作数，然后才能对操作数进行操作，操作结果还要根据地址存入相应的存储单元或寄存器中。

在80C51单片机中，操作数的存放范围是很宽的，可以放在片外ROM/RAM中，也可以放在片内ROM/RAM中。为了适应这一操作范围内的寻址，80C51的指令系统共用了七种不同的寻址方式。

6.2.1　立即寻址方式

立即寻址的特点是指令码中直接含有所需寻址的操作数，这个操作数存放在ROM中，该操作数称为“立即数”，前面加有“#”号。立即数有8位和16位两种。

例如：

```
MOV A, #20H            ; 把立即数20H送入累加器A中
MOV DPTR, #1234H       ; 将16位立即数1234H送入16位数据指针寄存器DPTR中，
                       ; 其中高8位送DPH寄存器，低8位送DPL寄存器中
```

6.2.2　直接寻址方式

在指令中指出了参与运算的操作数所在的单元地址。这种寻址方式主要用于对特殊功能寄存器和内部RAM(低128B)的访问。直接地址在指令表中用direct表示。

例如：MOV A，20H　　；把 20H 单元的内容(数)送到累加器 A 中

6.2.3　寄存器寻址方式

在指令中，指出了参与运算的操作数所在的寄存器，操作数在寄存器中。用指令给出的是存放操作数的寄存器，而不是操作数本身。由于这种寻址是在单片机内部的访问，所以运算速度最快。

例如：MOV A，R0　　；将工作寄存器 R0 中的数送累加器 A

寄存器寻址方式中的寄存器：工作(通用)寄存器 R0 ~ R7、DPTR、累加器 A 和寄存器 B(仅在乘除法时)。

6.2.4　寄存器间接寻址方式

在寄存器间接寻址中，指令中给出某一个寄存器的内容作为参与操作的数所在存储单元的地址，再以该地址对应单元中的内容作为操作数。这种寻址方式的一个显著特点是寄存器前加前缀符号“@”。寄存器中的数是操作数所在单元的地址，即操作数是通过指令中给出的寄存器间接得到的，因此称之为寄存器间接寻址。

例如：已知 PSW = 00H，(R0) = 20H，(20H) = 30H，则指令为

MOV A，@R0　；以 R0 的内容作为地址，把该地址所指的单元中的内容送到累加器 A 中

存放操作数地址的寄存器称为地址寄存器。地址寄存器可以是 R0、R1、DPTR、SP。

寄存器间接寻址方式寻址范围：

片内 RAM：00 ~ 7FH，地址寄存器：@R0、@R1。

片外 RAM：0000 ~ FFFFH，地址寄存器：@R0、@R1、@DPTR。

6.2.5　变址寻址方式

存放操作数单元的地址由基址寄存器和变址寄存器二者内容之和间接寻址指出。这种寻址方式是用于寻找存在于片外程序存储器(ROM)中的操作数。以 DPTR 或 PC 作为基址寄存器，累加器 A 作为变址寄存器，两者内容相加得到的 16 位地址作为操作数的地址，变址寻址操作过程如图 6-1 所示。在 80C51 指令系统中，使用变址寻址方式的指令只有如下三条，该类指令常用于编写查表程序。

MOVC A，@A + DPTR

MOVC A，@A + PC

JMP @A + DPTR

6.2.6　相对寻址方式

相对寻址方式用于相对转移指令中寻址转移的目标地址。目标地址等于当前 PC 值加偏移量 rel，当前 PC 值等于本条指令的首地址加本条指令的字节数。相对寻址只出现在相对转移指令中。

目的地址 = 当前 PC 值 + 偏移量 rel。

当前 PC 值 = 本条指令的 PC 值 + 本条指令的字节数。

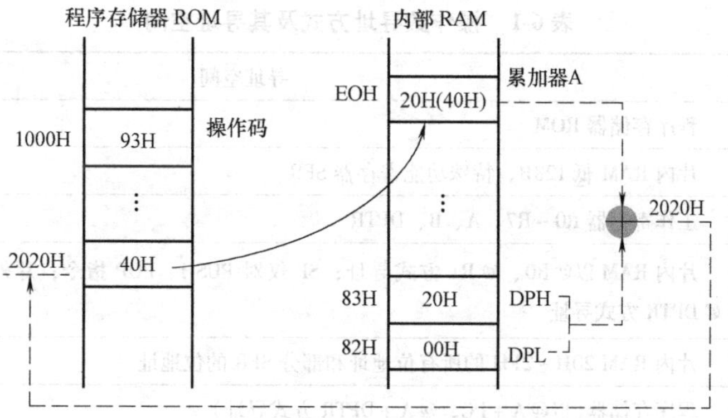

图 6-1　变址寻址操作过程

下列为相对寻址的指令形式：

JC rel

SJMP NEXT1

JZ FIRST

DJNZ R1，LOOP2

这种寻址方式与变址寻址方式不同，变址寻址中的变址的内容是无符号数，而相对寻址中的偏移量是有符号数，并以补码形式给出，故转移的目标地址在当前 PC 的 -128 ~ 127 之间，大于 0 正向跳转，小于 0 则反向跳转。

6.2.7　位寻址方式

在计算机中，操作数不仅可以按字节进行存取和操作，而且也可以按 8 位二进制数中的某一位为单位进行存取和操作。当把 8 位二进制数中的某一位作为操作数看待时，这个操作数的地址就称为位地址，对位地址寻址简称位寻址。

位地址在指令中用 bit 表示，而在编写汇编程序时通常以下列五种形式之一出现：

1. 直接位地址方式（位的物理地址）

例如：MOV 07H，C　；(00H)←(CY)

其中，07H 是片内 RAM 中 20H 地址单元的第 7 位。

2. 字节地址加位序号的形式

例如：MOV 20.7H，C　　；(20.7H)←(CY)

其中，07H 是片内 RAM 中 20H 地址单元的第 7 位。

3. 字节符号地址（字节名称）加位序号的形式

对于特殊功能寄存器，可以用其字节名称加位序号的形式来访问某一位，如 A.6（或 ACC.6）表示累加器 A 的 D6 位，PSW.7 表示 CY 位。

4. 位名称方式

对于部分特殊功能寄存器，其各位均有一个特定的名字，如 RS0、RS1、TR0、TR1 等。

5. 伪指令定义方式

如“LOOP BIT 20H”，定义后就可以用 LOOP 代表位地址 20H。

操作数寻址方式及其寻址空间见表6-1。

表6-1 操作数寻址方式及其寻址空间

寻址方式	寻址空间
立即寻址	程序存储器 ROM
直接寻址	片内 RAM 低 128B、特殊功能寄存器 SFR
寄存器寻址	工作寄存器 R0～R7、A、B、DPTR
寄存器间接寻址	片内 RAM 以@R0、@R1 方式寻址；SP 仅对 PUSH、POP 指令；片外 RAM 以@R0、@R1、@DPTR 方式寻址
位寻址	片内 RAM 20H～2FH 的所有位地址和部分 SFR 的位地址
变址寻址	程序存储器（以@A+PC、@A+DPTR 方式寻址）
相对寻址	程序存储器 256B 范围（以 PC+rel 寻址）

6.3 80C51 的指令系统

汇编指令分为两类：执行指令和伪指令。

执行指令即指令系统给出的各种指令。80C51 指令系统中共有 111 条指令，可分为数据传送类指令、算术运算类指令、逻辑运算类指令、控制转移类指令、布尔（位）操作指令等。

伪指令由汇编程序规定，是提供汇编控制信息的指令。在汇编时不产生目标代码，不影响程序的执行，仅指明在汇编时执行一些特殊的操作。

6.3.1 伪指令

伪指令也称为汇编程序控制译码指令，属于说明性汇编指令。伪指令提供汇编时的某些控制信息，用来对汇编过程进行控制和操作。不同汇编程序伪指令的规定略有不同，常用的伪指令如下。

1. 定义起始地址伪指令 ORG（Origin）

格式：ORG 操作数

说明：此伪指令的操作数常为一个 16 位的二进制数，它指出了该指令后的指令的第一个字节在程序存储器中的地址，即生成目标代码或数据块的起始存储地址。必须放在每段源程序或数据段的开始行。在一个源程序中，可以多次定义 ORG 伪指令，但每次定义不应和前面生成的机器指令的存放地址重叠。

例 6-1 伪指令 ORG 使用例子如下：

```
地址        指令代码                源程序
                                    ORG 2000H
2000H       E5  30      START:      MOV A, 30H
2002H       24  20                  ADD A, #20H
2004H       40  1A                  JC NEXT
                                    ORG 2020H
2020H       65  E0      NEXT:       XRL A
```

第一条ORG伪指令是告知第一个程序段的目标程序将从程序存储器地址START = 2000H处开始存放，第二条ORG伪指令使NEXT = 2020H，即从此地址开始继续存放后续目标程序。

2. 定义汇编结束伪指令END

格式：〔标号:〕END

说明：汇编结束伪指令END是用来告诉汇编程序，此源程序到此结束。在一个程序中，只允许出现一条END伪指令，而且必须安排在源程序的末尾。

3. 定义字节数据伪指令DB

格式：〔标号:〕DB X1，X2，X3，…，Xn

该伪指令将其右边的数据依次存放到以左边标号为起始地址的存储单元中。Xn为单字节数据，可以采用二进制、十进制、十六进制和ASCII码等多种形式。中间用逗号间隔，每行的最后一个数据不用逗号。标号可有可无。

DB伪指令确定数据表中第一个数据的单元地址有两种方法，一是由ORG伪指令规定首地址，二是由DB前一条指令的首地址加上该指令的长度。

例6-2　伪指令DB的使用例子如下：

```
        ORG     1000H
TAB：   DB      3FH, 06H, 25
        DB      '80C51'
```

经汇编后，地址1000H开始的存储单元的内容如下：

(1000H) = 3FH

(1001H) = 06H

(1002H) = 19H

(1003H) = 38H　；8的ASCII码

(1004H) = 30H

(1005H) = 43H　；C的ASCII码

(1006H) = 35H

(1007H) = 31H

单引号表示其中内容为字符，目标代码用ASCII码表示。DB指令常用在查表程序中。

4. 定义双字节数据伪指令DW(Define Word)

格式：[标号:]DW 数据表(Y1，Y2，Y3，…，Yn)

说明：该伪指令与DB伪指令的不同之处是，DW定义的是双字节数据，而DB定义的是单字节数据，其他用法都相同。存放时按照高位字节在前、低位字节在后的原则，即每个双字节的高8位数据要排在低地址单元，低8位数据排在高地址单元，主要用于定义16位地址。

注意该伪指令中数据为单字节时，高8位补0。

5. 定义存储空间伪指令DS(Define Storage)

格式：　DS　表达式

说明：该伪指令是指汇编时，从指定的地址单元开始(如由标号或ORG指令指定首址)保留由表达式设定的若干存储单元作为备用空间。

6. 定义赋值伪指令 EQU(Equal)

格式：字符名称 EQU 项(数或汇编符号)

说明：该指令用来给字符名称赋值，将“项”赋给“字符名称”。字符名称不等于标号(注意字符名称后没有冒号)，“项”可以是数(8 位或者 16 位)，也可以是汇编符号。用EQU 赋值的符号名可以用作数据地址、代码地址、位地址或一个立即数。在同一个源程序中，任何一个字符名称只能赋值一次。赋值以后，其值在整个源程序中是固定的，不可改变。对所赋值的字符名称必须先定义赋值后才能使用，通常将赋值语句放在源程序的开头。

7. 数据地址赋值伪指令 DATA

格式：　字符名称　DATA　表达式

说明：该指令是将数据地址或代码地址赋予规定的字符名称。

该伪指令的功能与 EQU 有些相似，使用时要注意它们有以下差别：EQU 伪指令定义的符号必须是先定义后使用，而 DATA 伪指令无此限制；用 EQU 伪指令可以把一个汇编符号赋给一个字符名称，而 DATA 伪指令则不能；DATA 伪指令可将一个表达式的值赋给一个字符变量，所定义的字符变量也可以出现在表达式中，而用 EQU 定义的字符，则不能这样使用，DATA 伪指令在程序中常用来定义数据。

8. 定义位地址赋值伪指令 BIT

格式：字符名称　BIT　位地址

说明：该伪指令只能用于有位地址的位(片内 RAM 和 SFR 块中)，把位地址赋予规定的字符名称，常用于位操作的程序中。

例 6-3　伪指令 BIT 的使用方法如下：

```
P10     BIT    90H
FLAG2  BIT    02H
```

位地址 90H(P1 口 D0 位)赋给 P10，FLAG2 的值为 02H 位中的数值。在以后程序编写时用 P10 直接代替 90H 位，FLAG2 直接代替 02H 位(RAM 的 20H 单元中的 D2 位)，提高程序的可读性。

注意：DB、DW、DS 伪指令都只对程序存储器起作用，不能对数据存储器进行初始化。

6.3.2　数据传送类指令

数据传送类指令一共 29 条，是汇编程序中使用最频繁的一类指令。数据传送操作可以在片内 RAM 和 SFR 内进行，也可以在累加器 A 和片外存储器之间进行，指令中必须指定传送数据的源地址和目的地址，以便机器执行指令时把源地址中的内容传送到目的地址中，但不改变源地址中的内容，一般对标志位不产生影响(目的操作数为 A 时将影响奇偶标志位 P 的状态)。

1. 通用传送指令(内部数据传送指令)

这类指令的原操作数和目的操作数地址都在单片机内部，可以是片内 RAM 的地址，也可以是特殊功能寄存器 SFR 的地址。

指令通式如下：

MOV　目的操作数，源操作数

把源操作数送给目的操作数，源操作数保持不变。

(1) 以A为目的操作数的指令

```
MOV    A, Rn             ; (A)←(Rn), n=0~7
MOV    A, direct         ; (A)←(direct)
MOV    A, @Ri            ; (A)←((Ri))
MOV    A, #data          ; (A)←data
```

例如：

```
MOV    A, R2
MOV    A, 30H
MOV    A, @R0
MOV    A, #36H
```

(2) 以Rn为目的操作数的指令

```
MOV    Rn, A             ; (Rn)←(A)
MOV    Rn, direct        ; (Rn)←(direct)
MOV    Rn, #data         ; (Rn)←data
```

例如：

```
MOV    R0, A
MOV    R3, 30H
MOV    R7, #36H
MOV    R1, #30
MOV    R6, #01101100B
```

(3) 以直接地址为目的操作数的指令

```
MOV    direct, A                ; (direct)←(A)
MOV    direct, Rn               ; (direct)←(Rn)
MOV    direct1, direct2         ; (direct1)←(direct2)
MOV    direct, @Ri              ; (direct) ← ((Ri))
MOV    direct, #data            ; (direct)←data
```

例如：

```
MOV    30H, A
MOV    P1, R2
MOV    38H, 60H
MOV    TL0, @R1
MOV    58H, #36H
```

(4) 以间接地址为目的操作数的指令

```
MOV    @Ri, A                   ; ((Ri)) ←(A)
MOV    @Ri, direct              ; ((Ri)) ←(direct)
MOV    @Ri, #data               ; ((Ri)) ← data
```

例如：

```
MOV    @R0, A
MOV    @R1, 36H
```

MOV @R0, SBUF
MOV @R1, #48
MOV @R0, #0D6H

例6-4 已知(PSW)=00H, (A)=11H, (20H)=22H, 则下列指令执行后:

MOV R0, A
MOV R1, 20H
MOV R2, #33H

结果: (R0)=(00H)=11H, (R1)=(01H)=22H, (R2)=(02H)=33H。

例6-5 已知(PSW)=00H, (A)=11H, (00H)=22H, (01H)=36H, (36H)=33H, (33H)=44H, 则下列指令执行后:

MOV 30H, A
MOV 31H, R0
MOV 32H, 33H
MOV 34H, @R1
MOV 35H, #55H

结果: (30H)=11H, (31H)=22H, (32H)=44H, (34H)=33H, (35H)=55H。

例6-6 已知(PSW)=10H, (E0H)=11H, (20H)=22H, (10H)=30H, (11H)=31H, 则下列指令执行后:

MOV @R0, A
MOV @R1, 20H

结果: (30H)=11H, (31H)=22H。

(5) 十六位数据传送指令　当需要对片外的RAM单元或I/O口进行访问时, 或进行查表操作时, 必须将16位地址赋给地址指针DPTR, 这就必须使用16位数据传送指令, 这也是80C51指令系统中唯一的一条16位数据传送指令。

指令格式为

MOV DPTR, #data16 ; data8~15→(DPH), data0~7→(DPL)

例如:

MOV DPTR, #2368H

上述指令与以下语句的操作结果相同:

MOV DPH, #23H
MOV DPL, #68H

2. 片外数据存储器(或扩展I/O口)与累加器A之间的传送指令MOVX

(1) 读(输入)指令　将外部RAM某一单元的内容或外部I/O口的状态读到单片机的累加器A中, 并产生$\overline{RD}$为0的控制信号。

MOVX A, @DPTR ; (A)←((DPTR))

该指令将以DPTR的内容为地址的片外RAM单元中的内容送入累加器A中, 寻址范围为64KB。

MOVX A, @Ri ; (A)←((Ri))

该指令以R0或R1作低8位地址指针, 由P0口送出, 寻址范围为256B, 高8位由当前的P2口状态提供。

例6-7　把外部RAM的2000H单元的内容存入单片机内部RAM的20H单元。

```
MOV     DPTR, #2000H
MOVX    A, @DPTR
MOV     20H, A
```

应当注意：外部RAM单元和外部I/O口的地址为16位，而单片机片内RAM的地址为8位，它们不属于同一个地址空间；外部RAM单元和外部I/O口的信息必须通过累加器A才能进入单片机的CPU。

(2) 写(输出)指令　将单片机累加器A的内容输出到外部RAM某一单元或外部I/O口，并产生$\overline{WR}$为0的控制信号。

```
MOVX    @DPTR, A       ; ((DPTR))←(A)
```

该指令将累加器A中的内容送入片外以DPTR的内容为地址的存储单元，寻址范围为64KB。

```
MOVX    @Ri, A         ; (A)→((Ri))
```

该指令以R0或R1作低8位地址指针，由P0口送出，寻址范围为256B，高8位由当前的P2口状态提供。

例6-8　把单片机内部RAM的20H单元的内容转存到外部RAM的8000H单元。

```
MOV     DPTR,     #8000H
MOV     A,        20H
MOVX    @DPTR,    A
```

外部RAM单元和外部I/O口的地址为16位，而单片机内部RAM的单元地址为8位，单片机片内RAM单元的信息输出到外部RAM单元或外部I/O口，必须通过A累加器来实施，它们之间是不能直接进行数据交换的。

3. 访问程序存储器的指令(查表指令)

51系列单片机的程序存储器中除了存放程序外，还可以存放一些常数，这些常数的排列称为表格。在程序运行过程中可将需要的数据送到累加器中，这个过程称为查表。查表指令有两条：

```
MOVC    A,    @A+DPTR      ; (A)←((A)+(DPTR))
MOVC    A,    @A+PC        ; (A)←((A)+(PC))
```

说明："MOVC A, @A+PC"指令是单字节指令，其功能是以程序计数器PC的当前值作为基地址，以累加器A中的内容作为偏移量，两者相加后得到一个16位地址，然后把该地址对应的ROM单元中的内容送累加器A。该指令的优点是不改变PC的状态，仅根据累加器A的内容即可读取表格中的内容；缺点是表格只能存放在该查表指令后面的256B范围内，因此表格也只能被一段程序所用。而"MOVC A, @A+DPTR"的表格的大小和位置可以在64KB的ROM范围内任意安排，并且表格可以被多个程序段所共用。

例6-9　已知在程序存储器2000H开始的连续10个单元中，分别存有0~9的二次方。累加器A中存有0~9中的某个数，则查表程序如下：

(1) 采用"MOVC A, @A+DPTR"

```
MOV   DPTR, #2000H       ; 数据表首地址送DPTR
```

```
MOVC A，@A+DPTR        ；查表获得的值送累加器A
RET
2000H DB 00H           ；0²
2001H DB 01H           ；1²
     …
2009H DB 51H           ；9²
```

说明：若A原来的值是0，则程序执行后，A=(0+2000)=(2000H)。

若A原来的值是1，则程序执行后，A=(1+2000)=(2001H)。

……

若A原来的值是9，则程序执行后，A=(9+2000)=(2009H)。

(2) 采用"MOVC A，@A+PC"

程序存储器单元地址	机器码	指令	注释
1000H：	04	INC A	
1001H：	83	MOVC A，@A+PC	
1002H：	22	RET	
1003H：	00H	DB 00H	；0^2
1004H：	01H	DB 01H	；1^2
1005H：	04H	DB 04	；2^2
…			
100C：	51H	DB 51H	；9^2

4. 交换指令

数据交换只能在内部RAM单元和累加器A之间进行。此类指令中，交换的双方互为源和目的地。交换指令分为整字节交换指令和半字节交换指令两种。

(1) 整字节交换指令　将源操作数的内容与累加器A的内容互换。

```
XCH  A，源          ；源——Rn、direct、@Ri
```

指令如下：

```
XCH    A，Rn        ；(A)↔(Rn)
XCH    A，direct    ；(A)↔(direct)
XCH    A，@Ri       ；(A)↔((Rn))
```

例6-10　已知(A)=11H，(R7)=22H，执行指令

XCH　A，R7

结果：(A)=22H，(R7)=11H。

例6-11　已知(A)=11H，(20H)=22H，执行指令

XCH　A，20H

结果：(A)=22H，(20H)=11H。

例6-12　已知(PSW)=00H，(00H)=20H，(20H)=33H，(A)=22H，执行指令

XCH　A，@R0

结果：A=33H，(20H)=22H。

例 6-13　将片内 RAM 20H 单元的内容与 40H 交换。

程序如下：

```
MOV   A，20H
XCH   A，40H
MOV   20H，A
```

（2）半字节交换指令　将某一单元内容的低 4 位与累加器 A 的低 4 位互换，而二者的高 4 位保持不变。

XCHD　A，@Ri　　　；$(A)_{0\sim3} \leftrightarrow ((Ri))_{0\sim3}$

例 6-14　已知(PSW)=00H，(00H)=20H，(20H)=33H，(A)=22H，执行指令

XCHD　A，@R0

结果：(A)=23H，(20H)=32H。

（3）高低 4 位互换指令　将累加器 A 的高 4 位和低 4 位互换。

SWAP　A　；$(A)_{0\sim3} \leftrightarrow (A)_{4\sim7}$

例 6-15　已知(A)=12H，执行指令

SWAP　A

结果：(A)=21H。

5. 堆栈操作指令

（1）入栈指令　将 direct 单元的内容压入到堆栈中。

PUSH　direct　　　；(SP)←(SP)+1，修改堆栈指针

　　　　　　　　　；((SP))←(direct)，入栈

（2）出栈指令　将堆栈中的内容弹出到 direct 单元。

POP　direct　；(direct)←((SP))，出栈

　　　　　　　；(SP)←(SP)-1，修改堆栈指针

在使用堆栈时，应注意以下几点：

1）80C51 单片机的堆栈建在内部 RAM 中，默认的栈底为 07H 单元。

2）建立堆栈原则上可以用指令"MOV SP，#data"在单片机内存区域自由建立。但一般应避开工作寄存器组区(00H~1FH)、位寻址区(20H~2FH)和特殊寄存器区(80H~FFH)。因此，最好建在 30H~7FH 的有限区域内。

堆栈指针 SP、栈底和栈顶操作关系：

1）单片机复位或上电时堆栈指针 SP 的初始值为 07H，即单片机自动建立了一个以 07H 单元作为栈底的栈区。

2）当堆栈中没有数据时栈底也就是栈顶，以后每执行一次进栈操作，将有一个数据进入堆栈，堆栈指针 SP 自动加 1 指向上一个单元。反之，每执行一次出栈操作，将有一个数据弹出堆栈，堆栈指针 SP 自动减 1 指向下一个单元。

3）堆栈指针 SP 始终指向堆栈的顶部。

例 6-16　已知(30H)=11H，(31H)=22H，则下列程序段的操作过程如图 6-2 所示。

MOV SP，#10H　　；建立堆栈

PUSH 30H　　　　；(SP)←(SP)+1，30H 单元内容进栈 11H 单元

PUSH 31H　　　　；(SP)←(SP)+1，31H 单元内容进栈 12H 单元，(SP)=12H

POP ACC ; (A)←((SP))，栈顶内容弹出到累加器 A，(SP)←(SP) - 1

POP B ; (B)←((SP))，栈顶 11H 单元内容弹出到 A，(SP)←(SP) - 1

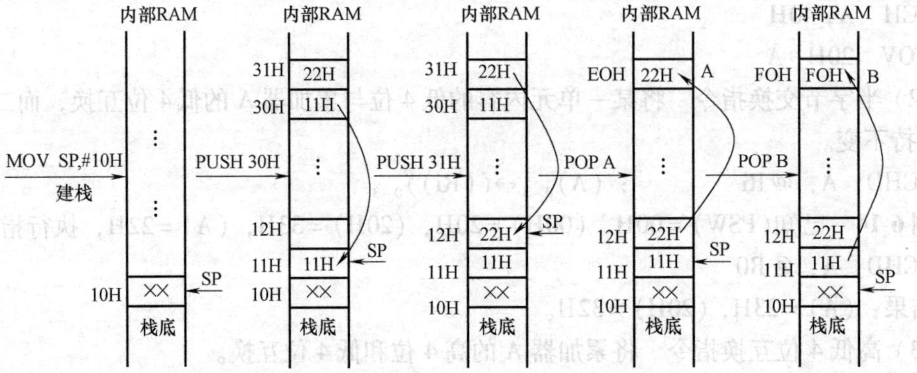

图 6-2 例 6-16 的操作过程

例 6-17 若要将 30H 单元的内容与 31H 单元的内容交换，程序如下：

```
PUSH  30H
PUSH  31H
POP   30H
POP   31H
```

6.3.3 算术运算类指令

算术运算类指令共有 24 条，能完成加、减、乘、除、加 1、减 1 及十进制调整等算法。助记符有 ADD、ADDC、INC、DA、DEC、SUBB、MUL 和 DIV 共 8 种。80C51 指令系统仅提供两个单字节无符号二进制数的算术运算，算术运算影响标志位。

1. 加法指令

(1) 不带进位位的加法指令

ADD A，源 ；(A)←(A) + 源

该指令用来实现两个无符号的 8 位二进制数加法运算，运算结果存放在累加器 A 中，影响标志位 CY、AC、OV、P。

指令如下：

ADD A，#data ；(A)←(A) + data

ADD A，Rn ；(A)←(A) + (Rn)

ADD A，direct ；(A)←(A) + (direct)

ADD A，@Ri ；(A)←(A) + ((Ri))

加法指令执行过程与标志位之间的关系如图 6-3 所示。D6 与 D7 两位中的一位在运算中有进位，而另一位没有，则(OV) = 1，否则，(OV) = 0。若运算结果(A)中 1 的个数为偶数，(P) = 0，否则，(P) = 1。

例 6-18 单字节二进制加法：x 存放在 20H 单元，y 存放在 21H 单元，求 $z = x + y$(设 z 小于 FFH)，两个单字节相加的算法如图 6-4 所示。

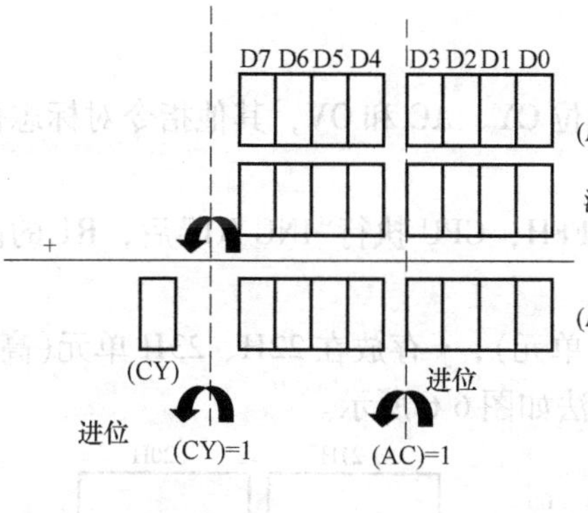

图6-3　加法指令执行过程与标志位之间的关系

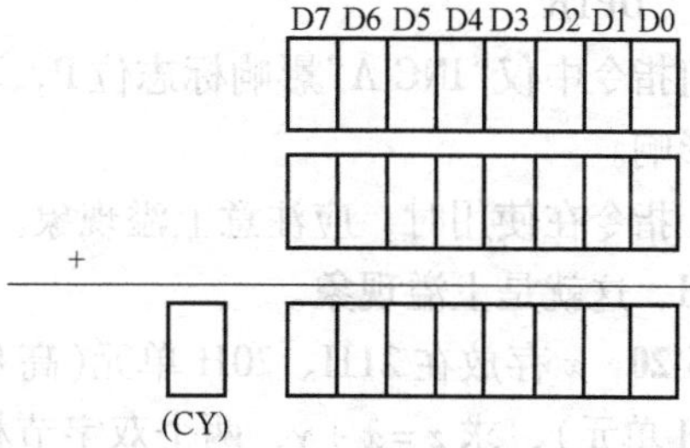

图6-4　两个单字节相加的算法

程序如下：

```
MOV   A，20H
ADD   A，21H
MOV   22H，A         ；结果存放在22H单元
```

如果运算结果大于FFH，势必产生进位，一个字节存不下运算结果，那如何处理呢？在计算机中，数据是以字节的形式存储的，因此，必须把进位位转换成一个字节。

（2）带进位位的加法指令

```
ADDC   A，源        ；（A）←（A）+源+（CY）
```

该指令用来实现两个无符号的8位二进制数的加法运算，并且在运算时，将当前的进位位状态计入运算结果，运算结果存放在累加器A中。

例6-19　单字节二进制加法：x存放在20H单元，y存放在21H单元，求$z=x+y$。

两个任意的8位二进制数单字节相加，结果会是几个字节呢？可以事先估计一下，然后给计算结果分配适度的存储单元。因为是无符号数，一个字节最大的二进制数为FFH，最小为00H。当两个x、y都是FFH时，$x+y$的结果为1FEH。计算机中的数据是以字节形式存放的，所以需两个单元存储它。给z分配两个单元22H和23H，前者存放z的高8位，后者存储z的低8位。两个单字节相加实现算法如图6-5所示。

程序如下：

```
MOV     A，     20H
ADD     A，     21H
MOV     23H，   A
MOV     A，     #00
ADDC    A，     #00
MOV     22H，   A
```

（3）加1指令

```
INC    源        ；源←源+1
INC    A
INC    Rn
INC    direct
```

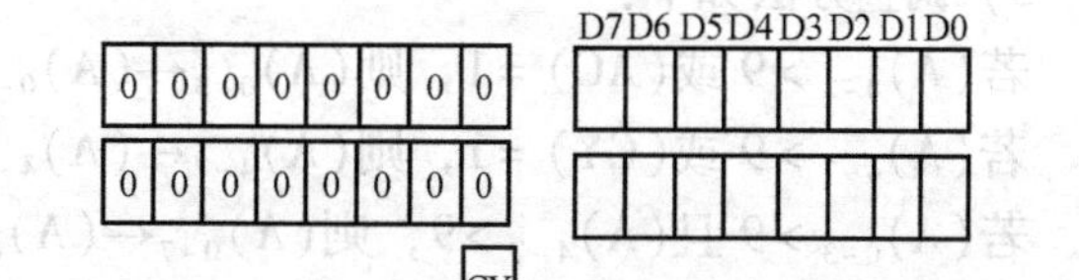

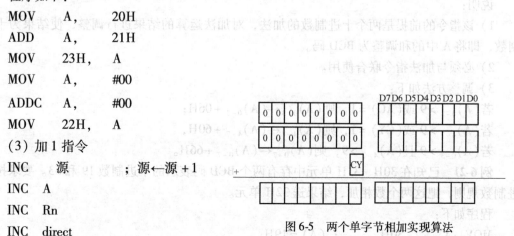

图6-5　两个单字节相加实现算法

```
INC   @Ri
INC   DPTR
```

这组指令中仅“INC A”影响标志位P，不影响标志位CY、AC和OV，其他指令对标志位不产生影响。

加1指令在使用时，应注意上溢现象。如(R1)＝FFH，CPU执行“INC R1”后，R1的内容为00H，这就是上溢现象。

例6-20 x存放在21H、20H单元(高8位在21H单元)，y存放在22H、23H单元(高8位在23H单元)，求$z=x+y$，两个双字节相加实现算法如图6-6所示。

两个16位二进制数(双字节)相加的结果最多是3个字节，所以z分配3个单元存放。程序如下：

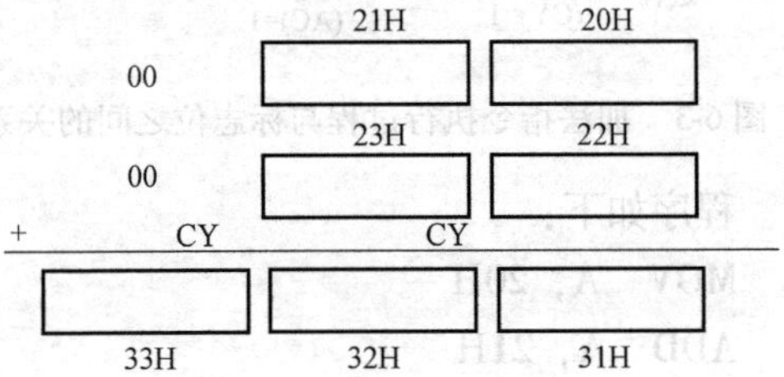

图6-6 两个双字节相加实现算法

```
MOV   R0,     #20H
MOV   R1,     #22H
MOV   A,      @R0
ADD   A,      @R1
MOV   31H,    A          ；结果的低8位
INC   R0
INC   R1
MOV   A,      @R0
ADDC  A,      @R1
MOV   32H,    A          ；结果的中8位
MOV   A,      #00
ADDC  A,      #00
MOV   33H,    A          ；结果的高8位
```

(4) 十进制加法调整指令

```
DA    A
```

该指令影响标志位CY、AC、OV和P。

说明：

1) 该指令的前提是两个十进制数的加法，对加法运算的结果进行调整，使结果为十进制数，即将A中的和调整为BCD码。

2) 必须与加法指令联合使用。

3) 调整方法如下：

若$(A)_{0\sim3}>9$或$(AC)=1$，则$(A)_{0\sim3}\leftarrow(A)_{0\sim3}+06H$；

若$(A)_{4\sim7}>9$或$(CY)=1$，则$(A)_{4\sim7}\leftarrow(A)_{4\sim7}+60H$；

若$(A)_{0\sim3}>9$且$(A)_{4\sim7}>9$，则$(A)_{0\sim7}\leftarrow(A)_{0\sim7}+66H$。

例6-21 已知在30H、31H单元中存有两个BCD码表示的十进制数19和53。要求按十进制数规则，把这两个数相加，结果送32H单元。

程序如下：

```
MOV   A,     30H       ；(A)＝19H
```

```
ADD   A,     31H        ; (A) =19H +53H =6CH
DA    A                 ; 十进制调整 A =72H
MOV   32H,   A          ; (32H) =72H
```

凡是进行BCD码运算时，加法指令ADD或ADDC后面需紧跟一条“DA A”指令。

2. 减法指令

(1)带借位的减法指令

SUBB　A，源　；(A)←(A)—源—(CY)

两个无符号8位二进制数相减后，再减去当前的借位位状态，运算结果存放在累加器A中。

指令如下：

```
SUBB  A, #data
SUBB  A, Rn
SUBB  A, direct
SUBB  A, @Ri
```

(2) 减1指令

DEC　源　；源←源－1

指令如下：

```
DEC  A
DEC  Rn
DEC  direct
DEC  @Ri
```

运用DEC指令，必须注意下溢的现象，如(R7)的内容为00H，执行指令“DEC R7”后，R7的内容为FFH。

例6-22　单字节二进制减法：x存放在20H单元，y存放在21H单元，设$x \geqslant y$，求$z=x-y$。

两个任意的8位二进制数x、$y(x \geqslant y)$相减，结果会是几个字节呢？与加法算法一样，可以事先估计。因为是无符号数，一个字节最大的二进制数为FFH，最小为00H。当x是FFH、y是00H时，$x-y$的结果为FFH。显然，给z分配1个单元就足够了。另外，80C51提供的是带借位的二进制减法指令，在进行减法运算以前，不会有借位的，因此，必须将借位CY清0(用指令“CLR CY或CLR C”)，才能保证减法的正确性。

程序如下：

```
MOV    A,     20H
CLR    CY
SUBB   A,     21H
MOV    22H,   A
```

例6-23　双字节二进制减法：x存放在20H、21H单元(高8位在20H单元)，y存放在22H、23H单元(高8位在22H单元)，求$z=x-y$。

双字节二进制减法算法如图6-7所示。程序如下：

```
MOV    R0,    #20H
MOV    R0,    #22H
```

```
MOV    A,    @R0
CLR    CY
SUBB   A,    @R1
MOV    @R0, A ; 结果的低8位
DEC    R0
DEC    R1
MOV    A, @R0
SUBB   A, @R1
MOV    @R0, A ; 结果的中8位
```

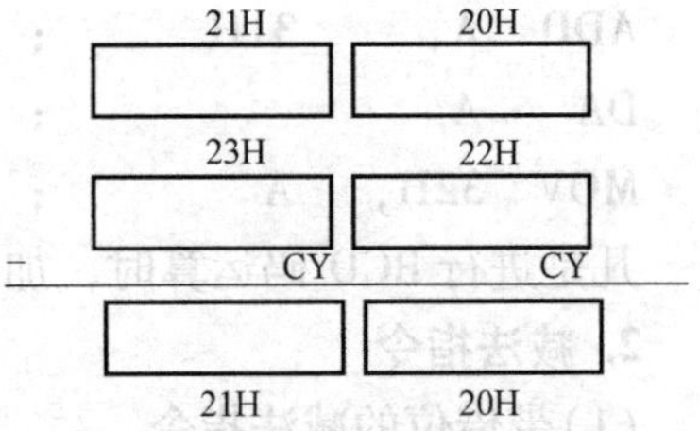

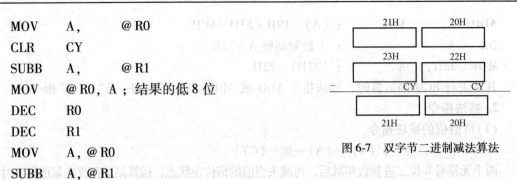

图6-7 双字节二进制减法算法

3. 乘法指令

MUL AB ;(A)×(B),乘积的高8位在(B)、低8位在(A)

说明:

1)乘法指令实现无符号二进制数乘法。指令功能是完成累加器A与寄存器B中的8位无符号二进制数相乘,且乘积的高8位送寄存器B,低8位送累加器A。

2)若结果的(B)≠0,则(OV)=1;若(B)=0,则(OV)=0,(CY)=0。

4. 除法指令

DIV AB ;(A)÷(B),商在A中,余数在B中

说明:

1)该指令完成8位无符号二进制数除法功能,商也是一个8位无符号二进制整数。

2)若除数(B)=0,则(OV)=1;若(B)≠0,则(OV)=0,(CY)=0。

6.3.4 逻辑运算类指令

逻辑运算指令是可以完成与、或、异或、清0、求反和左右移位等操作的指令,都是按位进行的。这类指令一般对标志位不产生影响,只有当目的操作数为累加器A时,对奇偶标志位P(PSW.0)有影响。另外,带进位的移位指令对标志位CY(PSW.7)有影响。

逻辑运算类指令可以分为单操作数的逻辑运算指令和双操作数的逻辑运算指令。

1. 单操作数的逻辑运算指令(一般都与A有关)

(1) 清0指令

CLR A

说明:执行结果同“MOV A,#00H”,只影响标志位P。

(2) 取反指令

CPL A ;A累加器的内容按位取反,不影响标志位

(3) 左环移指令

RL A

把累加器A的内容左移1位,“RL A”操作如图6-8所示。

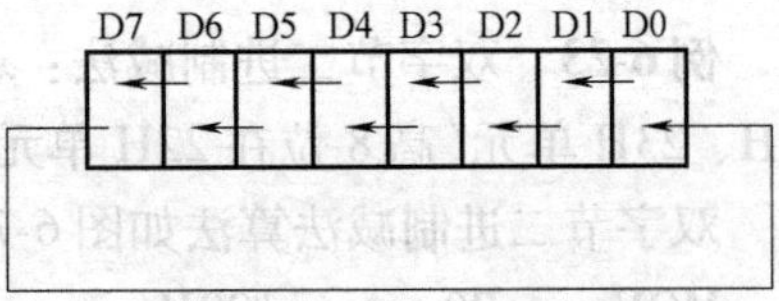

图6-8 “RL A”操作

“RL A”指令每次只移动一位。当(A)≤07FH时,左移一位相当于(A)乘以2。

例6-24 若(A)=33H,(CY)=1,则执行指令

“RL A”后，(A) =66H，(CY) =1。

(4) 带进位位左环移指令

RLC　A

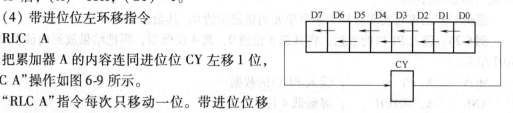

把累加器 A 的内容连同进位位 CY 左移 1 位，“RLC A”操作如图 6-9 所示。

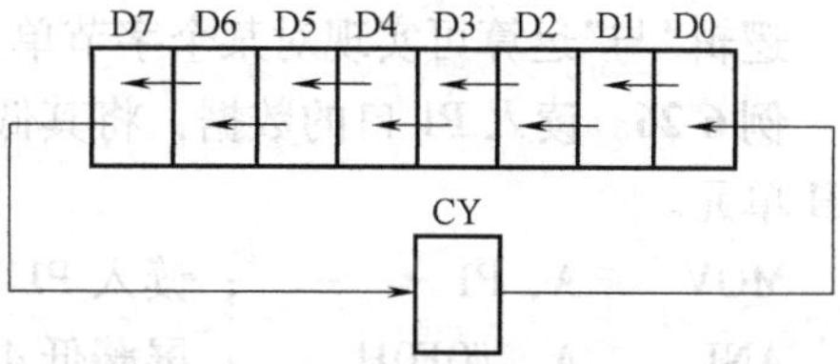

图 6-9　“RLC A”操作

“RLC A”指令每次只移动一位。带进位位移动时，影响标志位 CY 和 P。

例如：若(A) =33H，(CY) =1，则执行指令“RLC A”后，(A) =67H，(CY) =0。

例 6-25　设 x 存在 33H 单元，求 $2x$。

在二进制中，最低位补 0 左移一位，其结果为原数的 2 倍。程序如下：

```
MOV   A,    33H
CLR   CY
RLC   A
MOV   20H,    A      ; 结果的低 8 位
CLR   A
RLC   A
MOV   21H, A         ; 结果的高 8 位
```

(5) 右环移指令

RR　A

把累加器 A 的内容右移 1 位，“RR A”操作如图 6-10 所示。每次只移动一位，在(A)为偶数时，右移一位相当于(A)除以 2。

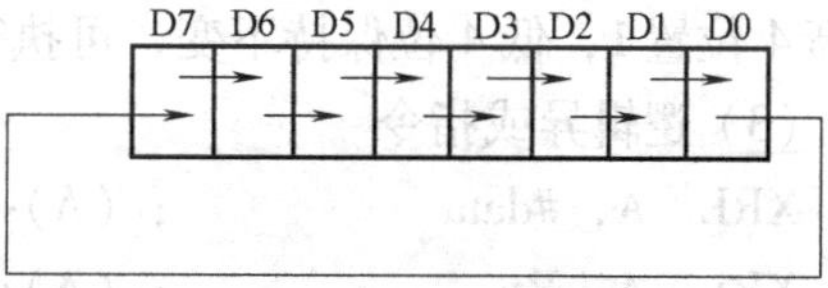

图 6-10　“RR A”操作

若(A) = 33H，(CY) = 1，则执行指令“RR A”后，(A) =99H，(CY) =1。

(6) 带进位位右环移指令

RRC　A

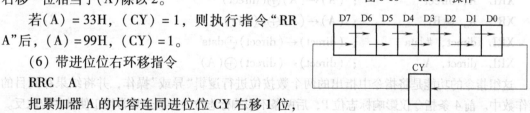

把累加器 A 的内容连同进位位 CY 右移 1 位，“RRC A”操作如图 6-11 所示。每次只移动一位，影响标志位 CY 和 P。

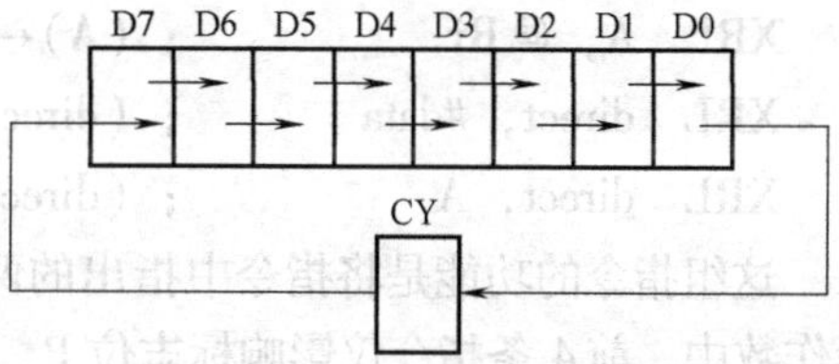

图 6-11　“RRC A”操作

2. 双操作数的逻辑操作指令

(1) 逻辑与指令

```
ANL   A, #data          ; (A)←(A) ∧ data
ANL   A, Rn             ; (A)←(A) ∧ (Rn)
ANL   A, direct         ; (A)←(A) ∧ (direct)
ANL   A, @Ri            ; (A)←(A) ∧ ((Ri))
ANL   direct, #data     ; (direct)←(direct) ∧ data
ANL   direct, A         ; (direct)←(direct) ∧ (A)
```

这组指令的功能是将指令中指出的两个数按位进行逻辑“与”操作，并将结果存到目的操作数中去。前 4 条指令仅影响标志位 P，后两条不影响标志位。“与”运算常用于使某些位

清0，实现屏蔽操作。

逻辑“与”运算可实现对某个字节单元的指定位清0，其余位保持不变。

例6-26 读入P1口的数据，将其低4位清0，高4位保留，再把结果放到内部RAM的40H单元。

```
MOV     A, P1          ; 读入P1口的数据
ANL     A, #0F0H       ; 屏蔽低4位
MOV     40H, A         ; 保存数据
```

(2) 逻辑或指令

```
ORL     A, #data            ; (A)←(A) ∨ data
ORL     A, Rn               ; (A)←(A) ∨ (Rn)
ORL     A, direct           ; (A)←(A) ∨ (direct)
ORL     A, @Ri              ; (A)←(A) ∨ ((Ri))
ORL     direct, #data       ; (direct)←(direct) ∨ data
ORL     direct, A           ; (direct)←(direct) ∨ (A)
```

这组指令的功能是将指令中指出的两个数按位进行逻辑“或”操作，并将结果存放到目的操作数中去。前4条指令仅影响标志位P，后两条不影响标志位。

逻辑“或”运算可实现对某个字节的某些位置1，其余位保持不变。例如，要将累加器A的高4位置1，低4位保持不变，可执行指令“ORL A，#0F0H”。

(3) 逻辑异或指令

```
XRL  A, #data          ; (A)←(A)⊕data
XRL  A, Rn             ; (A)←(A)⊕(Rn)
XRL  A, direct         ; (A)←(A)⊕(direct)
XRL  A, @Ri            ; (A)←(A)⊕((Ri))
XRL  direct, #data     ; (direct)←(direct)⊕data
XRL  direct, A         ; (direct)←(direct)⊕(A)
```

这组指令的功能是将指令中指出的两个数按位进行逻辑“异或”操作，并将结果存到目的操作数中。前4条指令仅影响标志位P，后两条不影响标志位，异或运算常用于使某些位取反。

逻辑“异或”运算可以用来比较两个数据是否相等。当两个数据“异或”结果为0时，两数相等，否则两数不相等。此外“异或”运算还可以用来对某个字节单元的某些位取反，其余位保持不变。

例如：要将40H的高4位取反，低4位保持不变，可以用指令“XRL 40H，#0F0H”。

例6-27 已知一个负数的原码存放在30H单元，求它的补码。

```
MOV  A,   30H
XRL  A,   #01111111B    ; 求反码：保留符号位，数值位按位取反
ADD  A,   #01           ; 补码 = 反码 +1
MOV  30H, A
```

例6-28 已知两位十进制数以BCD码的形式存放在30H单元，把两位数分开，分别存放在两个单元20H和21H中。

程序如下：

```
MOV    A,     30H
ANL    A,     #0F0H
SWAP   A
MOV    21H,   A          ；十位
MOV    A,     30H
ANL    A,     #0FH
MOV    20H,   A          ；个位
```

6.3.5　位操作指令

位操作指令又叫布尔操作指令，共17条，包括位传送指令、位逻辑运算指令、位控制转移指令等，单片机内部专门设有一个位(布尔)处理器，用于完成这类指令的执行。这组指令中的操作数采用位寻址的方式获取。

1. 位传送指令

```
MOV    C, bit       ；(C)←(bit)
MOV    bit, C       ；(bit)←(C)
```

位与位之间的状态传送必须通过C来进行，两个位地址的位不能直接传送。

2. 位修改指令

(1) 位清0

```
CLR    C            ；(C)←0
CLR    bit          ；(bit)←0
```

(2) 位置1

```
SETB   C            ；(C)←1
SETB   bit          ；(bit)←1
```

(3) 位取反

```
CPL    C            ；(C)←(/C)
CPL    bit          ；(bit)←(/bit)
```

3. 位逻辑运算指令(4条)

(1) 位逻辑与运算指令

```
ANL    C, bit       ；(C)←(C)∧(bit)
ANL    C, /bit      ；(C)←(C)∧(/bit)
```

(2) 位逻辑或运算指令

```
ORL    C, bit       ；(C)∧(bit)→(C)
ORL    C, /bit      ；(C)∧(/bit)→(C)
```

利用逻辑运算指令可以对各种组合逻辑电路进行模拟，即利用软件的方法来获得组合电路的逻辑功能。逻辑电路图如图6-12所示，下述程序可以实现其逻辑电路的功能。

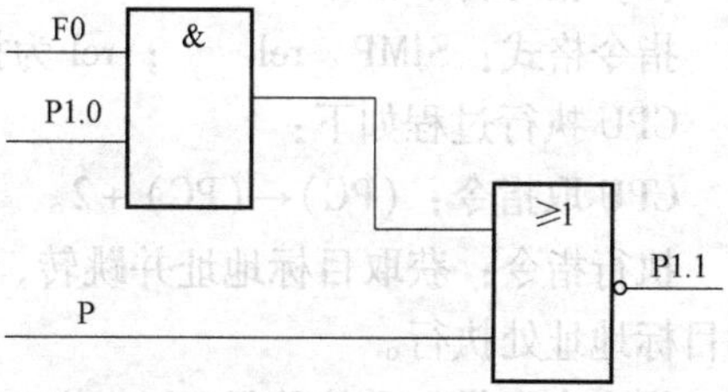

图6-12　逻辑电路图

```
MOV  C,    F0
ANL  C,    P1.0
```

```
ORL   C,     P
CPL   C
MOV   P1.1, C
```

6.3.6 控制转移类指令

程序的执行顺序是由单片机内部的程序计数指针 PC 控制的，一般情况下程序计数指针 PC 自动加 1 控制程序顺序执行。改变了 PC 的内容也就改变了程序的执行顺序，改变 PC 的方法有机器上电(或复位)使(PC) = 0000H；执行控制转移类指令，指令类型不同，改变 PC 的方法也不相同；根据中断源的不同，改变 PC 转到相应的中断入口地址。

当然，CPU 执行程序的顺序何时发生改变、如何跳转、跳转到什么地方等，是由程序规定的，如何将这些指令合理、正确地运用在程序中，实现编程意图，是了解指令功能和 CPU 执行过程的目的。因此，在本节中，除了介绍 CPU 执行转移指令的过程外，同时还介绍在程序中这些指令的使用方式和方法。

1. 无条件转移指令

CPU 在执行程序的过程中，碰到该类型指令将“无条件”地根据指令的类型改变 PC 的内容，从而实现转移。共有四种不同类型，分别叙述如下：

(1) 短跳转指令

指令格式：AJMP addr11

该指令将$(PC)_{15\sim11}$作为目标地址的高 5 位，$(PC)_{10\sim0}$←addr11 作为目标地址的低 11 位，构成 16 位目标地址送给 PC 后，程序转移到目标地址处执行。

该指令仅提供 11 位转移地址，转移范围为 2KB。该指令为双字节指令。

例 6-29 短跳转指令应用情况如下：

AJMP LOOP1 ；无条件转移到 LOOP1 执行程序

(2) 长跳转指令(1 条)

指令格式：LJMP addr16 ；(PC)←(PC) +3，(PC)←addr16

CPU 将指令中提供的 16 位目标地址 addr16 送给 PC，程序转移到目标地址 addr16 处执行。

该指令提供 16 位转移地址，转移范围为 64KB。该指令为三字节指令。

该指令要转移到的 16 位目标地址由指令直接提供。因此，可以转移到 64KB 程序存储器地址空间的任何单元。

例 6-30 长跳转指令应用

LJMP LOOP1 ；无条件转移到 LOOP1 执行程序

(3) 相对转移指令

指令格式：SJMP rel ；rel 为指令机器码中的跳转相对量，用补码表示

CPU 执行过程如下：

CPU 取指令：(PC)←(PC) +2。

执行指令：获取目标地址并跳转，(PC)←(PC) + rel 作为目标地址送给 PC，程序转移到目标地址处执行。

指令中提供一个偏移量 rel(8 位二进制数补码)，而 PC(目的地址) = PC(当前 PC) + rel(偏移量)。转移的范围为相对该指令现行 PC 值“上”(负跳转)128B 和“下”(正跳转)127B。

该指令为双字节指令。

相对转移指令采用相对寻址的方法获得要转移到的目标地址，以此改变PC，从而实现转移，包括后面的条件转移指令也采用相同的方式。

例6-31 相对转移指令应用。

向下转移——正跳转：

```
START:   MOV  A, #00H
LOOP1:   SJMP LOOP2
         INC A
         …
LOOP2    RL A
```

向上转移——负跳转：

```
START:   MOV  A, #00H
LOOP1:   INC  A
         RL   A
LOOP2:   SJMP LOOP1
…
```

在由汇编语言汇编机器码时，机器码偏移量rel的计算公式如下：

rel = 目的地址 - (源地址 + 指令字节数)

源地址为本指令的机器码所在的起始单元地址，目的地址即目标地址，指令字节数是指该指令对应的机器码的字节数，也称为指令的机器码长度。

在编程使用时，上述3个跳转指令的功能是相同的，相当于“GOTO 目标标号”，区别在于3条指令的跳转范围不同，LJMP为64KB，AJMP为本指令上下2KB，而SJMP为本指令上128B、下127B。

(4) 间接转移指令(1条)

指令格式：JMP @A + DPTR ；(PC)←(PC) +1，(PC)←(DPTR) + (A)

该指令获取目标地址并跳转，作为目标地址送给PC，程序转移到目标地址处执行。

该指令转移到的目标地址是由累加器A(8位无符号数)和数据指针DPTR(16位无符号数)的内容相加形成。可以根据运算结果(累加器A的内容)的不同转到不同的位置，执行不同功能的程序，具有多分支转移功能，即散转功能，又叫散转指令。该指令为1字节指令。

利用这条指令可实现程序的散转。在散转程序中，可将各分支程序的入口地址放在一起形成入口跳转表，DPTR为基址寄存器，以存放表的基地址，累加器内容为偏移量，由A的不同值实现多分支转移。例如下列程序：

```
      CLR   C
      RLC   A             ; A←A×2
      MOV   DPTR, #TAB    ; 基地址送 DPTR
      JMP   @A + DPTR     ; 根据两数相加结果，决定转移地址
TAB:  AJMP  PJ0
      AJMP  PJ1
       ⋮
```

```
        AJMP   PJN
N0:     …
        ⋮
N1:     …
        ⋮
NN:     …
```

CPU 执行程序时，将根据累加器的值转移到不同分支程序运行。当 A = 00H 时，转到 N0；当 A = 01H 时，转到 N1；……；当 A = N 时，转到 NN。由于 AJMP 是双字节指令，散转前 A 的值应先乘以 2，程序中用“RLC A”指令来实现。若用长转移指令 LJMP，由于 LJMP 是三字节指令，故散转前应使 A 的值乘以 3，但这样就不能只使用一条移位指令来完成乘法运算了，这也是 AJMP 指令的优点所在。

2. 条件转移指令

这类指令的特点是“满足条件则转移，否则顺序执行下一条指令程序”。当满足条件时，改变 PC 的方法与 SJMP 指令相同。

条件转移指令都是相对转移指令，即目标地址必须在以下一条指令的起始地址为中心的 -128 ~ 127B 的范围内。

（1）测试条件符合转移指令

```
指令              转移条件
JZ    rel          ; (A)=0
JNZ   rel          ; (A)≠0
JC    rel          ; (CY)=1
JNC   rel          ; (CY)=0
JB    bit   rel    ; (bit)=1
JNB   bit   rel    ; (bit)=0
JBC   bit   rel    ; (bit)=1 则转移，然后(bit)=0
```

例 6-32 比较两个数 x、y 是否相等，若相等置标志位 F0 为 1，否则，F0 清 0。设 x 存放于 20H 单元，y 存放于 21H 单元，程序如下：

程序 1：

```
        MOV   A,    20H
        CLR   C
        SUBB  A,    21H
        JZ    EQU
        CLR   F0
        RET
EQU:    SETB  F0
        RET
```

程序 2：

```
        MOV   A,    20H
        CLR   C
```

```
        SUBB  A,     21H
        JNZ   NEQU
        SETB  F0
        RET
NEQU:   CLR   F0
        RET
```

例 6-33　比较两个数 x、y 的大小，将大数存放在 MAX 单元，若相等置标志位 F0 为 1，否则，F0 清 0。

程序 1：

```
        MOV   A,     20H
        CLR   C
        SUBB  A,     21H
        JZ    EQU                 ; x 与 y 相等
        CLR   F0
        JNC   GRT                 ; x 大于 y
        MOV   MAX,   21H          ; y 大于 x
        RET
EQU:    SETB  F0                  ; 若 x = y，则 F0 置 1
GRT:    MOV   MAX,   20H
        RET
```

程序 2：

```
        MOV   A,     20H
        CJNE  A,     21H，NEQ
        SETB  F0                  ; 若 x = y，则 F0 置 1
        MOV   MAX,   A            ; 大数存放到 MAX
        RET
NEQ:    CLR   F0
        JC    LESS
        MOV   MAX,   A            ; 大数存放到 MAX
        RET
LESS:   MOV   MAX,   21H
        RET
```

例 6-34　利用标志位实现控制键的多重定义。8051 应用系统如图 6-13 所示。要求在系统运行过程中，第一次按下按钮 SB 时，电动机 M 起动，再次按下 SB 时，电动机 M 停机，可重复操作。

用 20H. 7 位的状态标记电动机的状态，若(20H. 7)为 0，电动机处于停机状态，反之，电动机处于开机状态。程序如下：

```
        CLR   P1. 3               ; 关电动机
        CLR   20H. 7
```

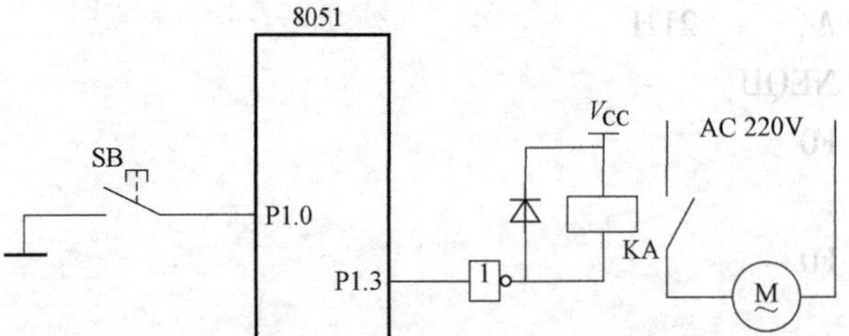

图 6-13 8051 应用系统

```
NO_PRESS:  JB     P1.0, NO_PRESS  ; 判断 SB 是否按下
           JNB    20H.7,   ON
           CLR    P1.3            ; 关电动机
           CLR    20H.7
           SJMP   NO_PRESS;
ON:        SETB   P1.3            ; 开电动机
           SETB   20H.7
           SJMP   NO_PRESS
```

(2) 比较不等转移指令

```
CJNE  A, direct, rel
CJNE  A, #data, rel
CJNE  Rn, #data, rel
CJNE  @Ri, #data, rel
```

这组指令的功能是比较指令中两个操作数的值是否相等，如果它们的值不相等，则转移的目标地址为当前 PC 值(源地址)与偏移量 rel 相加所得地址；如果两数相等，则程序顺序执行下一条指令。无论是否转移，如果第一操作数(无符号数)小于第二操作数，则置(CY)=1，否则(CY)=0。该组指令不影响任何操作内容及其他标志。

例 6-35 若在从 30H 单元开始的连续 10 个单元中存有 10 个无符号数。编程统计这一组数中含有 00H 的个数，结果存入 60H 单元。

程序如下：

```
        MOV   A,     #0AH          ; 数据长度送 A
        MOV   R7,    #00H          ; 统计个数清 0
        MOV   R0,    #30H          ; 数据块首地址送 R0
LOOP2:  CJNE  @R0, #00H, LOOP1     ; 数据与 00H 比较
        INC   R7                   ; 统计个数
LOOP1:  INC   R0                   ; 修改地址
        DEC   A                    ; 数据长度减 1
        JNZ   LOOP2                ; 判断 10 个数是否比较完
        MOV   60H, R7              ; 结果送 60H 单元
        RET
```

例 6-36 设累加器 A 中存放一有符号数 x，求解函数

$$y=\begin{cases}1 & (x>0)\\0 & (x=0)\\-1 & (x<0)\end{cases}$$

x 存放在片外程序存储器的 DATA 单元中，y 存放在片外数据存储器的 BUF 单元中，设计源程序如下：

```
        ORG     2000H
START:  MOV     DPTR，#DATA
        MOV     A，#00H
        MOVC    A，@A+DPTR      ；取数(A)←x
        JZ      ASSIGN          ；若 x=0，转 ASSIGN
        JB      ACC.7，MINUS    ；若 x<0，转 MINUS
        MOV     A，#01H         ；若 x>0，则(A)←01H
        AJMP    ASSIGN
MINUS:  MOV     A，#0FFH        ；若 x<0，则(A)←0FFH
ASSIGN: MOV     DPTR，#BUF
        MOVX    @DPTR，A        ；(A)←(BUF)
        RET
```

（3）减 1 不为 0 转移指令(循环转移指令)

1）工作寄存器内容减 1 不为 0 转移指令。

指令格式：DJNZ　Rn，rel

CPU 执行过程如下：

取指令：(PC)←(PC)+2。

执行并获取目标地址：(Rn)←(Rn)-1。

若(Rn)≠0，则(PC)←(PC)+rel。

若(Rn)=0，则结束循环，顺序执行。

例 6-37　把内部 RAM 从 20H 单元开始的 10 个单元清 0。

程序如下：

```
     MOV   R0，    #20H
     MOV   R5，    #10
     MOV   A，     #00
DO： MOV   @R0，   A
     INC   A
     DJNZ  R5，    DO
     RET
```

2）单元内容减 1 不为 0 转移指令。

指令格式：DJNZ direct，rel

CPU 执行过程如下：

取指令：(PC)←(PC)+3

执行并获取目标地址：(direct)←(direct)-1。

若(direct)≠0，则(PC)←(PC)+rel。

若(direct)=0，则结束循环，顺序执行。

3. 子程序调用及返回指令

在程序设计中，为了简化程序结构和减少程序所占的存储空间，往往将需要反复执行的某段程序编写成子程序，供主程序在需要时调用。一个子程序可以在程序中反复多次调用。为了实现主程序对子程序的一次完整调用，必须有子程序调用指令和子程序返回指令。

子程序调用指令在调用程序中使用，而子程序返回指令则是被调用子程序的最后一条指令，调用与返回指令是成对使用的。当执行调用指令时，自动把程序计数器PC中的断点地址压入到堆栈中，并自动将子程序入口地址送入程序计数器PC中；当执行返回指令时，自动把堆栈中的断点地址恢复到程序计数器PC中。

(1) 调用指令

1) 长调用指令。

指令格式：LCALL addr16

CPU执行过程如下：

取指令：(PC)←(PC)+3。

保护返回地址：

(SP)←(SP)+1，(SP)←$(PC)_{0\sim7}$。

(SP)←(SP)+1，(SP)←$(PC)_{8\sim15}$。

取子程序入口地址，调用子程序：(PC)←$addr_{0\sim15}$。

该指令执行前PC值为下一条指令的首地址，转移范围为64KB程序存储空间。

编程使用方式：LCALL　　子程序名(目标地址)

例6-38　设(SP)=60H，标号STRT的值为0100H，标号DIR的值为8100H，执行指令：

STRT：LCALL DIR　　或　STRT：LCALL 8100H

结果：(SP)=62H，(61H)=03H，(62H)=01H，(PC)=8100H。

2) 短调用指令。

指令格式：ACALL　addr11

CPU执行过程如下：

取指令：(PC)←(PC)+2。

保护返回地址：(SP)←(SP)+1，(SP)←$(PC)_{0\sim7}$；(SP)←(SP)+1，(SP)←$(PC)_{8\sim15}$。

获取子程序入口地址：$(PC)_{0\sim10}$←$addr_{0\sim10}$，$(PC)_{11\sim15}$不变，构成子程序的入口地址。

调用子程序：(PC)←$addr_{0\sim15}$。

转移范围：含有下一条指令首地址的同一个2KB范围，即高5位地址相同。

编程使用方式：ACALL　　子程序名(目标地址)

例6-39　设(SP)=60H，标号MA值为0123H，子程序位于0345H，执行指令：

MA：ACALL　　0345H

结果：(SP)=62H，(61H)=25H，(62H)=01H，(PC)=0345H。

子程序调用指令ACALL、LCALL在改变PC内容的方法上与转移指令AJMP、LJMP是一样的，因此也可分别称其为短调用和长调用。区别在于指令ACALL、LCALL在实现调用

(转移)前，先把下一条指令的地址推入堆栈保留，以便执行子程序返回指令 RET 时能找到返回地址，实现正确返回。

(2) 返回指令

1) 子程序返回指令。

指令格式：RET

CPU 执行过程如下：

取指令：(PC)←(PC)+1。

从堆栈中取返回地址：

$(PC)_{8\sim15}$←((SP))，(SP)←(SP)-1；$(PC)_{0\sim7}$←((SP))，(SP)←(SP)-1。

例 6-40　设(SP)=62H，(62H)=07H，(61H)=30H，执行指令：

RET

结果：(SP)=60H，(PC)=0730H。

例 6-41　子程序调用与返回指令应用举例

```
MOV     A, 30H          ; 30H 单元内容送 A
ACALL   LOOP1           ; 调用子程序 1
LCALL   LOOP2           ; 调用子程序 2
SJMP    $               ; 暂停等待
子程序 1：
LOOP1：CPL A            ; A 求反
RET                     ; 子程序返回
子程序 2：
LOOP2：RL A             ; A 左循环一位
       RET              ; 子程序返回
```

子程序调用过程如图 6-14 所示。

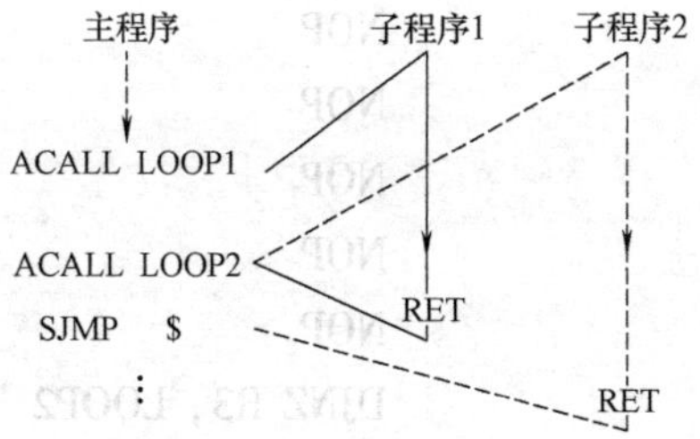

图 6-14　子程序调用过程

2) 中断服务程序返回指令。

指令格式：RETI

取指令：(PC)←(PC)+1。

从堆栈中取返回地址：

$(PC)_{8\sim15}$←((SP))，(SP)←(SP)-1；$(PC)_{0\sim7}$←((SP))，(SP)←(SP)-1。

该指令用于中断服务程序中，每一个中断服务程序的最后一条指令必然是 RETI 指令。RETI 指令与 RET 指令的区别在于 RETI 指令在实现中断返回的同时，可清除中断标志。

例 6-42　利用子程序技术编写令 20H~2AH、30H~3EH 和 40H~4EH 三个子域清 0 的程序。

因为三个部分要求的都是清 0，故可以把清 0 程序变成一个子程序，调用即可。

```
        ORG     1000H
        MOV     SP,     #70H    ; 令堆栈的栈底地址为 70H
        MOV     R0,     #20H    ; 第一清 0 区始地址送 R0
```

```
        MOV     R2,     #0BH    ; 第一清0区单元数送R2
        ACALL   ZERO            ; 将20H~2AH区清0
        MOV     R0,     #30H    ; 第二清0区始地址送R0
        MOV     R2,     #0FH    ; 第二清0区单元数送R2
        ACALL   ZERO            ; 将30H~3EH区清0
        MOV     R0,     #40H    ; 第三清0区始地址送R0
        MOV     R2,     #0FH    ; 第三清0区单元数送R2
        ACALL   ZERO            ; 将40H~4E区清0
        SJMP    $
        ORG     1050H
ZERO:   MOV     @R0,    #00H    ; 清0
        INC     R0              ; 修改清0区指针
        DJNZ    R2,     ZERO    ; 若R2-1≠0，则跳转到ZERO
        RET                     ; 返回
        END
```

4. 空操作指令

指令格式：NOP　　; (PC)←(PC)+1

这是一条单字节指令。执行时，不作任何操作(即空操作)，仅将程序计数器PC的内容加1，使CPU指向下一条指令继续执行程序。它为单周期指令，在时间上占用一个机器周期，因而常用于延时或等待程序的设计中作为时间“微调”。

例6-43 设计一个能延时1s的软件延时子程序。假设时钟频率为6MHz。

```
TIME:     MOV R2, #FAH       ; 1T_M
LOOP1:    MOV R3, #FAH       ; 1T_M
LOOP2:    NOP                ; 1T_M
          NOP                ; 1T_M
          NOP                ; 1T_M
          NOP                ; 1T_M
          NOP                ; 1T_M
          NOP                ; 1T_M
          DJNZ R3, LOOP2     ; 2T_M
          DJNZ R2, LOOP1     ; 2T_M
          RET                ; 2T_M
```

$T_M = 2\mu s$，延时总时间 $T = 2T_M + [250 \times (2T_M + 6T_M) + 2T_M] \times 250 + 2T_M \approx 1001ms \approx 1s$。

6.4 绘制流程图

将解决问题的具体步骤用一种约定的几何图形、指向线和必要的文字说明描述出来，即用流程图表示出来。它具有直观、易懂的特点，是描述算法的好工具。对于复杂的程序，必须借助流程图才能正确表达思路。对于比较简单的程序，可以不画流程图。流程图符号和说明见表6-2。

绘制流程图时，一般先画出简单的功能流程图(粗框图)，然后再对功能流程图进行扩充和具体化，即对存储器、标志位等工作单元作具体的分配和说明，把功能图上每一个粗框图转变为具体存储器或I/O口操作，从而绘制出详细的程序流程图，即细框图。经过上述各步骤后，解决问题的思路已经非常清楚，所以接下来就可以按流程图的顺序对每一个功能框选用合适的指令，以实现功能框所述的功能，从而编写出汇编语言源程序。

表6-2　流程图符号和说明

符　号	名　称	功　能
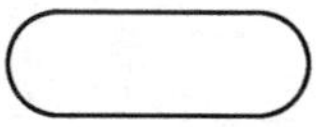	起止框	程序的开始或结束
	处理框	各种处理操作
	判断源	条件判断操作
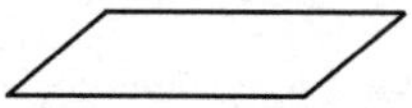	输入/输出框	输入/输出操作
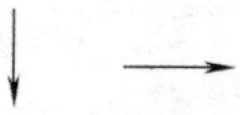	流程线	描述程序的流向
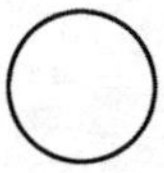	连接符号	实现流程图间的连接

思考与练习

1. 什么是寻址方式？51系列单片机有几种寻址方式？对80C51内部RAM的128～255B地址的空间寻址要注意什么？

2. 什么是伪指令？伪指令与指令有何区别？

3. “DA A”指令有什么作用？怎样使用？

4. 设寄存器A＝0FH，R0＝30H，内部RAM (30H)＝0AH，(31H)＝0BH，(32H)＝0CH。请写出在执行各条指令后所示单元的内容。

```
MOV    A, @R0        ; (A) =
MOV    @R0, 32H      ; (30H) =
MOV    32H, A        ; (32H) =
MOV    R0, #31H      ; (R0) =
```

```
MOV     A, @ R0        ; (A) =
```

5. 分析下面几个程序段中指令的执行结果

```
(1) MOV     SP, #50H
    MOV     A, #0F0H
    MOV     B, #0FH
    PUSH ACC        ; (SP) =     ; (51H) =
    PUSH B          ; (SP) =     ; (52H) =
    POP B           ; (SP) =     ; (B) =
    POP ACC         ; (SP) =     ; (A) =
(2) MOV A, #30H
    MOV     B, #0AFH
    MOV     R0, #31H
    MOV     30H, #87H
    XCH     A, R0          ; (A) =   ; (R0) =
    SWAP    A              ; (A) =
```

6. 已知 A = C9H，B = 8DH，CY = 1。执行指令“ADDC A，B”后结果如何？执行指令“SUBB A，B”后结果如何？

7. 编程将片内 35H ~ 55H 单元中内容送到以 3000H 为首的存储区中。

8. 请编写一个延时 2ms 的子程序。

单元7　80C51单片机的中断

学习目的：掌握80C51的中断系统，熟悉中断的响应过程和程序编写。

重点难点：中断系统、中断系统的应用。

外语词汇：Interrupt（中断）、Flag（标志）、Enable（使能）。

单片机中断功能可以提高CPU的效率；可以实现实时处理，以满足实时控制要求；可以及时处理故障，提高单片机的可靠性。

7.1　中断的定义与处理过程

7.1.1　中断的定义

中断是CPU在执行现行程序的过程中，发生随机事件和特殊请求时，使CPU中止现行程序的执行，而转去执行随机事件或特殊请求的处理程序，待处理完毕后，再返回被中止的程序继续执行的过程。日常生活中的例子和中断关系见表7-1，表7-1可以帮助理解中断。

表7-1　日常生活中的例子和中断关系

日常生活中的例子	中断术语
1. 小王正在家里看书	1. CPU正在执行程序
2. 电话铃响了	2. 外设发出中断请求，即“中断申请”
3. 小王停止看书，在书中夹入书签，去接电话	3. 保存主程序被迫中断的地址，并向外设发出响应中断的信号，即“中断响应”
4. 和来电话的人交谈	4. 进入中断，执行中断服务程序
5. 放下电话，回来继续看书	5. 退出中断，返回主程序，并从中断处继续执行

1. 中断系统的几个概念

(1) 中断源　对于中断系统来说，引起中断的事件称为中断源。

(2) 中断请求　由中断源向CPU所发出的请求中断的信号称为中断请求信号。

(3) 中断断点　CPU中止现行程序执行的位置称为中断断点。

(4) 中断现场　中断断点处的程序位置称为中断现场。

(5) 中断响应　CPU接受中断请求而中止现行程序，转去为中断源服务称为中断响应。

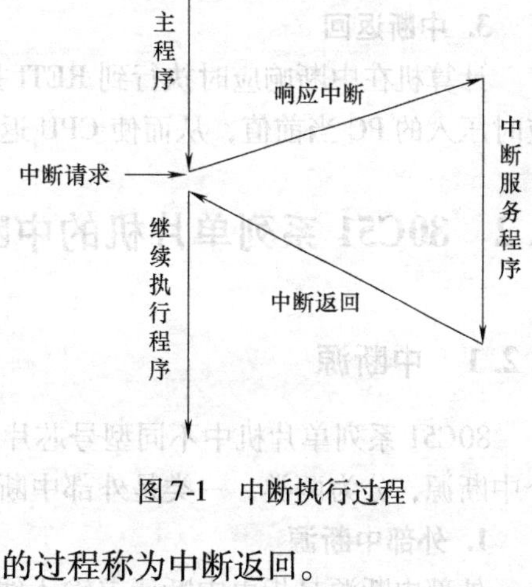

图7-1　中断执行过程

(6) 中断返回　由中断服务程序返回到原来程序的过程称为中断返回。

（7）保护现场与恢复现场　在中断系统中，对中断断点的保护是 CPU 在响应中断时自动完成的，中断服务完成时执行中断返回指令而得到恢复。对于中断断点处其他数据的保护与恢复是通过在中断服务程序中采用堆栈操作指令 PUSH 及 POP 来实现的，这种操作通常称为保护现场与恢复现场。

2. 中断执行过程

中断执行过程如图 7-1 所示。

7.1.2 中断的处理过程

单片机一旦工作，并由用户对各中断源进行使能和优先权初始化编程后，80C51 系列单片机的 CPU 在每个机器周期顺序检查每一个中断源。那么，在什么情况下 CPU 可以及时响应某一个中断请求呢？若 CPU 响应某一个中断请求，它又是如何工作的呢？

中断处理过程包括中断响应、执行中断服务程序及中断返回。中断处理过程如图 7-2 所示。

1. 中断响应

中断响应的基本条件：

1）有中断源提出中断请求。

2）中断总允许位 EA = 1，即 CPU 开放中断。

3）申请中断的中断源的中断允许位为 1，即没有被屏蔽。

80C51 中断响应过程：当前 PC 值送堆栈，也就是将 CPU 本来要取用的指令地址暂存到堆栈中保护起来，以便中断结束时，CPU 能找到原来程序的断点处，继续执行下去。这一过程由中断系统自动完成。响应中断后，根据该中断优先级的高低，自动将单片机内部的高优先级触发器或低优先级触发器置 1，并关中断保护断点（入栈），进入中断处理程序。

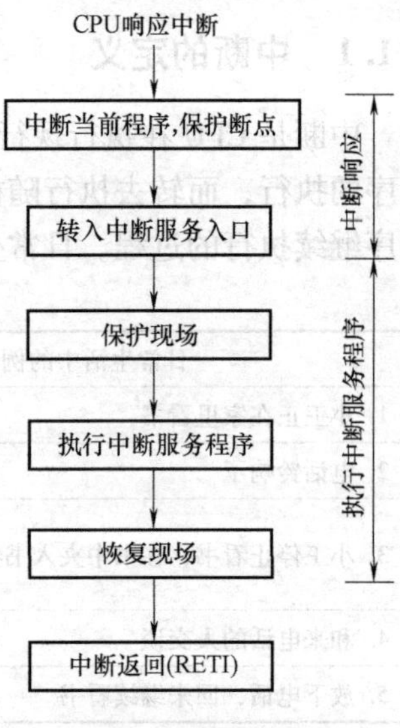

图 7-2　中断处理过程

2. 执行中断服务程序

在中断响应后，计算机调用的子程序称为中断服务程序。这是专门为外部设备或其他内部部件中断源服务的程序段。

3. 中断返回

计算机在中断响应时执行到 RETI 指令时，立即结束中断并从堆栈中自动取出在中断响应时压入的 PC 当前值，从而使 CPU 返回原程序中断点继续进行下去。

7.2 80C51 系列单片机的中断系统

7.2.1 中断源

80C51 系列单片机中不同型号芯片的中断源数量是不同的，最基本的 80C51 单片机有 5 个中断源，分为两类，一类是外部中断源，另一类是内部中断源。

1. 外部中断源

外部中断源是指由中断请求输入线引入的中断。51 单片机有两条中断请求输入线，分别是P3.2（$\overline{INT0}$）和P3.3（$\overline{INT1}$）。P3.2引入的中断称为外部中断0，P3.3引入的中断称为外部中断1。

外部中断0：当单片机采样到引脚P3.2出现低电平或下降沿时，产生中断请求。

外部中断1：当单片机采样到引脚P3.3出现低电平或下降沿时，产生中断请求。

2. 内部中断源

内部中断源是指单片机内部的部件引起的中断。51单片机内部有两个定时/计数器和一个串口，它们都能引起中断，称为内部中断源。

定时/计数器T0：当定时/计数器T0发生溢出时，产生中断请求。

定时/计数器T1：当定时/计数器T1发生溢出时，产生中断请求。

串口：单片机通过串口完成接收或发送1B数据时，产生中断请求。

7.2.2　中断源的入口地址

对于80C51单片机的5个独立中断源，有相应的中断服务程序，这些程序有固定的存放位置。在51系统中，中断服务程序的入口（向量）地址是不可自选的，其入口地址由系统统一规定。好比5扇门的锁需要5把钥匙才能打开一样，搞错了就不可能打开对应的门。中断源的入口地址见表7-2。

表7-2　中断源的入口地址

中断源	中断标志	中断服务程序入口	优先级顺序
外部中断0（$\overline{INT0}$）	IE0	0003H	高
定时/计数器0（T0）	TF0	000BH	↓
外部中断1（$\overline{INT1}$）	IE1	0013H	↓
定时/计数器1（T1）	TF1	001BH	↓
串口	RI或TI	0023H	低

7.3　中断寄存器的设置

80C51单片机的中断系统结构图如图7-3所示。

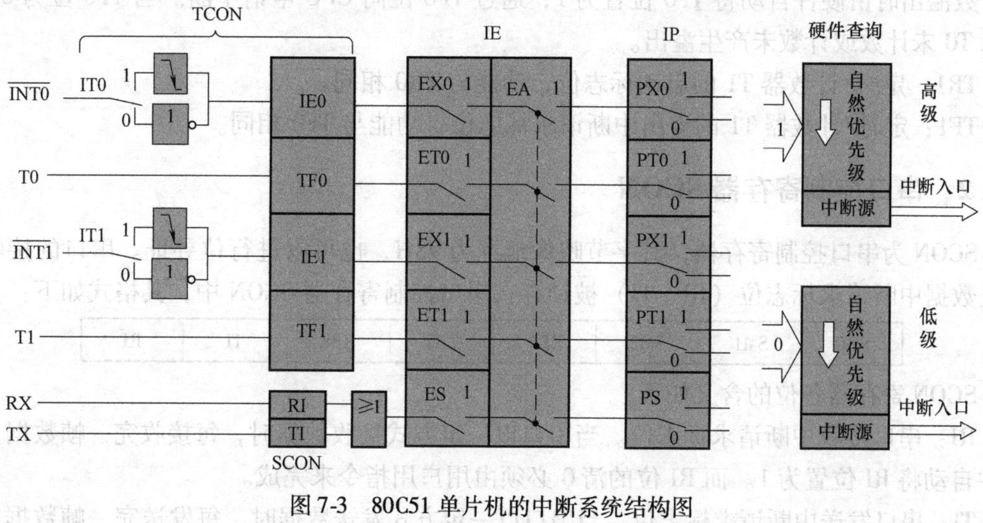

图7-3　80C51单片机的中断系统结构图

由图7-3可知，所有的中断发生之后都要产生相应的中断请求标志位，这些标志位分别放在特殊功能寄存器TCON和SCON里。每一个中断请求信号需经过中断允许控制寄存器IE和中断优先级控制寄存器IP的控制才能够得到单片机的响应，即中断控制实质上是对4个特殊功能寄存器TCON、SCON、IE、IP进行管理和控制。只要按照控制要求对这些寄存器的相应位进行设置（设置为0或1），就能完成对中断的有效管理和控制。

7.3.1 定时/计数器控制寄存器TCON

80C51中断标志位集中安排在定时/计数器控制寄存器TCON及SCON中，TCON属于特殊功能寄存器，其字节映像地址为88H，可位寻址，它除了控制定时/计数器T0、T1的溢出中断外，还控制着两个外部中断源的触发方式和锁存两个外部中断源的中断请求标志。其格式如下：

TF1	TR1	TF0	TR0	IE1	IT1	IE0	IT0

TCON寄存器各位的含义如下：

IT0：外部中断$\overline{INT0}$的中断触发方式选择位。当IT0位清为0时，外部中断$\overline{INT0}$为电平触发方式。在这种触发方式中，当采样到低电平时，表明外部中断0有中断产生。当IT0位置为1时，外部中断$\overline{INT0}$为边沿触发方式。在这种触发方式中，如果在$\overline{INT0}$（P3.2）检测到信号有由高到低的负跳变，表明外部中断0有中断产生。

IE0：外部中断$\overline{INT0}$的中断请求标志位。当IE0位为0时，表示外部中断源$\overline{INT0}$没有向CPU请求中断；当IE0位为1时，表示外部中断$\overline{INT0}$正在向CPU请求中断，且当CPU响应该中断时由硬件自动对IE0进行清0。

IT1：外部中断$\overline{INT1}$的中断触发方式选择位，功能与IT0相同。

IE1：外部中断$\overline{INT1}$的中断请求标志位，功能与IE0相同。

TR0：定时/计数器T0的启动标志位。当TR0位为0时，不允许T0计数工作；当TR0位为1时，允许T0定时或计数工作。

TF0：定时/计数器T0的溢出中断请求标志位。在定时/计数器T0被允许计数后，当产生计数溢出时由硬件自动将TF0位置为1，通过TF0位向CPU申请中断。当TF0位为0时，表示T0未计数或计数未产生溢出。

TR1：定时/计数器T1的启动标志位，功能与TR0相同。

TF1：定时/计数器T1的溢出中断请求标志位，功能与TF0相同。

7.3.2 串口控制寄存器SCON

SCON为串口控制寄存器，其字节映像地址为98H，也可以进行位寻址。串口的接收和发送数据中断请求标志位（RI、TI）被锁存在串口控制寄存器SCON中，其格式如下：

SM0	SM1	SM2	REN	TB8	RB8	TI	RI

SCON寄存器各位的含义如下：

RI：串口接收中断请求标志位。当串口以一定方式接收数据时，每接收完一帧数据，由硬件自动将RI位置为1。而RI位的清0必须由用户用指令来完成。

TI：串口发送中断请求标志位。当串口以一定方式发送数据时，每发送完一帧数据，由硬件自动将 TI 位置为 1。而 TI 位的清 0 也必须由用户用指令来完成。

注意：在中断系统中，将串口的接收中断 RI 和发送中断 TI 经逻辑或运算后作为内部的一个中断源。当 CPU 响应串口的中断请求时，CPU 并不清楚是由接收中断产生的中断请求还是由发送中断产生的中断请求，所以用户在编写串口的中断服务程序时，在程序中必须识别是 RI 还是 TI 产生的中断请求，从而执行相应的中断服务程序。

SCON 其他位的功能和作用与串行通信有关，将在后面章节中介绍。

7.3.3　中断允许控制寄存器 IE

80C51 单片机没有专门的开中断和关中断指令，中断的开放和关闭是通过中断允许寄存器 IE 进行两级控制的。所谓的两级控制是指由一个中断允许控制总位 EA，配合各中断源的中断允许控制位共同实现对中断请求的控制。IE 的字节映像地址为 0A8H，既可以按字节寻址，也可以按位寻址。当单片机复位时，IE 被清为 0。IE 的格式如下：

D7	D6	D5	D4	D3	D2	D1	D0
EA	—	—	ES	ET1	EX1	ET0	EX0

1. 中断允许总控制位 EA

EA = 0，中断总禁止，禁止所有中断。

EA = 1，中断总允许，总允许后中断的禁止或允许由各中断源的中断允许控制位进行设置。

2. 外部中断允许控制位 EX0（EX1）

EX0（EX1） = 0，禁止外中断。

EX0（EX1） = 1，允许外中断。

3. 定时/计数中断允许控制位 ET0（ET1）

ET0（ET1） = 0，禁止定时（或计数）中断。

ET0（ET1） = 1，允许定时（或计数）中断。

4. 串行中断允许控制位 ES

ES = 0，禁止串行中断。

ES = 1，允许串行中断。

比如要开放 INT1 和 T1 的溢出中断，屏蔽其他中断，则对应的中断允许控制字为 10001100B，即 8CH。只要将这个结果送入 IE 中，中断系统就按所设置的结果来管理这些中断源。可以对 IE 按字节操作，也可以按位操作。

按字节操作形式	按位操作形式
	SETB EX1
MOV IE，#8CH	SETB ET1
	SETB EA

7.3.4　中断优先级控制寄存器 IP

80C51 系列单片机对所有中断设置了两个优先级，每一个中断请求源都可以编程设置为高优先权中断或低优先权中断，从而实现二级中断嵌套。为了实现对中断优先权的管理，在

80C51 内部提供了一个中断优先级寄存器 IP，其字节地址为 0B8H，既可以按字节形式访问，又可以按位的形式访问。IP 的格式如下：

D7	D6	D5	D4	D3	D2	D1	D0
—	—	—	PS	PT1	PX1	PT0	PX0

PX0：外部中断 0 优先级设定位。

PT0：定时中断 0 优先级设定位。

PX1：外部中断 1 优先级设定位。

PT1：定时中断 1 优先级设定位。

PS：串行中断优先级设定位。

为“0”的位优先级为低；为“1”的位优先级为高。

比如要将 T0 定义为高优先级，使 CPU 优先响应其中断，其他中断均定义为低优先级，对应的优先级控制字为 00000010B，即 02H。只要将这个控制字送入 IP 中，CPU 就优先响应 T0 产生的溢出中断，并将其他中断按低优先级中断处理。具体操作形式如下：

按字节操作形式	按位操作形式
MOV IP，#02H	SETB PT0

如果同级的多个中断请求同时出现，则按 CPU 查询次序确定哪个中断请求被响应，其查询次序如下：

外部中断 0、定时中断 0、外部中断 1、定时中断 1、串行中断。

7.4 中断程序编写

中断程序的结构通常分为主程序和中断服务程序两大部分。

1. 主程序的编写

(1) 主程序的起始地址　80C51 系列单片机复位后，(PC) =0000H，而 0003H ~ 002BH 分别为各中断源的入口地址，所以编程时应在 0000H 处写一条跳转指令（一般为长跳转指令），使 CPU 在执行程序时，从 0000H 跳过各中断源的入口地址。主程序则是以跳转的目标地址为起始地址开始编写。

(2) 主程序的初始化内容　所谓初始化，即对将要用到的 80C51 系列单片机片内部件或扩展芯片进行初始工作状态设定。80C51 单片机复位后，特殊功能寄存器 IE、IP 的内容均为 00H，所以应对 IE、IP 进行初始化编程，以开放 CPU 中断，允许某些中断源中断和设置中断优先级。

2. 中断服务程序的编写

当 CPU 接收到中断请求信号并予以响应后，CPU 把当前的 PC 值压入堆栈中进行保护，而转入相应的中断服务程序入口处执行。80C51 系列单片机的中断系统对 5 个中断源分别规定了各自的入口地址，但是这些入口地址相距很近（8B），如果中断服务程序的指令代码少于 8B，则可从规定的中断服务程序入口地址开始，直接编写中断服务程序；若中断服务程序的指令代码大于 8B，则可在相应的入口地址处写一条跳转指令，以跳转指令的目标地址作为中断服务程序的起始地址进行编程。

例7-1　如图7-4所示，开关S每振动一次，就产生一个外部中断请求。经P1.3～P1.0读入开关S0～S3的状态，取反后再由P1.7～P1.4输出，驱动相应的发光二极管工作。

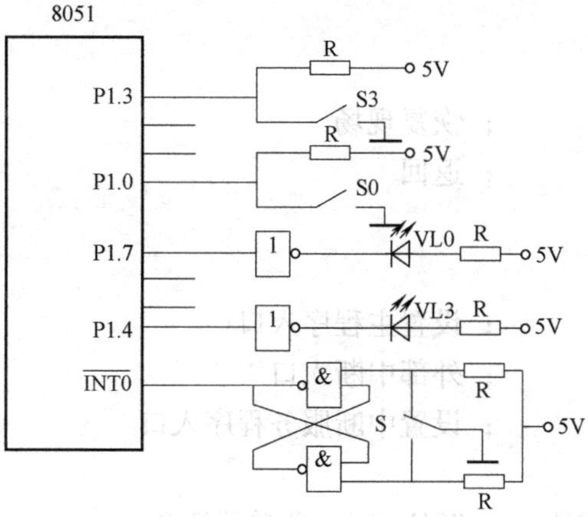

图7-4　例7-1电路图

程序清单如下：

```
      ORG   0000H
STAR：AJMP   MAIN
      ORG   0003H
      AJMP   EXTR
      ORG   0030H
MAIN：SETB   IT0          ；脉冲边沿触发
      SETB   EX0          ；外部中断0允许
      SETB   EA           ；总中断允许
HERE：AJMP HERE           ；等待中断
      ORG   1200H
      P1   EQU   90H
EXTR：MOV   A，#0FH       ；中断服务程序
      MOV   P1，A         ；熄灭发光二极管
      MOV   A，P1         ；输入开关状态
      CPL   A             ；状态取反
      ANL   A，#0FH       ；屏蔽A的高半字节
      SWAP   A            ；A高低半字节交换
      MOV   P1，A         ；开关状态输出
      RETI                ；中断返回
```

例7-2　在8051单片机的INT0引脚外接脉冲信号，要求每送来一个脉冲，把30H单元值加1，若30H单元计满，则进位31H单元。现利用中断编制脉冲计数程序。

中断服务程序：

```
      ORG   0200H         ；设置中断服务子程序位置
SUBG：PUSH   ACC          ；保护现场
```

```
        INC  30H          ; 中断后将脉冲计数值加 1
        MOV  A, 30H
        JNZ  BACK
        INC  31H
BACK:   POP  ACC          ; 恢复现场
        RET1              ; 返回
```

主程序部分:

```
        ORG  0000H
        AJMP  MAIN        ; 设置主程序入口
        ORG  0003H        ; 外部中断入口
        AJMP  SUBG        ; 设置中断服务程序入口
        ORG  0100H
MAIN:   MOV  A, #00H      ; 30H、31H 两单元清 0
        MOV  30H, A
        MOV  31H, A
        MOV  SP, #70H     ; 设置堆栈指针
        SETB  IT0         ; 设 INT0 为边沿触发
        SETB  EA          ; 开中断
        SETB  EX0         ; 允许 INT0 中断
        AJMP  $           ; 等待中断
```

例 7-3 比赛抢答器电路如图 7-5 所示，P1.0 ~ P1.3 分别接开关 S1 ~ S4，当其中任何一个开关按下时，都能立即从 P3.3 发出铃声信号，并点亮相应的发光二极管，即 S1 点亮 VL1，S2 点亮 VL2，S3 点亮 VL3，S4 点亮 VL4。试编写相应的程序。

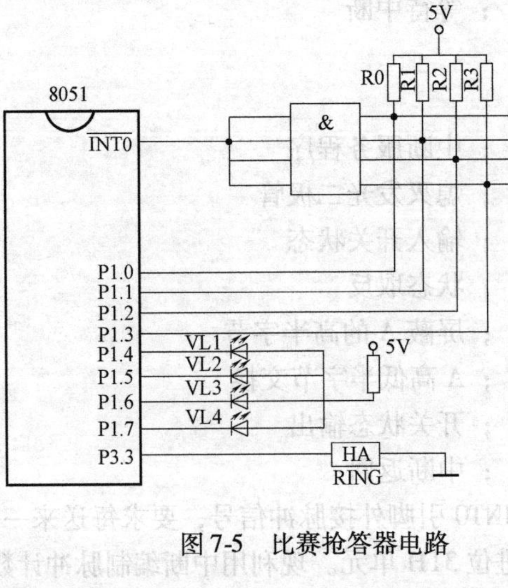

图 7-5 比赛抢答器电路

主程序部分:

```
        0RG  0000H
        LJMP  START
```

```
        ORG   0003H
        LJMP   0300H
        ORG   0100H
START:  MOV    SP, #70H
        SETB   IT0
WAITOFF:SETB   P3.3
        SETB   EA
        SETB   EX0
        SJMP   $
子程序:
DELAY:  MOV   R6, #0FFH
DE2:    MOV   R7, #0FFH
DE1:    DJNZ R7, DE1
        DJNZ   R6, DE2
        RET
RING:   MOV   R5, #20H
RIN0:   MOV   R6, #60H
RIN1:   MOV   R7, #0F0H
RIN2:   DJNZ   R7, RIN2
        CPL   P3.3
        DJNZ   R6, RIN1
        DJNZ   R5, RIN0
        RET
中断服务程序:
        ORG   0300H            ; 中断服务程序
ZDP:    MOV   A, P1            ; 判断哪个开关按下
        ANL   A, #0FH
        SWAP   A               ; 转换为点亮发光二极管信号
        ORL   A, #0FH
        MOV   P1, A
        LCALL   RING           ; 响铃
        LCALL   DELAY
        RETI
```

思考与练习

1. 什么是中断？什么是中断源？举一生活中的例子说明这些概念。
2. 中断与调用子程序有何异同？
3. 80C51 有几个中断源？有几级中断优先级？各中断标志是怎样产生的？又是如何清除的？
4. 51 系列单片机响应中断的条件是什么？各中断源的中断服务程序入口地址是多少？

5. 在80C51单片机的$\overline{INT0}$引脚外接脉冲信号，要求每送来一个脉冲，把30H单元值加1，若30H单元计满，则进位31H单元。试利用中断结构，编制一个脉冲计数程序。

6. 选择题

(1) 51系列单片机中，CPU正在处理定时/计数器T1中断，若有同一优先级的外部中断$\overline{INT0}$又提出中断请求，则CPU（ ）。

A. 响应外部中断INT0　　B. 继续进行原来的中断处理

C. 发生错误　　D. 不确定

(2) 中断服务程序的最后一条指令必须是（ ）。

A. END　B. RET　C. RETI　D. AJMP

(3) 在中断服务程序中，至少应有一条指令必须是（ ）。

A. 传送指令　B. 转移指令　C. 加法指令　D. 中断返回指令

(4) 51系列单片机响应中断时，下列哪种操作不会自动发生？（ ）

A. 保护现场　B. 保护PC　C. 找到中断入口地址　D. 转入中断入口地址

单元 8　单片机定时/计数器

学习目的： 掌握单片机的定时器的基本结构，掌握定时器的基本使用方法。

重点难点： 单片机定时器的工作方式、定时器应用。

外语词汇： Timer（定时器）、Counter（计数器）、Gate（门）、Mode（模式）。

定时/计数器（Timer/Counter）是单片机内的重要部分，主要包括计数和定时两个功能。

1. 计数功能

所谓计数是指外部脉冲通过 T0（P3.4）、T1（P3.5）两个信号引脚输入，输入的脉冲在负跳变时有效，计数器加 1（加法计数）。计数脉冲的频率不能高于晶振频率的 1/24。

2. 定时功能

定时功能也是通过计数器的计数来实现的，此时的计数脉冲来自单片机的内部，即每个机器周期产生一个计数脉冲，也就是每个机器周期计数器加 1。

AT89S51 单片机有 2 个 16 位的定时/计数器：定时/计数器 0（T0）和定时/计数器 1（T1）。AT89S52 包含 3 个 16 位的定时/计数器：定时/计数器 0（T0）、定时/计数器 1（T1）、定时/计数器 2（T2）。AT89S51 单片机还包含一个用作看门狗的 14 位定时器（T3）。

8.1　定时/计数器的结构及工作原理

8.1.1　定时/计数器 T0、T1 的结构

80C51 单片机定时/计数器内部结构框图如图 8-1 所示。

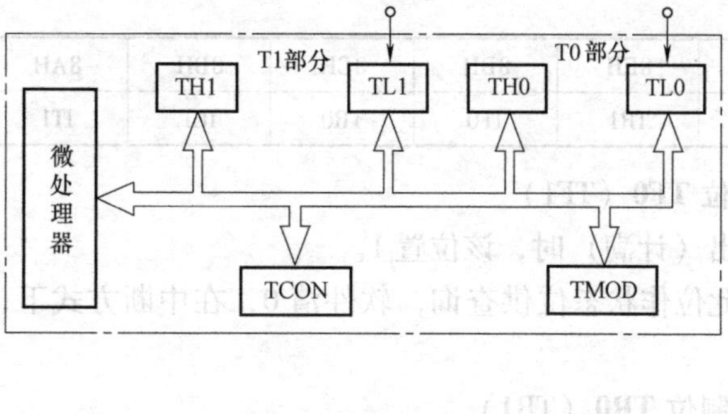

图 8-1　80C51 单片机定时/计数器内部结构框图

由图 8-1 可知，定时/计数器 T0、T1 主要由存放计数初值和结果值的两对 8 位寄存器（TH0、TL0 和 TH1、TL1）、方式寄存器 TMOD 和控制寄存器 TCON 组成。其中，TMOD 用于设置 T0、T1 的工作方式；TCON 中的 TR0、TR1 用于控制 T0、T1 的运行；P3.4、P3.5 引脚用于计数器方式下输入外部计数信号。

8.1.2 定时/计数器 T0、T1 的工作原理

T0 和 T1 的工作原理如图 8-2 所示。

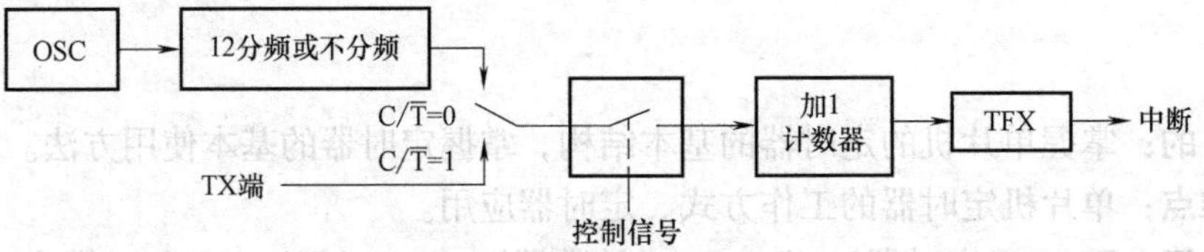

图 8-2 T0 和 T1 的工作原理

定时/计数器 T0、T1 用作定时器时，对机器周期进行计数，每经过一个机器周期，计数器加 1，直到计数器计满溢出。由于一个机器周期由 12 个时钟周期组成，所以计数频率为时钟频率的 1/12。因此，定时器的定时时间不仅与计数器的初值即计数长度有关，而且还与系统的时钟频率大小有关。定时/计数器 T0、T1 用作计数时，计数器对来自输入引脚 T0（P3.4）和 T1（P3.5）的外部信号计数。计数器对外部脉冲信号的占空比没有特别的要求，但必须保证输入的高电平和低电平信号至少应维持一个完整的机器周期。

8.2 定时/计数器的控制寄存器

定时/计数器的功能和工作模式的选择是由工作方式控制寄存器 TMOD 和定时器控制寄存器 TCON 完成的。用户可通过对上述寄存器的初始化编程，来设置 T0、T1 的计数初值和工作方式，控制 T0、T1 运行。

8.2.1 定时器控制寄存器 TCON

特殊功能寄存器 TCON 的高 4 位存放定时/计数器 T0、T1 的运行控制位和计数溢出标志位，低 4 位存放外部中断的触发方式控制位和锁存外部中断的请求标志位。TCON 的格式如下：

位地址	8FH	8EH	8DH	8CH	8BH	8AH	89H	88H
位功能	TF1	TR1	TF0	TR0	IE1	IT1	IE0	IT0

1. 计数溢出标志位 TF0（TF1）

当计数器计数溢出（计满）时，该位置 1。

在查询方式下，此位作状态位供查询，软件清 0，在中断方式下；此位作中断标志位，硬件自动清 0。

2. 定时器运行控制位 TR0（TR1）

若 TR0（TR1）=0，停止定时/计数器工作；若 TR0（TR1）=1，启动定时/计数器工作。可用指令使其置 1 或清 0。

8.2.2 工作方式控制寄存器 TMOD

特殊功能寄存器 TMOD 为 T0、T1 的工作方式寄存器，字节地址为 89H，只能按字节形

式操作，不能进行位寻址。复位时 TMOD 所有位均清为 0，其格式如下：

D7	D6	D5	D4	D3	D2	D1	D0
GATE	C/T	M1	M0	GATE	C/$\overline{T}$	M1	M0
←——— T1			———→	←——— T0			———→

TMOD 的低 4 位为 T0 的方式字段，高 4 位为 T1 的方式字段，它们的含义完全相同。

M1、M0：T0/T1 的工作方式选择位，T0/T1 工作方式选择位的意义见表 8-1。

表 8-1　T0/T1 工作方式选择位的意义

M1　M0	工作方式	功能说明
0　0	方式 0	13 位定时/计数器工作方式
0　1	方式 1	16 位定时/计数器工作方式
1　0	方式 2	自动再装入的 8 位定时/计数器工作方式
1　1	方式 3	T0 分为两个 8 位定时/计数器，T1 停止计数

C/$\overline{T}$：定时器或计数器方式选择位。当 C/$\overline{T}$位为 0 时，选择定时器方式。当 C/$\overline{T}$位为 1 时，选择计数器方式。在计数器方式中，对外部引脚（T0 为 P3.4，T1 为 P3.5）上的输入脉冲信号进行计数。

GATE：T0/T1 的门控位。当 GATE 位为 0 时，定时/计数器 T0、T1 的运行仅受 TR0、TR1 的控制，不受外部引脚电平的状态的影响；当 GATE 位为 1 时，定时/计数器 T0、T1 的运行不仅受 TR0、TR1 的控制，而且还受到外部引脚电平状态的控制（$\overline{INT0}$控制 T0，$\overline{INT1}$控制 T1）。即只有当$\overline{INT0}$（$\overline{INT1}$）引脚为高电平且 TR0（TR1）位为 1 时，才启动 T0（T1）计数；当$\overline{INT0}$（$\overline{INT1}$）引脚为低电平或 TR0（TR1）位为 0 时，都会使 T0（T1）停止计数。

8.3　定时/计数器的工作方式

定时/计数器 T0 有 4 种工作方式，而定时/计数器 T1 只有 3 种工作方式。工作方式不同，定时/计数器的结构有所不同，功能上也有差别。

8.3.1　方式 0

方式 0 由 TL0/TL1 的低 5 位和 TH0/TH1 的 8 位组成。当 TL0/TL1 的低 5 位产生溢出进位时向 TH0/TH1 进位，TH0/TH1 计数溢出时置溢出中断请求标志位 TF0/TF1 为 1，向 CPU 请求中断。定时/计数器 0 在工作方式 0 的逻辑结构如图 8-3 所示。

由图 8-3 可知，在方式 0 的 T0/T1 计数脉冲控制电路中，有一个方式电子开关和允许计数控制电子开关。当 C/$\overline{T}$位为 0 时，方式电子开关与上面接通，以时钟频率的 12 分频信号作为 T0/T1 的计数信号；当 C/$\overline{T}$位为 1 时，方式电子开关与下面接通，此时以 T0（P3.4）/T1（P3.5）引脚上的输入脉冲作为 T0/T1 的计数脉冲。当 GATE 位为 0 时，由 TR0/TR1 控制定时器工作，当 GATE 位为 1 时，定时器不仅受 TR0/TR1 的控制，而且还受$\overline{INT0}$/$\overline{INT1}$引脚上的电平控制。

在方式 0 下，计数工作方式时，计数值的范围是 1～8192（2^{13}）。当 T0/T1 以方式 0 计数时，假设系统需要计数 x 次，计数初值用 a 表示，则二者的关系为

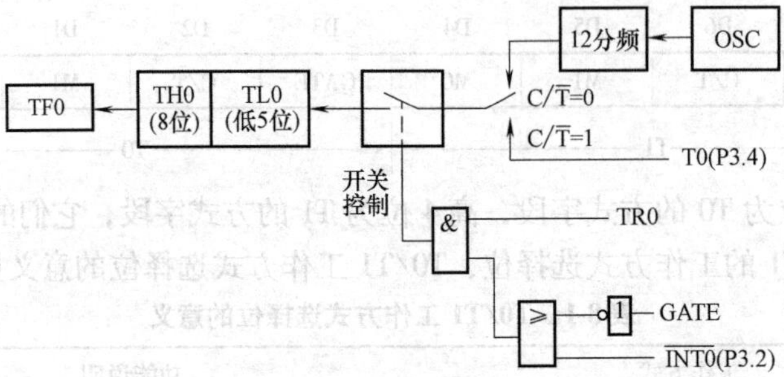

图 8-3　定时/计数器 0 在工作方式 0 的逻辑结构

$$a = 2^{13} - x$$

因此，预先给计数器（TH0、TL0）装入常数：$a = 2^{13} - x$。将 a 换算为二进制数，高 8 位装入 TH0，低 5 位装入 TL0，启动定时/计数器，即可实现 x 次计数溢出。

定时工作方式时，若定时/计数器 X（X＝0、1）工作于方式 0，计数初值为 a，时钟频率为 f_{osc}，则定时时间（单位为 μs）为

$$t = (2^{13} - a)\frac{12}{f_{osc}}$$

若给定了定时时间，定时初值 a 的大小为

$$a = 2^{13} - t\frac{f_{osc}}{12}$$

比如 $f_{osc}=12\text{MHz}$，T0 的定时时间 $t=5\text{ms}$，则定时初值 a 为

$$a = 2^{13} - 5\times10^{3}\mu\text{s}\times\frac{12\text{MHz}}{12} = 8192 - 5000 = 3192 = 110001111000\text{B}$$

因此，TL0 的初值为 18H，TH0 的初值为 63H，对 T0 的初始化子程序如下：

```
INTT0：MOV  TH0，#63H
       MOV  TL0，#18H
       SETB  EA
       SETB  ET0
       SETB  TR0
```

8.3.2　方式 1

方式 1 为 16 位定时/计数器工作方式，定时/计数器 0 在工作方式 1 的逻辑结构如图 8-4 所示。

方式 1 由 TL0/TL1 的 8 位和 TH0/TH1 的 8 位组成。当 TL0/TL1 的 8 位产生溢出进位时向 TH0/TH1 进位，TH0/TH1 计数溢出时置溢出中断请求标志位 TF0/TF1 为 1，向 CPU 请求中断。

在方式 1 下，当为计数工作方式时，计数值的范围是 1～65536（2^{16}）。

当 T0/T1 以方式 1 计数时，假设系统需要计数 x 次，计数初值用 a 表示，则二者的关系为

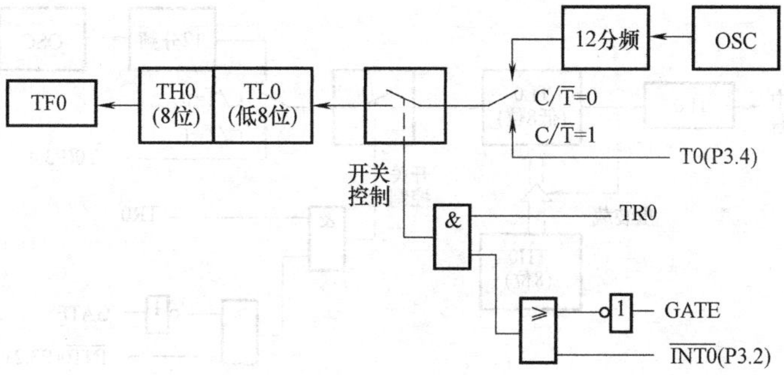

图 8-4　定时/计数器 0 在工作方式 1 的逻辑结构

$$a = 2^{16} - x$$

将 a 换算为二进制数，高 8 位装入 TH0，低 8 位装入 TL0，启动定时/计数器，即可实现 x 次计数溢出。

定时工作方式时，若定时/计数器 X（X = 0、1）工作于方式 1，计数初值为 a，时钟频率为 f_{osc}，则定时时间（单位为 μs）为

$$t = (2^{16} - a)\frac{12}{f_{osc}}$$

若给定了定时时间，定时初值 a 的大小为

$$a = 2^{16} - t\frac{f_{osc}}{12}$$

比如 f_{osc} = 12MHz，T1 的定时时间 t = 20ms，则定时初值 a 为

$$a = 2^{16} - 20 \times 10^3 \mu s \times \frac{12MHz}{12} = 65536 - 20000 = 45536 = B1E0H$$

因此 TL1 的初值为 0E0H，TH1 的初值为 0B1H，对 T1 的初始化子程序如下：

```
INTT1：MOV   TH1，#0B1H
       MOV   TL1，#0E0H
       SETB  EA
       SETB  ET1
       SETB  TR1
```

8.3.3　方式 2

方式 2 为自动恢复计数初值的 8 位定时/计数器工作方式。T0/T1 工作于方式 0 或方式 1 时，若需要重复计数，就需要用户用指令重新填充初值；而方式 2 在计数器溢出时会自动装入新的计数初值，开始新一轮的计数。由于方式 0 或方式 1 是通过指令装入计数初值的，而执行指令需要时间，因此，方式 2 的定时时间比较准确。定时/计数器 0 在工作方式 2 的逻辑结构如图 8-5 所示。

在方式 2 时，TL0/TL1 作为 8 位计数器，TH0/TH1 为自动恢复初值的 8 位计数器。当 TL0/TL1 计数发生溢出时，一方面置溢出中断请求标志位 TF0/TF1 为 1，向 CPU 请求中断，

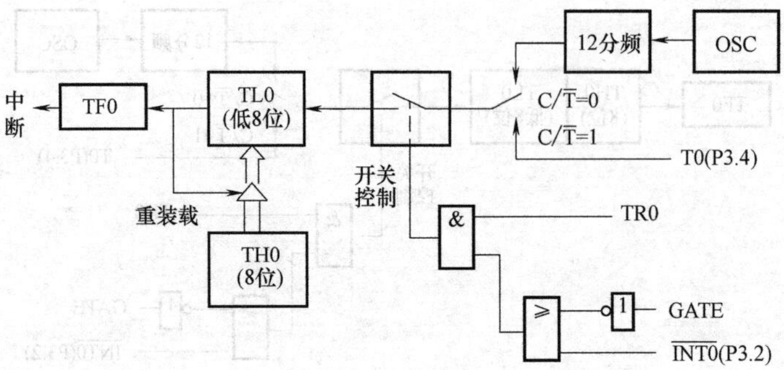

图 8-5 定时/计数器 0 在工作方式 2 的逻辑结构

同时又将 TH0/TH1 的内容送入 TL0/TL1，使 T0/T1 从初值开始重新加 1 计数。因此 T0/T1 工作于方式 2 时，定时精度高，但定时时间范围小。

由图 8-5 可知，方式 2 的 T0/T1 计数控制与方式 0 和方式 1 完全相同，不同之处在于当 CPU 响应 T0/T1 的溢出中断后会自动将 TH0/TH1 的内容填充到 TL0/TL1。

当 T0/T1 以方式 2 计数时，假设系统需要计数 x 次，计数初值用 a 表示，则二者的关系为

$$a = 2^8 - x$$

将 a 换算为二进制数，TH0 和 TL0 都装入初值 a，启动定时/计数器，即可实现 x 次计数。

若定时/计数器 X（X = 0、1）工作于方式 2，计数初值为 a，时钟频率为 f_{osc}，则定时时间（单位为 μs）为

$$t = (2^8 - a)\frac{12}{f_{osc}}$$

若给定了定时时间，定时初值 a 的大小为

$$a = 2^8 - t\frac{f_{osc}}{12}$$

比如 $f_{osc} = 12\text{MHz}$，T1 的定时时间 $t = 200\mu s$，则定时初值 a 为

$$a = 2^8 - 200\mu s \times \frac{12\text{MHz}}{12} = 256 - 200 = 56$$

因此，TL0 的初值为 56，TH0 的初值为 56，对 T0 的初始化子程序如下：

```
INTT0: MOV   TH0, #56
       MOV   TL0, #56
       SETB  EA
       SETB  ET0
       SETB  TR0
```

8.3.4 方式 3

1. 工作方式 3 下的定时/计数器 0

在工作方式3下，定时/计数器0被拆成两个独立的8位计数器TL0和TH0。其中TL0既可以计数使用，又可以定时使用，定时/计数器0的各控制位和引脚信号全归它使用。TH0则只能作为简单的定时器使用。定时/计数器0在工作方式3的逻辑结构如图8-6所示。

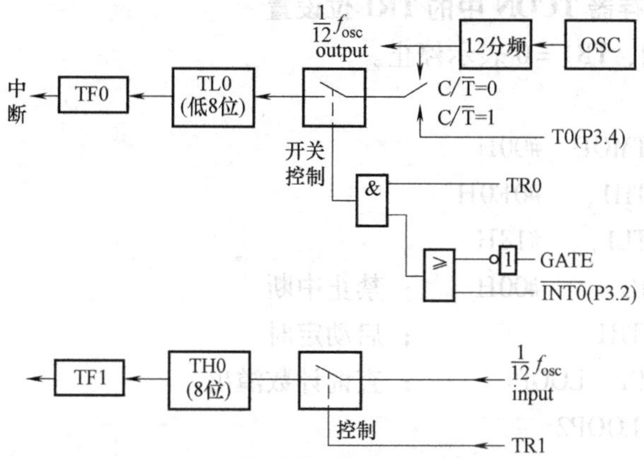

图8-6 定时/计数器0在工作方式3的逻辑结构

2. 工作方式3下的定时/计数器1

如果定时/计数器0已工作在工作方式3，则定时/计数器1只能工作在方式0、方式1或方式2下，因为它的运行控制位TR1及计数溢出标志位TF1已被定时/计数器0借用，如图8-6所示。在这种情况下，定时/计数器1通常是作为串口的波特率发生器使用，以确定串行通信的速率。

方式3的两个8位定时/计数器的定时或计数初值的计算方法与方式2完全相同，这里不再重复。

8.4 定时/计数器应用举例

定时/计数器初始化的步骤如下：

1）确定工作方式、工作模式、启动控制方式：写入TMOD寄存器。

2）设置定时器或计数器的初值：可直接将初值送入TH0、TL0或TH1、TL1。

3）根据要求是否采用中断方式：直接对IE寄存器赋值。

4）启动定时器工作：可使用“SETB TR0”或“SETB TR1”。

例8-1 设单片机晶振频率为12MHz，使用定时器1，以方式0产生频率为500Hz的等宽正方波连续脉冲，并由P1.0输出，以查询方式完成。

1. 计算计数初值

欲产生500Hz的等宽正方波脉冲，只需在P1.0端以250Hz为周期交替输出高低电平即可实现，为此定时时间应为1ms。使用12MHz晶振，则一个机器周期为1μs。方式0为13位计数结构。设待求的计数初值为a，则

$$a = 2^{13} - 1 \times 10^3 \mu s \times \frac{12\text{MHz}}{12} = 8192 - 1000 = 7192$$

求解得 $a = 7192$，二进制数表示为 1110000011000B。

2. TMOD 设置

M1M0 = 00，$C/\overline{T} = 0$，GATE = 0，因此 TMOD = 00H。

3. 定时器控制寄存器 TCON 中的 TR1 位设置

TR1 = 1 表示启动，TR1 = 0 表示停止。

4. 程序设计

```
        MOV   TMOD，#00H
        MOV   TH1，   #0E0H
        MOV   TL1，   #18H
        MOV   IE，    #00H      ；禁止中断
LOOP：  SETB  TR1               ；启动定时
LOOP2：JBC   TF1，LOOP1        ；查询计数溢出
        AJMP  LOOP2
LOOP1：MOV   TH1，   #0E0H     ；重新赋初值
        MOV   TL1，   #18H
        CLR   TF1               ；计数溢出标志位清 0
        CPL   P1.0
        AJMP  LOOP              ；重复循环
```

例 8-2 题目同上，但以中断方式完成，即单片机晶振频率为 6MHz，使用定时器 1，以工作方式 1 产生周期为 50ms 的等宽连续正方波脉冲，由 P1.0 端输出。

1. 计算计数初值

TH1 = 0CFH，TL1 = 2CH。

2. TMOD 寄存器初始化

TMOD = 10H。

3. 程序设计

主程序如下：

```
        MOV TMOD，#10H          ；定时器 1 工作方式 1
        MOV   TH1，#0CFH        ；设置计数初值
        MOV   TL1，#2CH
        SETB  EA                ；开中断
        SETB ET1                ；定时器 1 允许中断
        SETB TR1                ；定时开始
HERE：  SJMP  HERE              ；等待中断
```

中断服务程序如下：

```
        MOV   TH1，#0CFH        ；设置计数初值
        MOV   TL1，#2CH
        CPL P1.0                ；输出取反
```

```
        RETI                    ；中断返回
```

例 8-3　使用定时器 T0 定时，每隔 10s 使与 P1.0 口连接的发光二极管闪烁 10 次。设 P1.0 为高电平时发光二极管点亮，反之发光二极管熄灭。

主程序如下：

```
        ORG   0000H             ；程序起始地址
        LJMP  MAIN
        ORG   000BH             ；T0 中断入口地址
        LJMP  INT               ；中断入口地址
        ORG   0100H
MAIN：  MOV   R0，#200          ；10s 循环次数
        MOV   TMOD，#01H        ；T0 定时方式 1
        MOV   TH0，#3CH         ；50ms 初值高位
        MOV   TL0，#0B0H        ；50ms 初值低位
        MOV   R1，#10           ；闪烁次数
        SETB  EA                ；开总中断
        SETB  ET0               ；开 T0 中断
        SETB  TR0               ；启动
LP：    SJMP  LP                ；循环等待中断
INT：   MOV   TH0，#3CH
        MOV   TL0，#0B0H
        DJNZ  R0，DE            ；R0≠0，不到 10s，发光二极管不闪，直接返回
DE0：   SETB  P1.0              ；10s 时间到，发光二极管闪烁
        LCALL DELAY
        CLR   P1.0
        LCALL DELAY
        DJNZ  R1，DE0
DE：    RETI
```

延时子程序如下：

```
DELAY：MOV   R6，#0FFH
DL0：   MOV   R7，#0FFH
DL1：   NOP
        DJNZ  R7，DL1
        DJNZ  R6，DL0
        RET
```

例 8-4　利用 T0 门控位测试 INT0 引脚上出现的正脉冲宽度，已知晶振频率为 12MHz，将所测得值高位存入片内 71H，低位存入片内 70H。

程序如下：

```
MOV   TMOD，#09H        ；设 T0 为方式 1，GATE =1
MOV   TL0，#00H
```

```
    MOV   TH0, #00H
    MOV   R0, #70H
    JB    P3.2, $          ; 等待P3.2变低
    SETB  TR0              ; 启动T0准备工作
    JNB   P3. 2, $         ; 等待P3.2变高
    JB    P3. 2, $         ; 等待P3.2再次变低
    CLR   TR0              ; 停止计数
    MOV   @R0, TL0         ; 存放计数的低字节
    INC   R0
    MOV   @R0, TH0         ; 存放计数的高字节
    SJMP  $
```

8.5 看门狗定时器

8.5.1 看门狗定时器简介

看门狗（Watchdog）定时器实际上就是一个计数器，其基本功能是在出现软件问题后使系统重新启动。看门狗定时器正常工作时自动计数，程序定期将其复位，如果系统在某处卡死或“跑飞”，该定时器将溢出，并将进入中断。在定时器中断中执行一些复位操作，使系统恢复正常的工作状态，即在程序没有正常运行期间，定时自动复位看门狗以保证所选择的定时溢出归零，使处理器重新启动。

软件的可靠性一直以来都是软件使用中的关键。经常使用软件的人都可能会遇到计算机死机或程序“跑飞”的问题，这在嵌入式系统中也同样存在。由于单片机的抗干扰能力有限，在工业现场的仪器仪表中，常会由于电压不稳、电弧干扰等造成死机。在水表、电表等无人看守的情况下，也可能会因系统遭受干扰而无法重启。在实际应用中，为了保证系统受到干扰后能自动恢复正常，看门狗定时器（Watchdog Timer）的利用就变得越来越广泛和有价值。

看门狗是单片机系统中一种强制单片机复位的技术，实现这种技术依靠的是看门狗定时器，它具有以下两个特征：

1）看门狗定时器必须在一定时间内由软件对其进行刷新，如若不然，当看门狗定时器溢出时就会导致单片机复位。

2）当看门狗定时器启动之后，程序是没有办法让它停止的，只有通过程序定时对其进行刷新来防止溢出，或者等到看门狗定时器溢出时使单片机复位使其停止运行。

8.5.2 单片机的内置看门狗定时器

AT89S51单片机内部的14位看门狗定时器如图8-7所示，控制这个看门狗定时器的寄存器是WDTRST。当单片机上电复位时，默认看门狗功能被禁止。要想启动看门狗功能，需要把立即数1EH和0E1H按顺序写入WDTRST寄存器中。

当看门狗定时器启动后，其14位定时器的计数值每过1个机器周期就会自动增加1，

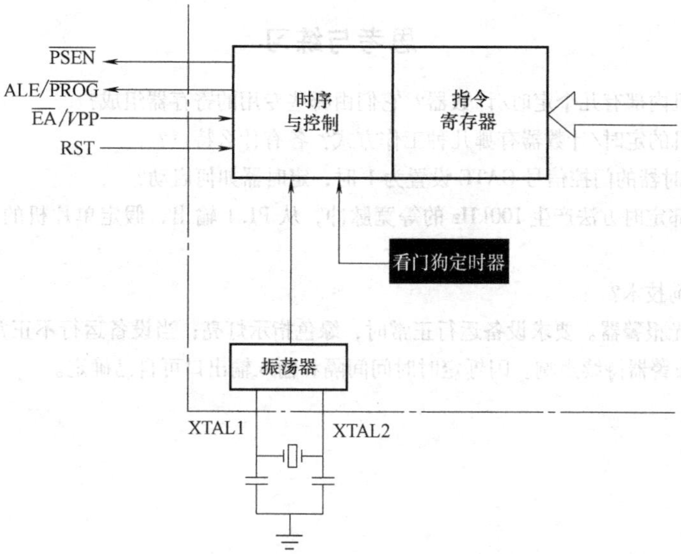

图 8-7 AT89S51 单片机内部的 14 位看门狗定时器

直到当看门狗定时器溢出时，它会使单片机的 RST 端（引脚9）电平被拉高从而促成单片机的复位。当看门狗定时器被启动后，程序是无法将其关闭的，而只有当单片机通过 RST 端重新复位或看门狗自己溢出导致单片机复位时，看门狗才会关闭。

在向 WDTRST 寄存器顺序写入立即数 1EH 和 0E1H 序列后，看门狗启动，为了防止看门狗溢出，需要在看门狗定时器溢出之前再次写入 1EH 和 0E1H 序列。

```
        WDTRST  DATA  0A6H          ; 定义 WDTRST 指向 SFR 中的 0A6H
        ORG  00H
ENABLE_WDT:
        MOV   WDTRST, #1EH          ; 使能看门狗定时器
        MOV   WDTRST, #0E1H
START:
        ; * 此处是主程序 *
        MOV   WDTRST, #1EH          ; 刷新看门狗定时器
        MOV   WDTRST, #0E1H
        JMP   START                 ; 循环
        END
```

“ENABLE_WDT” 段将立即数 1EH 和 0E1H 顺序写入 WDTRST 寄存器以启动看门狗定时器。为了保证在程序正常运行时看门狗定时器不会强迫单片机进行复位，在程序末尾的循环指令之前还应再向 WDTRST 寄存器依次写入立即数 1EH 和 0E1H，以刷新看门狗定时器。刷新之后，看门狗定时器中计数值清 0，进入下一轮看门狗定时的过程。

如果主程序部分（刷新看门狗定时器之前的程序段）运行时出错，总也执行不到最后刷新看门狗定时器的指令，那么当看门狗定时器溢出时就会强制单片机复位。程序于是重新

开始执行，单片机系统功能得到恢复。

思考与练习

1. 80C51 单片机内部有几个定时/计数器？它们由哪些专用的寄存器组成？

2. 80C51 单片机的定时/计数器有哪几种工作方式？各有什么特点？

3. 51 单片机定时器的门控信号 GATE 设置为 1 时，定时器如何启动？

4. 用单片机内部定时方法产生 100kHz 的等宽脉冲，从 P1.1 输出，假定单片机的晶振频率为 12MHz，请编程实现。

5. 什么是看门狗技术？

6. 设计一个声光报警器。要求设备运行正常时，绿色指示灯亮；当设备运行不正常时，同时进行声光报警，红灯闪烁，报警器持续声响。闪烁定时时间间隔和输入输出口可自己确定。

单元9　单片机的串口及应用

学习目的：掌握单片机的串口结构，熟悉串口通信工作方式，掌握串口编程方法。

重点难点：单片机串口工作方式和串口的应用。

外语词汇：Serial（串行）、Baud Rate（波特率）、Communication（通信）。

通常把计算机与外界的数据传送称为通信，随着80C51单片机应用范围的不断拓宽，单台仪器仪表或控制器往往会带有不止一个的单片机，而多个智能仪器仪表或控制器在单片机应用系统中又常常会构成一个分布式采集、控制系统，上层由PC进行集中管理，单片机的通信功能也随之得到发展。

9.1　数据通信概述

在实际工作中，单片机与外部设备之间、单片机与单片机之间经常需要交换信息，所有这些信息的交换均称为通信。通信按数据传送的方式分为两种，即并行通信和串行通信。

9.1.1　并行通信和串行通信

计算机的数据传送方式如图9-1所示。

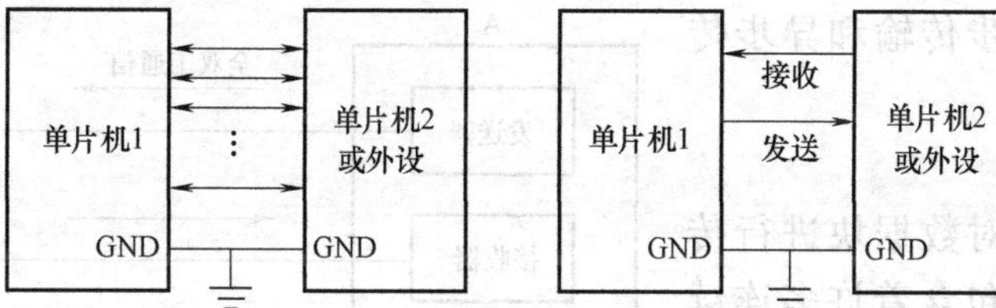

a) 并行通信　　b) 串行通信

图9-1　计算机的数据传送方式

1. 并行通信

在数据传输时，如果一个数据编码字符的各位都同时发送、并排传输，又同时被接收，则将这种传送方式称为并行通信。

2. 串行通信

在数据传输时，如果一个数据编码字符的各位不是同时发送，而是按一定顺序，一位接着一位在信道中被发送和接收，则将这种传送方式称为串行通信。串行通信的物理信道为串行总线。

两种基本通信方式比较起来，串行通信方式能够节省传输线，特别是数据位数很多和远距离数据传送时，这一优点更为突出；串行通信方式的主要缺点是传送速度比并行通信要慢。

9.1.2 串行通信的基本知识

1. 串行通信中数据的传输方向

串行传送方式有单工方式、半双工方式和全双工方式。

（1）单工方式　信号（不包括联络信号）在信道中只能沿一个方向传送，而不能沿相反方向传送的工作方式称为单工方式，单工方式如图9-2所示。

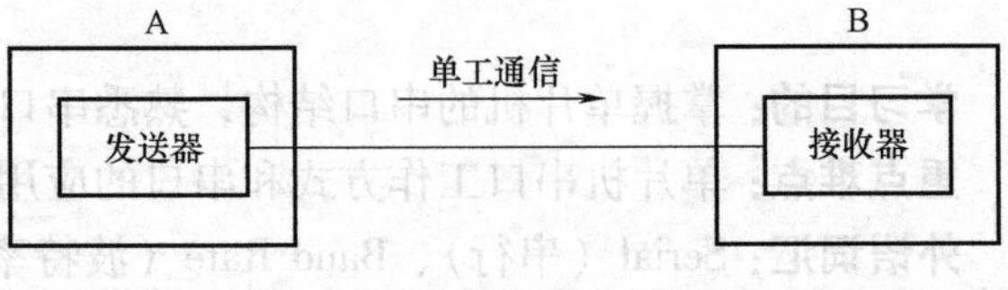

图9-2　单工方式

（2）半双工方式　通信的双方均具有发送和接收信息的能力，信道也具有双向传输性能。但是通信的任何一方都不能同时既发送信息又接收信息，即在指定的时刻，只能沿某一个方向传送信息。这样的传送方式称为半双工方式，半双工方式如图9-3所示。

（3）全双工方式　若信号在通信双方之间沿两个方向同时传送，任何一方在同一时刻既能发送又能接收信息，这样的方式称为全双工方式，全双工方式如图9-4所示。

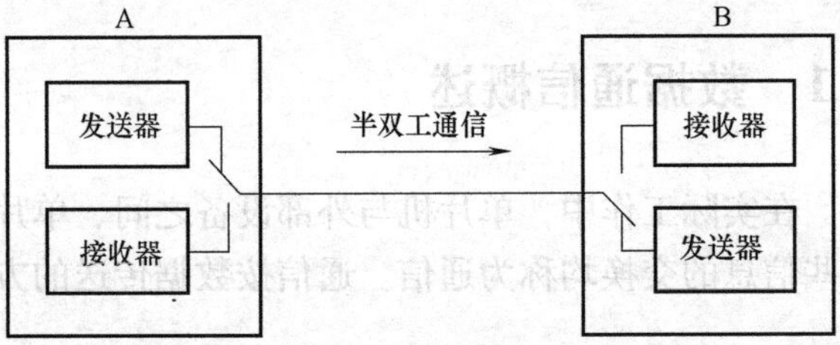

图9-3　半双工方式

9.1.3 串行通信的传输方式

按照串行数据的时钟控制方式，串行通信可分为同步传输和异步传输两类。

1. 同步传输

同步传输用来对数据块进行传输，一个数据块中包含着许多连续的字符，在字符之间没有空闲。同步传输可以方便地实现某一通信协议要求的帧格式。

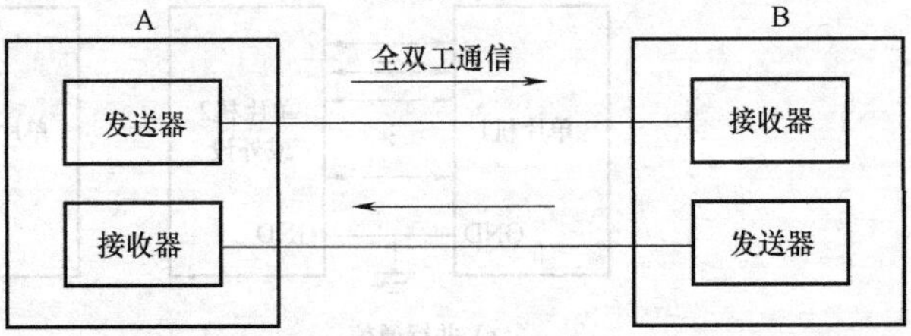

图9-4　全双工方式

2. 异步传输

异步传输以字符为单位进行数据传输，每个字符都用起始位、停止位包装起来，在字符间允许有长短不一的间隙。在异步通信中，数据通常是以字符为单位组成字符帧传送的。字符帧由发送端一帧一帧地发送，每一帧数据是低位在前，高位在后，通过传输线被接收端一帧一帧地接收。发送端和接收端由各自独立的时钟来控制数据的发送和接收，这两个时钟彼此独立，互不同步。

在单片机中使用的串行通信都是异步方式。异步传输必须掌握两个基本概念：通信协议字符格式和波特率。异步串行通信的字符格式如图9-5所示。

（1）起始位　开始一个字符的传送的标志位。起始位使数据线处于“0”状态。

（2）数据位　起始位之后开始传送数据位信号。在数据位中，低位在前（左），高位在后（右）。由于字符编码方式的不同，数据位可以是5位、6位、7位或8位。

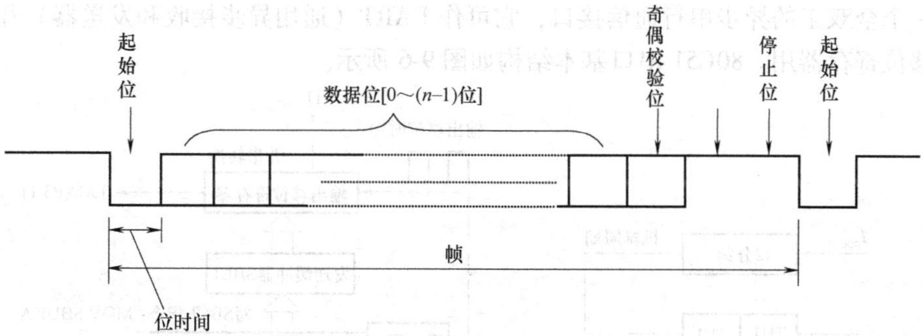

图9-5　异步串行通信的字符格式

（3）奇偶校验位　用于对字符的传送作正确性检查，因此奇偶校验位是可选择的，共有三种可能，即奇校验、偶校验和无校验，由用户根据需要选定。

（4）停止位　用以标志一个字符的结束，它对应于“1”状态。停止位在一帧的最后，它可能是1位、1.5位或2位，在实际中可根据需要确定。

（5）位时间　每个格式位的时间宽度。

（6）帧（frame）　从起始位开始到停止位结束的全部内容称之为一帧。帧是一个字符的完整通信格式，因此也就把串行通信的字符格式称之为帧格式。

3. 波特率

波特率指数据的传送速率，表示每秒传送二进制数据的位数，它的单位为bit/s，波特率表示了数据通信的快慢。比如1s传送1位，就是1波特，即1波特=1bit/s。

假设数据传送速率为120字符/s，而每个字符包含10位（1位起始位、8位数据位、1位停止位），这时传送的波特率为

$$10\text{bit/字符} \times 120\text{字符/s} = 1200\text{bit/s}$$

异步串行通信的波特率一般设置在50～19200bit/s之间。

波特率用于表征数据传输的速度，波特率越高，数据传输速度越快。但波特率和字符的实际传输速率不同，字符的实际传输速率是每秒内所传字符帧的帧数，和字符帧的格式有关。

串行通信常用的标准波特率在RS-232C标准中已有规定，如波特率为600bit/s、1200bit/s、2400bit/s、4800bit/s、9600bit/s、19200bit/s等。

每一位数据传送的时间为波特率的倒数：

$$T = \frac{1}{\text{波特率}}$$

假如波特率为1200bit/s，则

$$T = 1 \div 1200\text{s} \approx 0.833\text{ms}$$

9.2　80C51串口及控制

9.2.1　80C51串口结构

串行数据通信主要有两个技术问题：一个是数据传送，另一个是数据转换。80C51中的

串口是一个全双工的异步串行通信接口，它可作 UART（通用异步接收和发送器）用，也可作同步移位寄存器用。80C51 串口基本结构如图 9-6 所示。

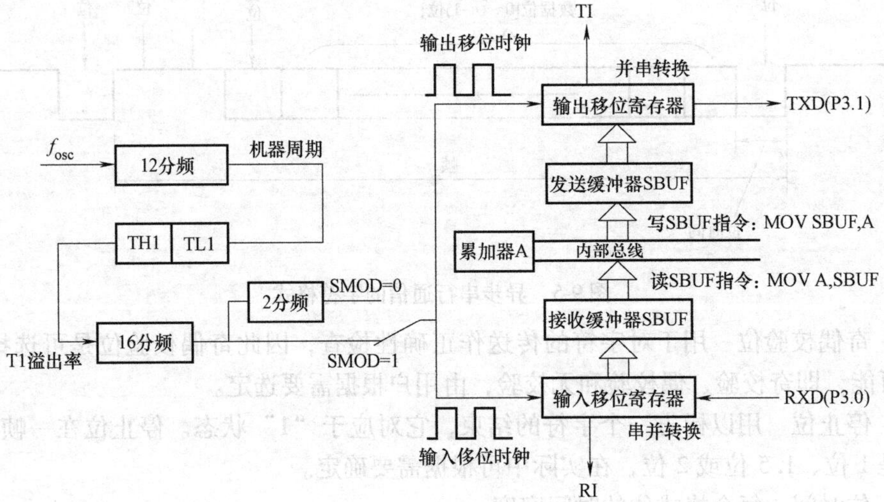

图 9-6　80C51 串口基本结构

由图 9-6 可知，单片机串行通信实际上是依据数字电路中移位寄存器的工作原理构成的，它利用输出移位寄存器实现并—串转换发送数据，利用输入移位寄存器实现串—并转换接收数据。

1. 数据发送

要发送的数据首先送到发送缓冲器 SBUF 中，该步骤可以通过写发送 SBUF 指令“MOV SBUF，A”实现。同时发送缓冲器 SBUF 得到要发送的数据后，依据约定的通信协议自动加入附加的控制信息，如起始位、停止位等，并将组合后的控制信息和数据自动装载到输出移位寄存器中，在移位时钟的作用下，将组合后的控制信息和数据依次逐位发送出去，发送完后，置发送完成标志 TI 为 1。

2. 数据接收

先置允许接收标志 REN（SCON. 4）为 1，允许接收器接收，同时检测到 RXD 引脚由高电平 1 跳变到低电平 0 时，输入移位寄存器依据约定的通信协议在移位时钟的控制下依次移入接收到的数据（含控制信息和数据），一帧接收完后，自动装入接收缓冲器 SBUF 中，在接收缓冲器 SBUF 中自动去除控制信息，得到接收的数据，同时置位接收标志 RI，向中断系统提出接收中断申请。单片机利用中断系统或查询得知接收到数据后，执行读接收 SBUF 指令“MOV A，SBUF”，将接收的数据读入累加器 A 中。

3. 移位时钟的获取

由以上分析可知，串行通信的工作原理与数字电路中移位寄存器的工作原理相同，而移位寄存器需要移位时钟来控制数据移位的速度，即波特率。由图 9-6 可知，串行通信的移位时钟由单片机内部定时器 T1 产生，具体产生过程如下：T1 溢出率经 16 分频后直接输出（SMOD = 1）或再 2 分频（SMOD = 0）作为移位时钟，因此串行通信的波特率主要由 T1 的溢出率和 SMOD 值决定。

9.2.2　80C51 串口控制

单片机的串口是可编程的，结构图中的SMOD等电子开关的选择都需要通过将控制字写入预定的特殊功能寄存器SCON（串口状态控制寄存器）和PCON（电源控制寄存器）来实现。下面分别对这两个寄存器进行介绍，以便为串口的编程打下基础。

1. 串口状态控制寄存器 SCON

串口状态控制寄存器SCON用来控制串行通信的方式选择，指示串口的中断状态。寄存器SCON既可字节寻址也可位寻址，字节地址为98H，位地址为98H～9FH。SCON的格式如下：

	D7							D0
SCON	SM0	SM1	SM2	REN	TB8	RB8	TI	RI
	工作方式控制		多机通信 1：允许 0：禁止	接收控制 1：允许 0：禁止	发送数据的第9位	接收数据的第9位	发送中断标志	接收中断标志

各位的意义如下：

SM0（SCON.7）、SM1（SCON.6）：串口工作方式选择位。串口工作方式设置见表9-1。

表9-1　串口工作方式设置

SM0	SM1	方式	说明	波特率
0	0	0	移位寄存器	固定为$f_{osc}/12$
0	1	1	10位异步收发（8位数据）	可变
1	0	2	11位异步收发（9位数据）	固定为$f_{osc}/64$或$f_{osc}/32$
1	1	3	11位异步收发（9位数据）	可变

SM2（SCON.5）：允许方式2、3中的多处理机通信位。

用于方式0时，SM2＝0。

用于方式1时，若SM2＝1，只有接收到有效的停止位，接收中断RI才置1。而当SM2＝0时，则不论接收到的第9位数据是0还是1，都将前8位数据装入SBUF中，并申请中断。

用于方式2和方式3时，若SM2＝1，则只有当接收到的第9位数据（RB8）为1时，才将接收到的前8位数据送入缓冲器SBUF中，并把RI置1，同时向CPU申请中断；如果接收到的第9位数据（RB8）为0，RI置0，将接收到的前8位数据丢弃。这种功能可用于多处理机通信中。

串口状态控制寄存器SCON主要用于方式2和方式3（含9位数据）。如果设置接收机的SM2＝1，则接收机允许多机通信。多机通信协议规定如下：

1）当单片机工作在方式2和方式3，并且SM2＝1时，如果第9位数据为1，说明本帧为地址帧；如果第9位数据为0，说明本帧为数据帧。

2）如果 SM2 =0，接收一帧数据后，不管第 9 位是 1 还是 0，即不管是地址帧还是数据帧，都将接收的数据送 SBUF 中，并置接收标志 RI 为 1，提出接收中断申请。

多机通信过程如下：

1）当一片单片机（称为主机）与多片单片机（称为分机，每个分机预先定义一个地址，即机号）进行多机通信时，先将所有的从机 SM2 置为 1。

2）当主机要和某分机（如 1 号机）通信时，先发送一个地址帧，即该从机的机号（如 1 号机），并使第 9 位（TB8）为 1（表示地址）。

3）由于所有从机的 SM2 =1，所以所有的从机都接收数据，并且每接收一个数据，就判断该数据的第 9 位（RB8）是否为 1，如果为 1，表明该数据是地址，再判断该地址是否是本机地址，如果是，表明主机将要和本机通信，将本机的 SM2 设为 0，做好接收数据准备；如果 RB8 =0，表明是数据，本机对该数据不予理睬。由以上分析可知，只有 1 号从机经地址比较后与主机发送地址匹配，将 SM2 设置为 0，做好接收数据准备，其他分机由于地址不匹配，SM2 保持为 1。此时主机和 1 号分机就建立了通信联系。

4）主机继续发送数据，并设置 TB8 为 0（表明是数据），此时由于 1 号机的 SM2 =0，不管接收到的数据第 9 位是 1 还是 0，都将数据接收下来送 SBUF，而其他分机由于 SM2 =1，数据接收后还要判断接收到的数据第 9 位是 1 还是 0，由于第 9 位为 0，对该数据不予理睬。所以只有主机和 1 号机之间进行通信。

REN（SCON.4）：允许串行接收位。

REN =1 时，允许串行接收；REN =0 时，禁止串行接收。用软件置位/清除。

TB8（SCON.3）：方式 2 和方式 3 中要发送的第 9 位数据。

在通信协议中，常规定 TB8 作为奇偶校验位。在 80C51 多机通信中，TB8 用来表示数据帧是地址帧还是数据帧。用软件置位/清除。

RB8（SCON.2）：方式 2 和方式 3 中接收到的第 9 位数据。方式 1 中接收到的是停止位。方式 0 中不使用这一位。

TI（SCON.1）：发送中断标志位。

方式 0 中，在发送第 8 位末尾置位；在其他方式时，在发送停止位时开始设置。由硬件置位，用软件清除。

RI（SCON.0）：接收中断标志位。

方式 0 中，在接收第 8 位末尾置位；在其他方式时，在接收停止位中间设置。由硬件置位，用软件清除。在中断系统中，发送标志 TI 和接收标志 RI 共用同一个中断源，CPU 事先并不知道产生的串口中断是由发送标志 TI 引起还是由接收标志 RI 引起，所以在全双工通信中，必须由软件来判别。

系统复位后，SCON 中所有位都被清除。

2. 电源控制寄存器 PCON

电源控制寄存器 PCON 仅有几位有定义，其中最高位 SMOD 与串口控制有关，其他位与掉电方式有关。寄存器 PCON 的地址为 87H，只能字节寻址。PCON 的格式如下：

D7	D6	D5	D4	D3	D2	D1	D0
SMOD	—	—	—	GF1	GF0	PD	IDL

SMOD（PCON.7）：串行通信波特率控制位。

当 SMOD =1 时，使波特率加倍。复位后，SMOD =0。

3. 串行数据缓冲器

串行数据缓冲器包含在物理上是隔离的两个 8 位寄存器：发送数据寄存器和接收数据寄存器，但是它们共用一个地址 99H。

读指令“SBUF（MOV A，SBUF）”，访问接收数据寄存器。

写指令“SBUF（MOV SBUF，A）”，访问发送数据寄存器。

9.3 串口的工作方式

9.3.1 串口方式 0——同步移位寄存器方式

方式 0 为同步移位寄存器工作方式，主要用于扩展并行输入或输出口，解决单片机 I/O 口不够的问题。数据由 RXD 引脚输入或输出，同步移位时钟由 TXD 引脚输出。发送和接收均为 8 位数据，低位在先，高位在后。波特率较高，固定为 $f_{osc}/12$。该方式不适用于两个 8051 之间的直接数据通信，但可以通过外接移位寄存器来实现单片机的 I/O 口扩展。

在串口状态控制寄存器 SCON 中，SM0 和 SM1 位决定串口的工作方式。80C51 串口共有四种工作方式。

当 SM0 =0、SM1 =0 时，串口选择方式 0。这种工作方式实质上是一种同步移位寄存器方式，其数据传输波特率固定为 $f_{osc}/12$，由 RXD（P3.0）引脚输入或输出数据，由 TXD（P3.1）引脚输出同步移位时钟。接收/发送的是 8 位数据，传输时低位在前。串口方式 0 工作原理图及帧格式如图 9-7 所示。

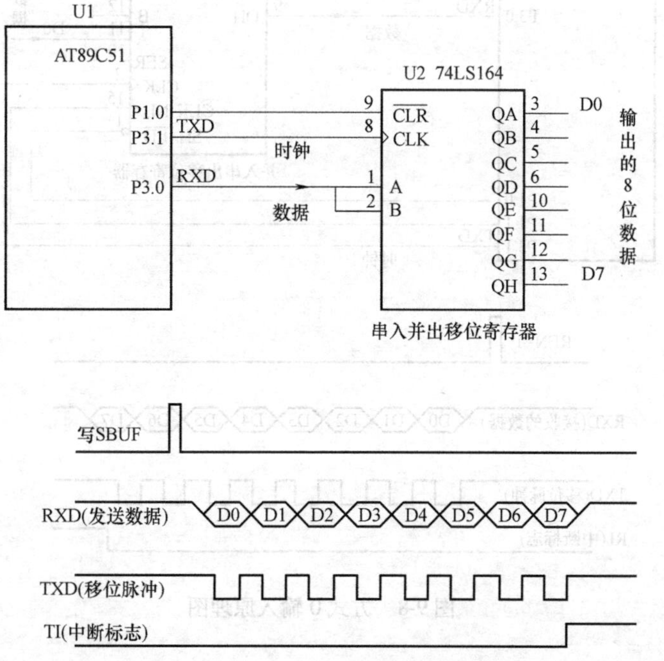

图 9-7 串口方式 0 工作原理图及帧格式

发送：当执行任何一条写 SBUF 的指令“MOV SBUF，A”时，就启动串行数据的发送过程。

接收：当满足 REN=1（允许接收）且接收中断标志 RI 位清除时，就会启动一次接收过程。

1. 方式 0 输出（发送）

对发送数据缓冲器 SBUF 写入一个数据，就启动了串口方式 0 的发送过程：由 RXD 输出第 1 位数据 D0 给串入并出移位寄存器的数据输入端，同时内部定时逻辑以机器周期的速率由 TXD 输出移位时钟给串入并出移位寄存器的时钟端。这样经过 8 个机器周期后，发送的数据全部由发送 SBUF 移出到串入并出移位寄存器的并行数据输出端，并置发送标志 TI 为 1，实现了输出 I/O 口的扩展。

2. 方式 0 输入（接收）

当 SCON 中的接收允许位 REN=1，同时使接收中断标志 RI=0 时，就启动了串口方式 0 的接收过程：当需要输入外部数据时，由单片机的 P1.0 脚输出低电平，控制并入串出移位寄存器 74LS165 的 SH/$\overline{LD}$端，装入要输入的数据，然后使单片机的 P1.0 为高电平，使移位寄存器 74LS165 的 SH/$\overline{LD}$端为高电平，工作于同步移位寄存器方式，这样在 TXD 引脚以机器周期为速率的移位时钟驱动下，将数据由 RXD 引脚输入到单片机的接收缓冲器 SBUF 中，同时置中断标志 RI 为 1。若要再次接收数据，必须由软件将 RI 清 0，方式 0 输入原理图如图 9-8 所示。

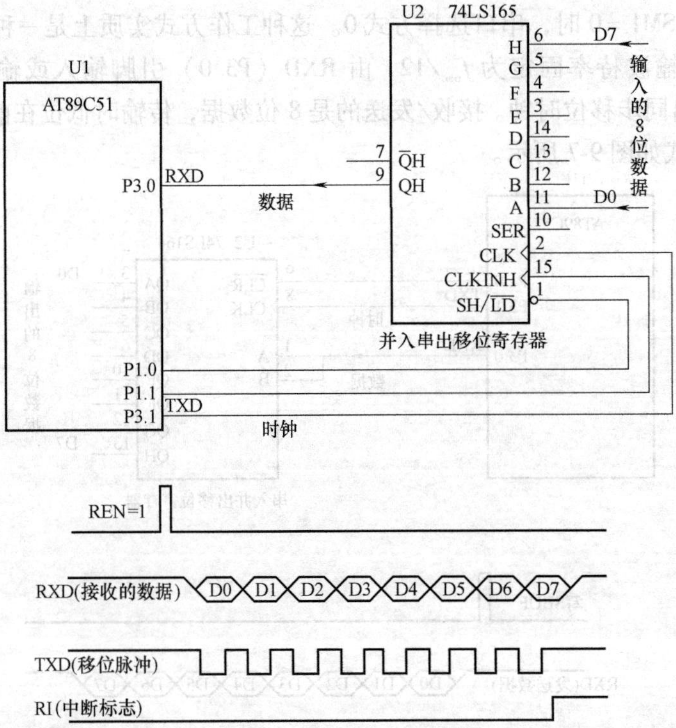

图 9-8　方式 0 输入原理图

9.3.2　串口方式1——8位UART

串口工作为方式1时，为10位数据的异步通信方式，TXD为数据发送引脚，RXD为数据接收引脚，方式1帧数据的格式如图9-9所示，其中有1位起始位、8位数据位、1位停止位。

当执行任何一条写SBUF的指令时，就启动串行数据的发送。

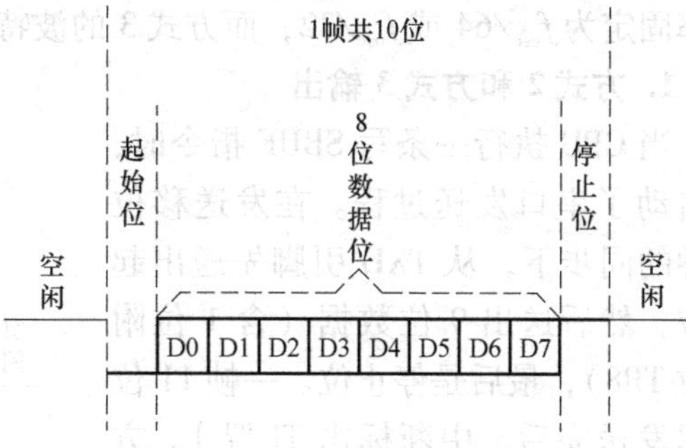

图9-9　方式1帧数据的格式

1. 方式1输出

当执行一条写SBUF指令时，就启动了串口发送过程。在发送移位时钟（由波特率确定，可变）的同步下，从TXD引脚先送出起始位，然后送出8位数据，最后是停止位。一帧10位数据发送完后，中断标志TI置1。方式1输出时序如图9-10所示，方式1的波特率由T1的溢出率决定。

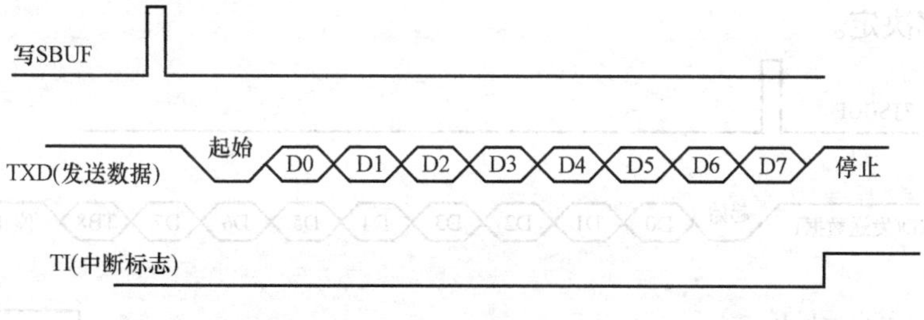

图9-10　方式1输出时序

2. 方式1输入

方式1输入时序如图9-11所示。当用软件置REN=1时，接收器以所选择波特率的16倍速率采样RXD引脚电平，当检测到RXD引脚输入电平发生负跳变时，则说明已经检测到起始位，将其移入接收移位寄存器，并开始依次接收这一帧的其他数据位。在接收过程中，数据从移位寄存器右边移入，起始位移至输入移位寄存器最左边时，控制电路进行最后一次移位。当RI=0时，将接收到的8位数据装入接收SBUF中，并置RI=1，向CPU请求中断。

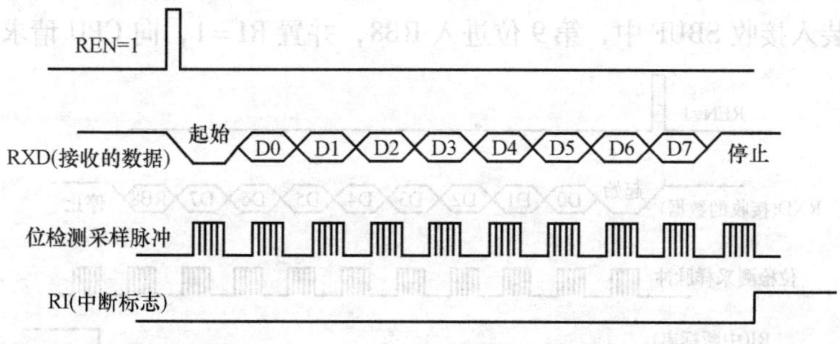

图9-11　方式1输入时序

9.3.3　串口方式2和3——9位UART

串口工作为方式2和方式3时为11位数据异步通信方式，TXD为数据发送引脚，RXD为数据接收引脚，方式2和方式3帧数据的格式如图9-12所示。其中有1位起始位、8位数据位、1位附加位（发送时为SCON中的TB8，接收时为RB8）和1位停止位。方式2的波特率固定为$f_{osc}/64$或$f_{osc}/32$，而方式3的波特率由定时器T1的溢出率决定。

1. 方式2和方式3输出

当CPU执行一条写SBUF指令时，就启动了串口发送过程。在发送移位时钟的同步下，从TXD引脚先送出起始位，然后送出9位数据（含1位附加位TB8），最后是停止位。一帧11位数据发送完后，中断标志TI置1。方式2、方式3输出时序如图9-13所示，方式2的波特率固定，方式3的波特率由T1的溢出率决定。

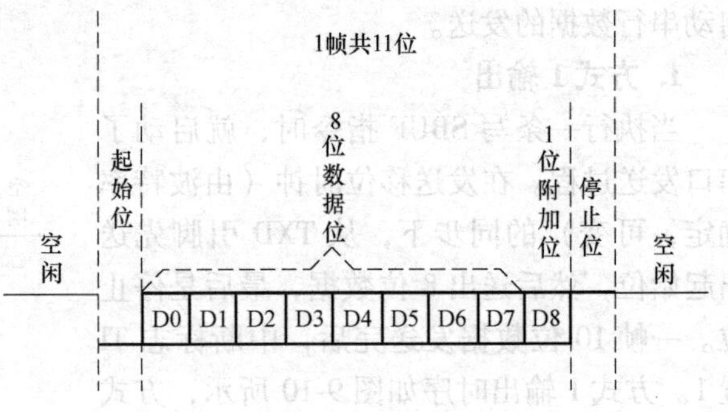

图9-12　方式2和方式3帧数据的格式

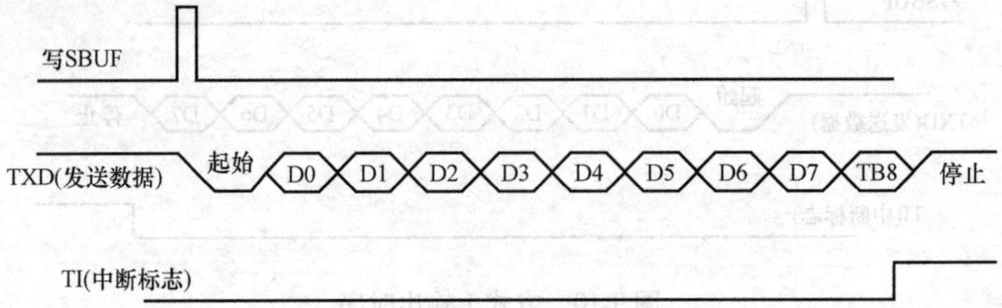

图9-13　方式2、方式3输出时序

2. 方式2和方式3输入

方式2、方式3输入时序如图9-14所示。当用软件置REN=1时，接收器以所选择波特率的16倍速率采样RXD引脚电平，当检测到RXD引脚输入电平发生负跳变时，则说明已经检测到起始位，将其移入接收移位寄存器，并开始依次接收这一帧的其他数据位。在接收过程中，数据从移位寄存器右边移入，起始位移至输入移位寄存器最左边时，控制电路进行最后一次移位。当RI=0，且SM2=0（或接收到第9位数据为1）时，将接收到的9位数据的前8位数据装入接收SBUF中，第9位进入RB8，并置RI=1，向CPU请求中断。

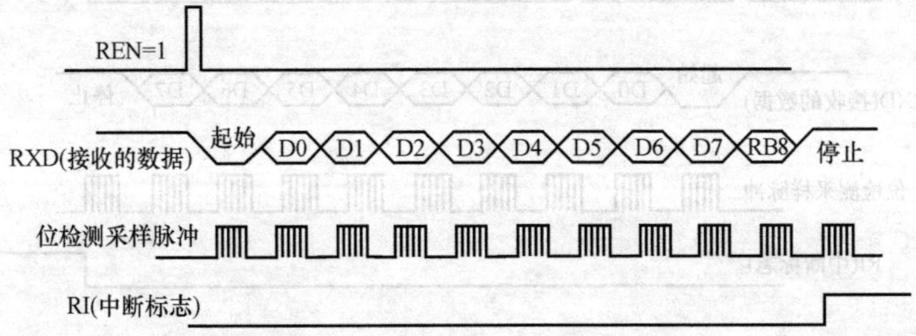

图9-14　方式2、方式3输入时序

9.3.4　波特率的计算

在串行通信中，收发双方对发送和接收数据的速率必须事先约定。通过软件编程可对单片机串口的工作方式和波特率等进行设置。其中方式0和方式2的波特率是固定的，而方式1和方式3的波特率是可变的，由T1的溢出率决定。

由于移位时钟的来源不同，各种方式的波特率计算公式也不相同。

方式0的波特率 $=f_{osc}/12$，速度最快，一般用于I/O端口扩展。

方式1的波特率 $=(2^{SMOD}/32)\cdot$ T1溢出率。

方式2的波特率 $=(2^{SMOD}/64)\cdot f_{osc}$。

方式3的波特率 $=(2^{SMOD}/32)\cdot$ T1溢出率。

当T1作为波特率发生器时，最典型的用法是使T1工作在自动重装初值的方式2，这时的溢出率取决于TH1中的计数值。

$$\text{T1溢出率}=f_{osc}/[12\times(256-\text{TH1})]$$

9.3.5　串口的初始化

在使用串口之前，必须根据事先约定的通信协议对其进行初始化，主要包括设置产生波特率的定时器T1、串口控制和中断控制。具体步骤如下：

1）由晶振频率f_{osc}、串口的工作方式和波特率，得到定时器的工作方式和初值，以及串口SMOD的值。常用的串口波特率以及各种参数选取表见表9-2。

表9-2　常用的串口波特率以及各种参数选取表

串口			f_{osc}/MHz	定时器T1		
串口工作方式	波特率/(bit/s)	SMOD		$C/\overline{T}$	工作方式	初值
工作方式1和方式3	62500	1	12	0	2	FFH
	19200	1	11.0592	0	2	FDH
	9600	0	11.0592	0	2	FDH
	4800	0	11.0592	0	2	FAH
	2400	0	11.0592	0	2	F4H
	1200	0	11.0592	0	2	E8H
	19200	1	6	0	2	FEH
	9600	1	6	0	2	FDH
	4800	0	6	0	2	FDH
	2400	0	6	0	2	FAH
	1200	0	6	0	2	F3H
	600	0	6	0	2	E6H
	110	0	6	0	2	72H

2）对T1进行初始化，包括设置T1的工作方式，装载TL1和TH1，并启动T1。

3）对串口进行初始化，包括设置串口的工作方式，设置SCON寄存器和PCON寄存器中的SMOD位。

4）串口工作在中断方式时，要进行中断初始化设置。

9.4 单片机与 PC 串行通信

9.4.1 RS-232C 标准接口总线

RS-232 是 EIA（美国电子工业协会）于 1962 年制定的标准。RS 表示 EIA 的“推荐标准”，232 为标准编号，1969 年修订为 RS-232C。RS-232C 定义了串行设备之间进行通信的物理接口标准，包含机械特性、功能特性、电气特性几方面的内容。

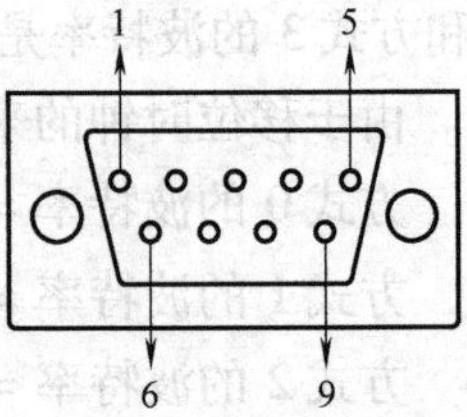

图 9-15 9 针连接器引脚排列图

1. 机械特性

完整的 RS-232C 接口规定使用 25 针连接器，连接器的尺寸及每个插针的排列位置都有明确的定义。但一般应用中并不一定用到 RS-232C 标准的全部信号线，所以在实际应用中常常使用 9 针连接器代替 25 针连接器。9 针连接器引脚排列图如图 9-15 所示。

2. 功能特性

RS-232C 9 针接口主要信号线功能表见表 9-3。

表 9-3 RS-232C 9 针接口主要信号线功能表

插针序号	信号名称	功能	信号方向（以 PC 和单片机通信为例）
2	TXD	发送数据（串行输出）	PC 将数据发送给单片机
3	RXD	接收数据（串行接收）	PC 接收单片机发送来的数据
5	SGND	信号接地	

3. 电气特性

RS-232C 采用负逻辑电平，规定 DC －15 ~ －3V 为逻辑 1，DC 3 ~ 15V 为逻辑 0。而 －3 ~ 3V为过渡区，不作定义，RS-232C 电气特性如图 9-16 所示。RS-232C 的逻辑电平与常用的 TTL 和 CMOS 电平不兼容，因此要实现它们之间的通信，必须外加电平转移电路，实现彼此之间的电平转换。一般 RS-232C 的通信距离为几十米，传输速率小于 20kbit/s。

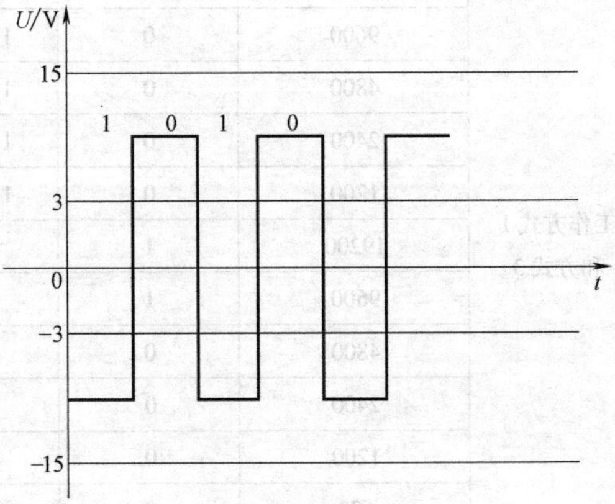

图 9-16 RS-232C 电气特性

9.4.2 单片机与 PC 串行通信硬件设计

1. RS-232C 与 TTL 电平转换器件

如上所述，PC 的串口与单片机的串口不能直接对接，必须进行电平转换，常用的转换芯片有 MAX232 等，下面介绍 MAX232 芯片功能和接口电路。MAX232 芯片是 MAXIM 公司生产的、包含二路接收器和驱动器的电平转换芯片。它通过内部的电源电压变换器，可以把单片机端的 TTL 电平信号变换为 RS-232C

接口的逻辑电平信号。所以采用该芯片的串行通信电路只需单一的5V电源供电，而无须像某些其他芯片一样，还需要提供额外的±12V电源，其实用性更强，加之价格适中，硬件接口电路简单，所以被广泛使用。MAX232芯片引脚图如图9-17所示。

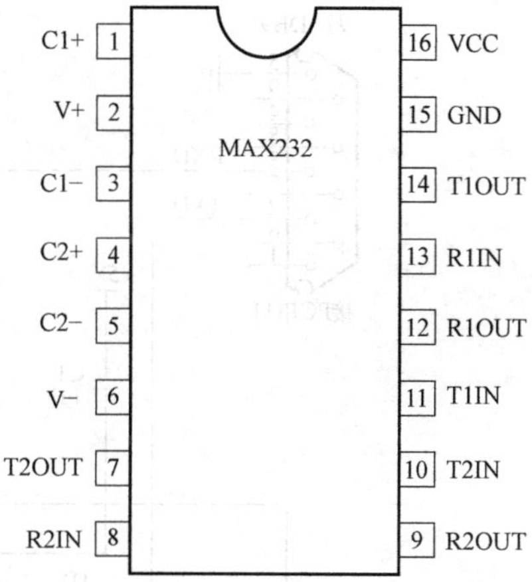

图9-17　MAX232芯片引脚图

2. MAX232芯片的典型应用电路

MAX232芯片的典型应用电路如图9-18所示。内部包含5V到10V的倍压器，将5V电压升压为10V，还包含有10V到-10V的电压反相器，将10V的直流电压转换为-10V，从而有效地解决了由单电源5V转换为±10V电源的问题，电路中的电容C1、C2、C3、C4称为升压电容。

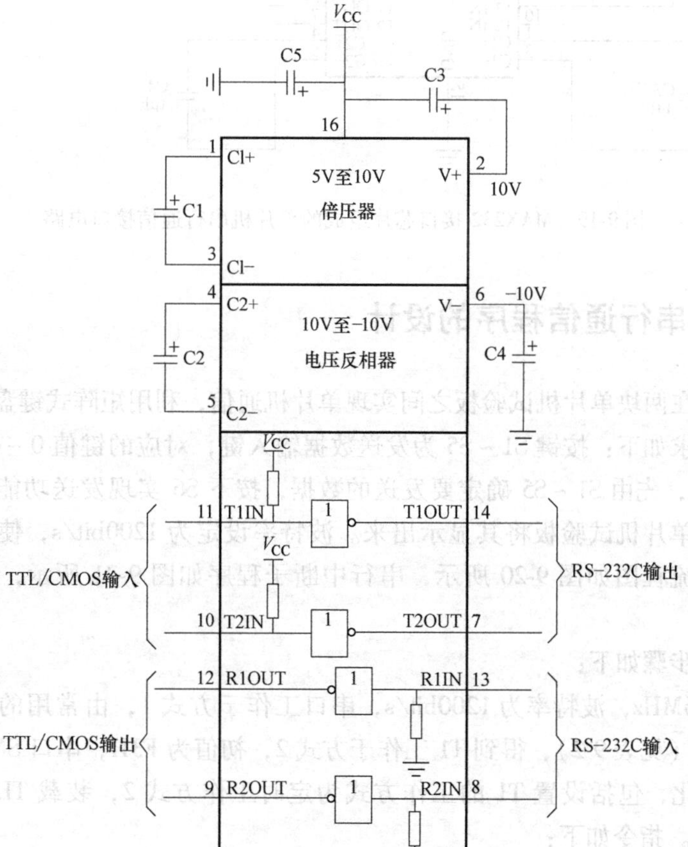

图9-18　MAX232芯片的典型应用电路

3. 采用MAX232接口芯片组成的单片机串行通信接口电路

MAX232接口芯片组成的单片机串行通信接口电路如图9-19所示。

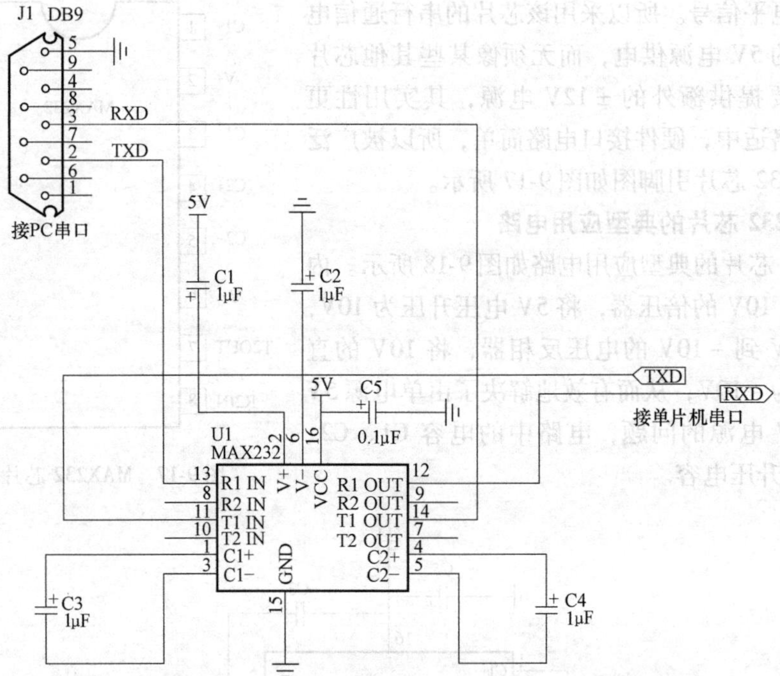

图 9-19 MAX232 接口芯片组成的单片机串行通信接口电路

9.5 单片机串行通信程序的设计

本任务要求在两块单片机试验板之间实现单片机通信，利用矩阵式键盘来实现数据输入和发送，具体要求如下：按键 S1 ~ S5 为发送数据输入键，对应的键值 0 ~ 4 作为发送数据，S6 为发送功能键，先由 S1 ~ S5 确定要发送的数据，按下 S6 实现发送功能，将要发送的数据发送到另一块单片机试验板将其显示出来。波特率设定为 1200bit/s，使用串口方式 1 进行通信。主程序流程图如图 9-20 所示，串行中断子程序如图 9-21 所示，按键子程序如图 9-22所示。

串口初始化步骤如下：

1）由 f_{osc} = 6MHz，波特率为 1200bit/s，串口工作于方式 1，由常用的串口波特率以及各种参数选取表（见表 9-2），得到 T1 工作于方式 2，初值为 F3H，串口 SMOD 位为 0。

2）T1 初始化，包括设置 T1 的工作方式为定时工作方式 2，装载 TL1 和 TH1 的初值 F3H，并启动 T1。指令如下：

```
MOV TMOD，#20H          ；T1 工作于定时工作方式 2
MOV TH1，#0F3H          ；装载 TH1 初值 F3H
MOV TL1，#0F3H          ；装载 TL1 初值 F3H
SETB TR1                ；启动 T1
```

3）对串口进行初始化，包括串口的工作方式 1（设置 SCON 寄存器和 PCON 寄存器中的 SMOD 位）。

```
MOV PCON, #00H          ; 设置SMOD位为0
MOV SCON, #50H          ; 设置串口的工作方式为1
```

4）串口工作在中断方式，要进行中断初始化设置。

```
SETB ES     ; 开串口中断
SETB EA     ; 开总中断
```

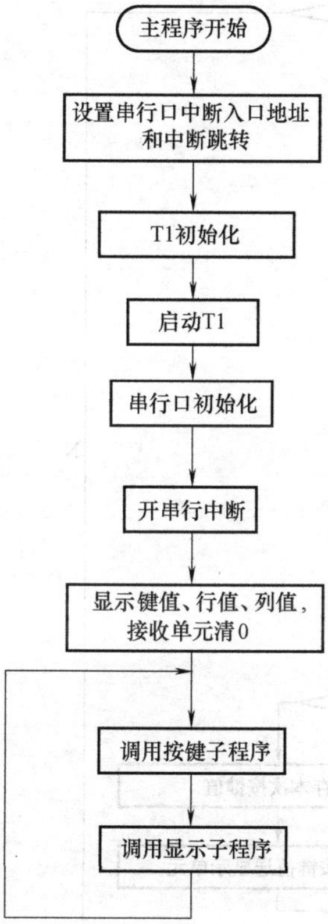

图9-20　主程序流程图

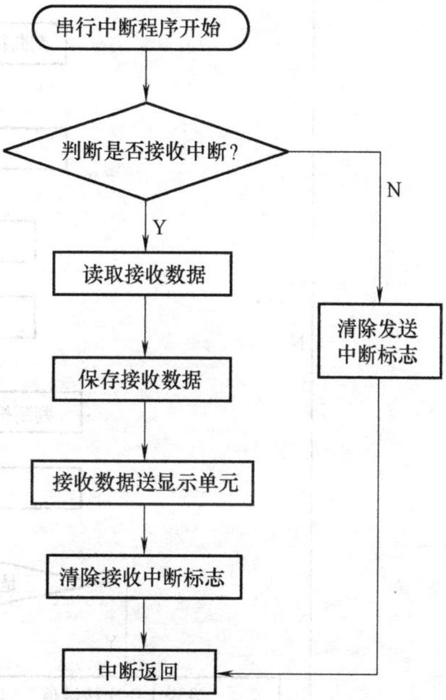

图9-21　串行中断子程序

编写完整的程序清单如下，程序中30H单元为显示缓冲区，保存需显示的数据，40H为键值暂存单元，41H为列值暂存单元，42H为行值暂存单元，50H单元为接收数据暂存单元。

串口程序清单：

```
        ORG 0000H
        AJMP MAIN
        ORG 0023H                   ; 串口中断入口地址
        AJMP CHKZD                  ; 跳到串口中断程序
        ORG 0050H
MAIN:   MOV TMOD, #20H              ; T1工作于定时工作方式2
        MOV TH1, #0F3H              ; 装载TH1初值F3H
        MOV TL1, #0F3H              ; 装载TL1初值F3H
        SETB TR1                    ; 启动T1
```

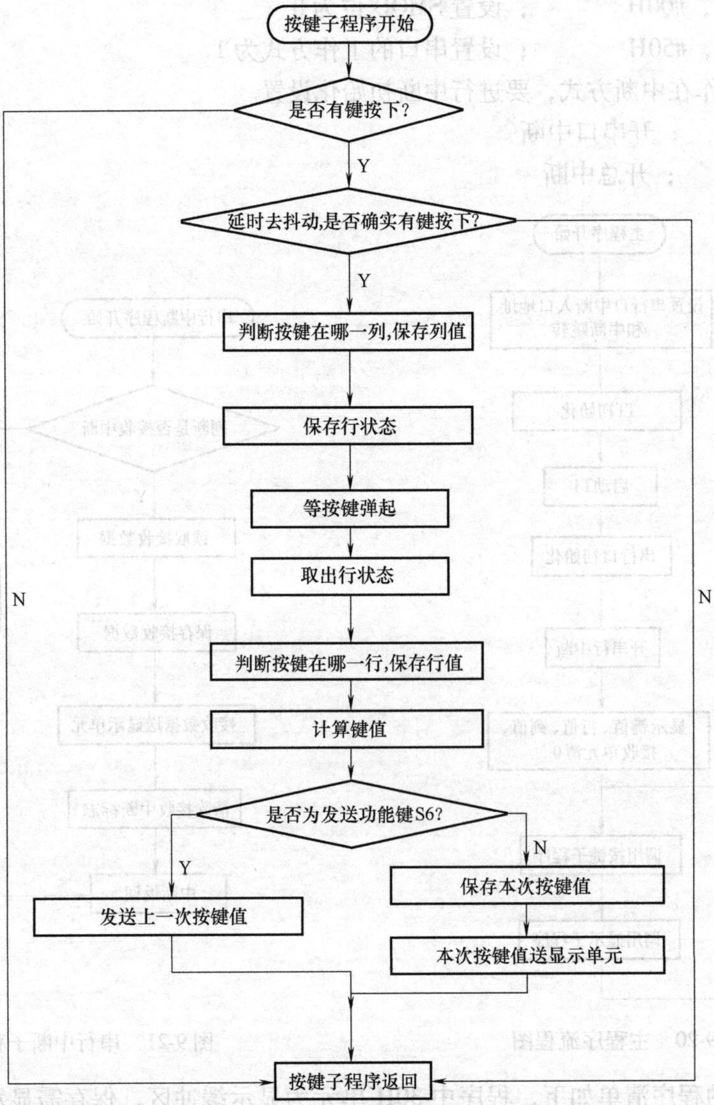

图 9-22　按键子程序

```
          MOV PCON，#00H       ；设置 SMOD 位为 0
          MOV SCON，#50H       ；设置串口的工作方式为 1
          SETB ES              ；开串口中断
          SETB EA              ；开总中断
          MOV 30H，#00H        ；显示缓冲区清 0
          MOV 40H，#00H        ；键值暂存单元清 0
          MOV 41H，#00H        ；列值暂存单元清 0
          MOV 42H，#00H        ；行值暂存单元清 0
          MOV 50H，#00H        ；接收数据暂存单元清 0
MAINHUI：ACALL KEY              ；调用按键处理子程序
```

```
          ACALL XIANSHI                 ；调用显示子程序
          AJMP MAINHUI                  ；反复执行
KEY：                                   ；键处理子程序
          MOV P2，#11111000B            ；将列线全设为0，行线全设为1
          MOV A，P2                     ；P2 口键盘状态送入累加器 A
          ANL A，#00011000B             ；读取 P2.3、P2.4 位代表的行线状态
          CJNE A，#00011000B，DYS       ；如果行线不全为1，表示有键按下
          AJMP KEYHUI                   ；无键按下，键处理子程序返回
DYS：     ACALL XIANSHI                 ；延时去抖动
          MOV A，P2
          ANL A，#00011000B             ；读取出 P2.3、P2.4 位代表的行线状态
          CJNE A，#00011000B，PANLIE    ；如果行线不全为1，有键按下
          AJMP KEYHUI                   ；无键按下，表示只是干扰或抖动
PANLIE：  MOV P2，#11111110B            ；将第0列设为0，判断是否第0列
          MOV A，P2                     ；P2 口键盘状态送入累加器 A
          ANL A，#00011000B             ；读取 P2.3、P2.4 位代表的行线状态
          CJNE A，#00011000B，LIE0      ；如果行线不全为1，该列有键按下
          MOV P2，#11111101B            ；判断是否第1列
          MOV A，P2
          ANL A，#00011000B
          CJNE A，#00011000B，LIE1
          MOV P2，#11111011B            ；判断是否第2列
          MOV A，P2
          ANL A，#00011000B
          CJNE A，#00011000B，LIE2
          AJMP KEYHUI                   ；所有列线无键按下，跳到键处理子程序
LIE0：    MOV 41H，#00H                 ；保存列值0
          MOV 42H，A                    ；保存行值到42H 单元
          AJMP DENGDAI                  ；跳到等待按键弹起
LIE1：    MOV 41H，#01H                 ；保存列值1
          MOV 42H，A
          AJMP DENDAI
LIE2：    MOV 41H，#02H                 ；保存列值2
          MOV 42H，A
DENGDAI：ACALL XIANSHI                  ；等待按键弹起，调用显示程序作延时
          MOV P2，#11111000B            ；将列线全设为0，行线全设为1，数码管
                                        ；熄灭
          MOV A，P2
          ANL A，#00011000B
```

```
        CJNE A, #00011000B, DENDAI
        MOV A, 42H                 ; 行线不全为1，按键未弹起，继续等待
                                   ; 取出保存的行值，判断具体是哪一行
        JNB ACC.3, HANG0
        JNB ACC.4, HANG1
        AJMP KEYHUI
HANG0:  MOV 42H, #00H              ; 第0行，42H单元送0
        AJMP QJZ                   ; 跳到求键值QJZ处
HANG1:  MOV 42H, #01H              ; 第1行，42H单元送1
QJZ:    MOV A, 42H                 ; 求出按键键值，键值=行值×列数+列值
        MOV B, #03H                ; B中为列数
        MUL AB                     ; 行值×列数
        ADD A, 41H                 ; 加列值
        CJNE A, #05H, ZANCUN       ; 判断是否为功能键S6，不是跳到ZANCUN
                                   ; 处
        MOV A, 40H                 ; 是S6键，将上一次按键的键值发送出去
        MOV SBUF, A
        AJMP KEYHUI
ZANCUN: MOV 40H, A                 ; 将键值送40H单元暂存
        MOV 30H, 40H               ; 将键值送显示单元显示
        KEYHUI: RET                ; 键处理子程序返回
串行中断程序:
CHKZD:
        JB RI, JS                  ; 判断是否接收中断
        CLR TI                     ; 是发送中断，清除发送中断
        AJMP CHZDH                 ; 跳到串行中断返回
JS:     MOV A, SBUF                ; 取出接收到的数据
        MOV 50H, A                 ; 接收的数据放50H单元暂存起来，以便
                                   ; 处理
        MOV 30H, 50H               ; 接收的数据放30H单元显示
        CLR RI                     ; 清除接收中断，准备下一次接收
CHZDH:  RETI
XIANSHI:                           ; 显示子程序
        SETB P2.7                  ; 第一个数码管熄灭
        CLR P2.6                   ; 第二个数码管点亮
        MOV A, 30H                 ; 取出显示数据
        ANL A, #0FH                ; 取出显示值的个位（即低4位）
        ACALL CHABIAO              ; 调用查表显示程序
        ACALL DELAY                ; 调用延时程序
```

```
        SETB P2.6             ; 第二个数码管熄灭
        CLR P2.7              ; 第一个数码管点亮
        MOV A, 30H            ; 取出显示数据
        ANL A, #0F0H          ; 取出显示值的十位（即高4位）
        SWAP A                ; 高、低4位对调，以便于查表取段码
        ACALL CHABIAO         ; 调用查表显示程序
        ACALL DELAY           ; 调用延时程序
        RET                   ; 显示子程序返回
CHABIAO:                      ; 查表子程序
        MOV DPTR, #TABLE1     ; DPTR用于保存表地址
        MOVC A, @A+DPTR       ; 查表指令
        MOV P1, A             ; 将取得的段码送到P1口显示
        RET                   ; 查表子程序返回
DELAY:                        ; 二层循环延时子程序
        MOV R7, #0FH
LOOP2:  MOV R6, #0FFH
LOOP1:  DJNZ R6, LOOP1
        DJNZ R7, LOOP2
        RET
TABLE1: DB 0C0H, 0F9H, 0A4H, 0B0H, 99H, 92H, 82H, 0F8H, 80H, 90H
```

思考与练习

1. 计算机并行通信和串行通信各有什么特点？
2. 串行通信有哪几种制式？各有什么特点？
3. 波特率的具体含义是什么？为什么说串行通信的收发双方波特率必须相同？
4. 试叙述利用SM2控制位进行多级通信的过程。
5. 80C51单片机串口设有几个控制寄存器？它们的作用是什么？
6. 要求串口按以下波特率工作，试计算定时器T1的时间常数，设晶振频率为6MHz。

（1）波特率=1200bit/s。

（2）波特率=9600bit/s。

7. 为什么定时器T1用作串口波特率发生器时，常采用工作方式2？
8. 串口的4种工作方式各有什么特点？
9. 假定甲乙机以方式1进行串行数据通信，晶振频率为12MHz，要求波特率为1200bit/s。乙机发送，甲机接收。请画出电路图并写出初始化发送（查询）和接收（中断方式）程序。

单元 10　显示接口设计

学习目的：掌握单片机数码管显示的工作原理和编程方法，掌握 LCD1602 的应用。

重点难点：数码管显示的工作原理和编程方法，1602 接口的设计方法。

外语词汇：Display（显示）、Light Emitting Diode（发光二极管）、Liquid Crystal Display（液晶屏）。

文字和图形显示是单片机系统设计的重要内容之一。在单片机系统中，常用的显示器有数码管、二极管点阵矩阵模块和 LCD（字符液晶屏、图形液晶屏）。其中，数码管和字符液晶屏是初学者最常用的显示器。

10.1　数码管显示

数字显示最常使用的器件就是七段数码管，在数字钟、微波炉、电饭煲、洗衣机等电子产品中常常使用七段数码管来显示数字信息。通常用 LED 数码显示器来显示各种数字或符号。由于它具有显示清晰、亮度高、使用电压低、寿命长的特点，因此使用非常广泛。

10.1.1　数码管的结构与工作原理

1. 数码管结构

LED 数码显示器又称数码管，数码管由 8 个发光二极管（以下简称字段）构成。LED 数码显示器有两种不同的形式：一种是发光二极管的阳极都是连在一起的，称之为共阳极 LED 数码显示器；另一种是发光二极管的阴极都是连在一起的，称之为共阴极 LED 数码显示器。使用 LED 数码显示器时，要注意区分这两种不同的接法，LED 数码显示器结构如图 10-1 所示。

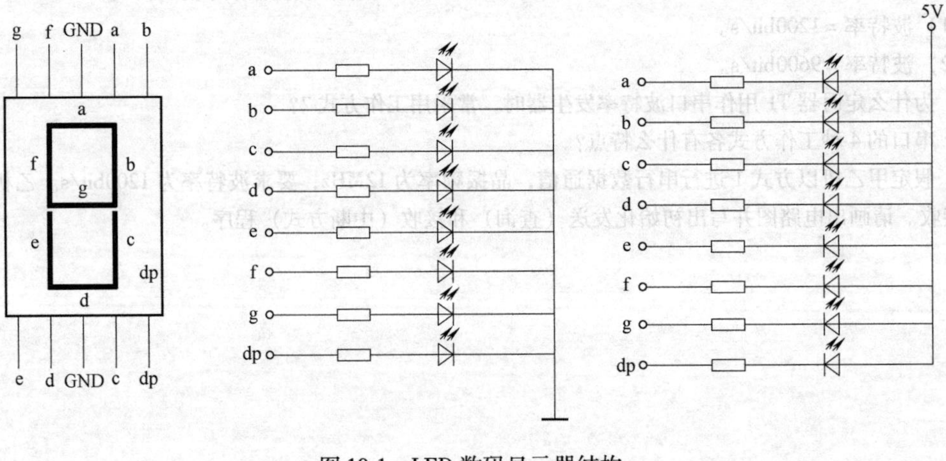

图 10-1　LED 数码显示器结构

2. 数码管工作原理

数码管中7个发光二极管构成字形“8”的各个笔画段，另一个为小数点dp。七段数码管中亮段的发光原理和普通的发光二极管一致，可以把这7个亮段看成7个发光二极管。点亮不同亮段的组合就形成了数字0～F。

共阳极数码管的8个发光二极管的阳极（二极管正端）连接在一起。通常，公共阳极接高电平（一般接电源），其他引脚接段驱动电路的输出端。当某段驱动电路的输出端为低电平时，则该端所连接的字段导通并点亮。根据发光字段的不同组合可显示出各种数字或字符。此时，要求段驱动电路能吸收额定的段导通电流，还需根据外接电源及额定段导通电流来确定相应的限流电阻。

共阴极数码管的8个发光二极管的阴极（二极管负端）连接在一起。通常，公共阴极接低电平（一般接地），其他引脚接段驱动电路的输出端。当某段驱动电路的输出端为高电平时，则该端所连接的字段导通并点亮，根据发光字段的不同组合可显示出各种数字或字符。此时，要求段驱动电路能提供额定的段导通电流，还需根据外接电源及额定段导通电流来确定相应的限流电阻。

由于单片机系统常常使用5V电源，而发光二极管VL只需要2V左右的电压就可以被点亮，点亮时电流约为15mA。如果在发光二极管VL两端直接加5V电压将有可能烧毁它，因此常串联一个限流电阻R1。

限流电阻的计算：假设发光二极管工作电流为15mA，正常工作时两端的压降为2V，所以电阻R1上应该分担的电压为3V。于是得电阻R1的阻值为3V/15mA＝200Ω。

10.1.2　数码管字形编码

要使数码管显示出相应的数字或字符，必须使段数据口输出相应的字形编码。七段数码管加上一个小数点，共计8段，8个笔划段对应于1B，于是用8位二进制码就可以表示欲显示字符的字形代码。

字形与字形编码的关系见表10-1，数据线D0与a字段对应，D1与b字段对应，……，依次类推。如使用共阳极数码管，数据为0表示对应字段亮，数据为1表示对应字段暗；如使用共阴极数码管，数据为0表示对应字段暗，数据为1表示对应字段亮。

表10-1　字形与字形编码的关系

D7	D6	D5	D4	D3	D2	D1	D0
dp	g	f	e	d	c	b	a

如要显示“0”，共阳极数码管的字形编码应为11000000B（即C0H），共阴极数码管的字形编码应为00111111B（即3FH）。数码管字形编码表见表10-2。

表10-2　数码管字形编码表

显示字符	共阳极									共阴极								
	dp	g	f	e	d	c	b	a	字形编码	dp	g	f	e	d	c	b	a	字形编码
0	1	1	0	0	0	0	0	0	C0H	0	0	1	1	1	1	1	1	3FH
1	1	1	1	1	1	0	0	1	F9H	0	0	0	0	0	1	1	0	06H
2	1	0	1	0	0	1	0	0	A4H	0	1	0	1	1	0	1	1	5BH

（续）

显示字符	共阳极									共阴极								
	dp	g	f	e	d	c	b	a	字形编码	dp	g	f	e	d	c	b	a	字形编码
3	1	0	1	1	0	0	0	0	B0H	0	1	0	0	1	1	1	1	4FH
4	1	0	0	1	1	0	0	1	99H	0	1	1	0	0	1	1	0	66H
5	1	0	0	1	0	0	1	0	92H	0	1	1	0	1	1	0	1	6DH
6	1	0	0	0	0	0	1	0	82H	0	1	1	1	1	1	0	1	7DH
7	1	1	1	1	1	0	0	0	F8H	0	0	0	0	0	1	1	1	07H
8	1	0	0	0	0	0	0	0	80H	0	1	1	1	1	1	1	1	7FH
9	1	0	0	1	0	0	0	0	90H	0	1	1	0	1	1	1	1	6FH
A	1	0	0	0	1	0	0	0	88H	0	1	1	1	0	1	1	1	77H
B	1	0	0	0	0	0	1	1	83H	0	1	1	1	1	1	0	0	7CH
C	1	1	0	0	0	1	1	0	C6H	0	0	1	1	1	0	0	1	39H
D	1	0	1	0	0	0	0	1	A1H	0	1	0	1	1	1	1	0	5EH
E	1	0	0	0	0	1	1	0	86H	0	1	1	1	1	0	0	1	79H
F	1	0	0	0	1	1	1	0	8EH	0	1	1	1	0	0	0	1	71H
H	1	0	0	0	1	0	0	1	89H	0	1	1	1	0	1	1	0	76H
L	1	1	0	0	0	1	1	1	C7H	0	0	1	1	1	0	0	0	38H
P	1	0	0	0	1	1	0	0	8CH	0	1	1	1	0	0	1	1	73H
R	1	1	0	0	1	1	1	0	CEH	0	0	1	1	0	0	0	1	31H
U	1	1	0	0	0	0	0	1	C1H	0	0	1	1	1	1	1	0	3EH
Y	1	0	0	1	0	0	0	1	91H	0	1	1	0	1	1	1	0	6EH
—	1	0	1	1	1	1	1	1	BFH	0	1	0	0	0	0	0	0	40H
·	0	1	1	1	1	1	1	1	7FH	1	0	0	0	0	0	0	0	80H
熄灭	1	1	1	1	1	1	1	1	FFH	0	0	0	0	0	0	0	0	00H

10.2 LED 数码显示器的工作方式

LED 数码显示器的工作方式有两种：静态显示方式和动态显示方式。

10.2.1 LED 静态显示接口

静态显示是指数码管显示某一字符时，相应的发光二极管恒定导通或恒定截止。这种显示方式的各位数码管相互独立，公共端恒定接地（共阴极）或接正电源（共阳极）。每个数码管的 8 个字段分别与一个 8 位 I/O 口地址相连，I/O 口只要有段码输出，相应字符即显示出来，并保持不变，直到 I/O 口输出新的段码。采用静态显示方式，较小的电流即可获得较高的亮度，且占用 CPU 时间少，编程简单，显示便于监测和控制，但其占用的口线多，硬件电路复杂，成本高，只适合于显示位数较少的场合。

例 10-1 用定时/计数器模拟生产线产品计件，以按键模拟产品检测，按一次键相当于产品计数一次。检测到的产品数送 P1 口显示，采用单只数码管显示，计满 16 次后从头开始，依次循环。系统采用 12MHz 晶振。模拟生产线产品计件数码管显示电路如图 10-2 所示。

采用共阳极数码管与单片机 P1 口直接连接，数码管公共阳极接 5V 电源，其他引脚分别接 P1 口的 8 个端口，限流电阻为 510Ω，数码管字段导通电流约为 6mA（额定字段导通电流一般为 5 ~20 mA）。通过编程将需要显示的字形编码存放在程序存储器的固定区域中，构成显示字形编码表。当要显示某字符时，通过查表指令获取该字符所对应的字形编码。

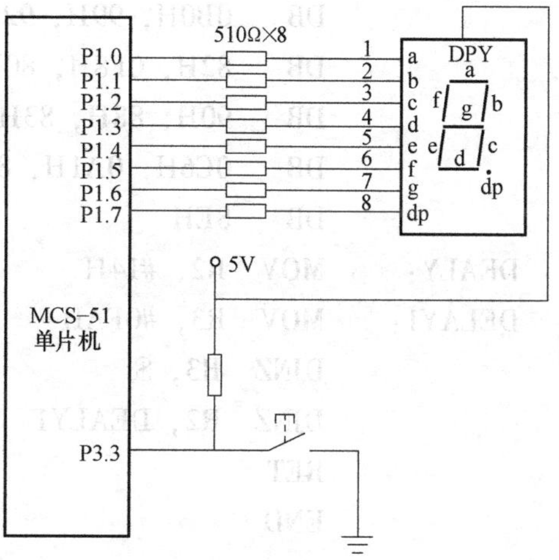

图 10-2　模拟生产线产品计件数码管显示电路

源程序：

```
          ORG    1000H
          MOV   TMOD, #60H         ; 定时器 T1 工作在方式 2
          MOV   TH1, #0F0H         ; T1 置初值
          MOV   TL1, #0F0H
          SETB     TR1             ; 启动 T1
MAIN:     MOV   A, #00H            ; 计数显示初始化
          MOV   P1, #0C0H          ; 数码管显示 0
DISP:     JB  P3.3, DISP           ; 监测按键信号
          ACALL  DELAY             ; 消抖延时
          JB   P3.3, DISP          ; 确认低电平信号
DISP1:    JNB  P3.3, DISP1         ; 监测按键信号
          ACALL  DELAY             ; 消抖延时
          JNB   P3.3, DISP1        ; 确认高电平信号
          CLR   P3.5               ; T0 引脚产生负跳变
          NOP
          NOP
          SETB   P3.5              ; T0 引脚恢复高电平
          INC   A                  ; 累加器加 1
          MOV   R1, A              ; 保存累加器计数值
          ADD   A, #08H            ; 变址调整
          MOVC A, @A+PC            ; 查表获取数码管显示值
          MOV   P1, A              ; 数码管显示查表值
          MOV   A, R1              ; 恢复累加器计数值
          JBC   TF1, MAIN          ; 查询 T1 计数溢出
          SJM  P  DISP             ; 16 次不到，继续计数
TAB:      DB     0C0H, 0F9H, 0A4H  ; 0、1、2
```

```
            DB    0B0H, 99H, 92H         ; 3、4、5
            DB    82H, 0F8H, 80H         ; 6、7、8
            DB    90H, 88H, 83H,         ; 9、A、B
            DB    0C6H, 0A1H, 86H        ; C、D、E
            DB    8EH                    ; F
DEALY:      MOV   R2, #14H               ; 10ms 延时
DELAY1:     MOV   R3, #0FAH
            DJNZ  R3, $
            DJNZ  R2, DEALY1
            RET
            END
```

10.2.2 LED 动态显示接口

动态显示接口电路是把所有显示器的 8 个笔划段 a ~ h 同极端（阳极或者阴极）连在一起，而每一个显示器的公共极 COM 各自独立地受 I/O 线控制。CPU 向字段输出口送出字形编码时，所有显示器接收到相同的字形编码，但究竟是哪个显示器亮，则取决于 COM 端。也就是说可以采用分时的方法，轮流控制各个显示器的 COM 端，使各个显示器轮流点亮。在轮流点亮扫描的过程中，每位显示器的点亮时间是极为短暂的（约 1ms），但由于人的视觉暂留现象及发光二极管的余辉效应，尽管实际上各位显示器并非同时点亮，但只要扫描的速度足够快，给人的印象就是一组稳定的显示数据，不会有闪烁感。

采用动态显示方式比较节省 I/O 口，硬件电路也较静态显示方式简单，但其亮度不如静态显示方式，而且在显示位数较多时，CPU 要依次扫描，占用 CPU 较多的时间。

动态扫描显示接口电路如图 10-3 所示。P2.0 ~ P2.3 与 74LS47 相连，而 74LS47 的输出与 4 位七段数码管 SD0 ~ SD3 的亮段控制端 a ~ g 相连，且 SD0 ~ SD3 的亮段控制端 a ~ g 是并联在一起的。如果 P2.0 ~ P2.3 输出 0110，在 4 位七段数码管 SD0 ~ SD3 都工作的情况下，会同时显示数字“6”。

4 位七段数码管的共阳端分别被晶体管开关控制，4 个晶体管又被单片机的 P0.0 ~ P0.3 控制。把这 4 个控制线称为位选线 B0、B1、B2、B3。比如 B0 = 1 时，也就是 P0.0 口输出 1，第一位七段数码管 SD0 共阳端上的晶体管开关导通，SD0 也就获得电流而发光，此时显示什么数字由单片机的 P2.0 ~ P2.3 状态来决定。

源程序：

```
    ORG     0000H              ; 起始地址 0000H
    MAIN:
    MOV     P0, #00000001B     ; 选通七段数码管 SD0
    MOV     P2, #1             ; 输出显示数字 1
    CALL    DELAY              ; 延时 1ms
    ANL     P0, #00H           ; 熄灭七段数码管
    MOV     P0, #00000010B     ; 选通七段数码管 SD1
    MOV     P2, #2             ; 输出显示数字 2
```

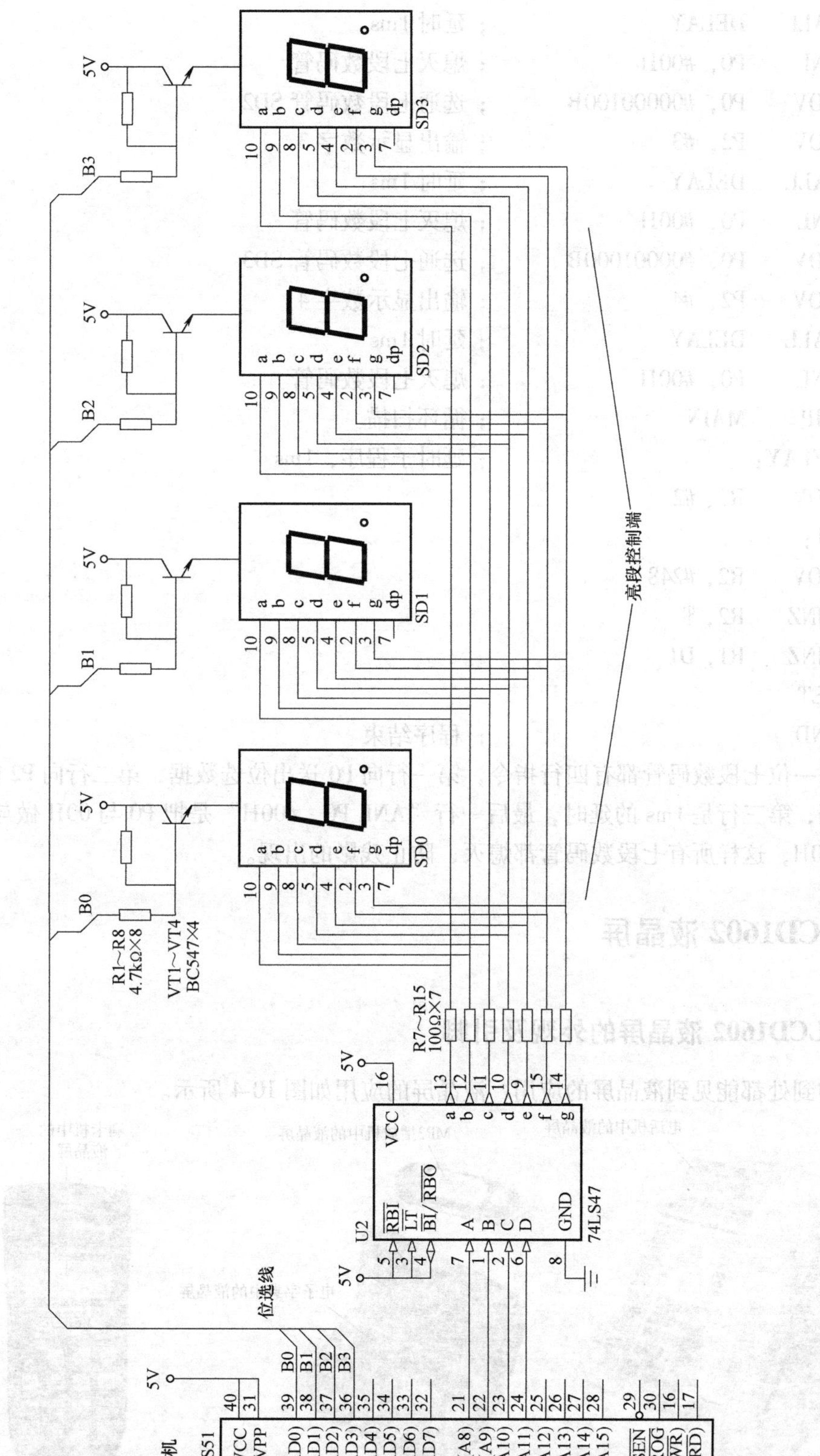

图 10-3　动态扫描显示接口电路

```
CALL    DELAY              ; 延时 1ms
ANL     P0, #00H           ; 熄灭七段数码管
MOV     P0, #00000100B     ; 选通七段数码管 SD2
MOV     P2, #3             ; 输出显示数字 3
CALL    DELAY              ; 延时 1ms
ANL     P0, #00H           ; 熄灭七段数码管
MOV     P0, #00001000B     ; 选通七段数码管 SD3
MOV     P2, #4             ; 输出显示数字 4
CALL    DELAY              ; 延时 1ms
ANL     P0, #00H           ; 熄灭七段数码管
JMP     MAIN               ; 循环扫描
DELAY:                     ; 延时子程序, 1ms
MOV     R1, #2
D1:
MOV     R2, #248
DJNZ    R2, $
DJNZ    R1, D1
RET
END                        ; 程序结束
```

控制每一位七段数码管都有四行指令，第一行向 P0 送出位选数据，第二行向 P2 输出显示数字数据，第三行是 1ms 的延时，最后一行“ANL P0，#00H”是把 P0 与 00H 做与运算，之后 P0 = 00H，这样所有七段数码管都熄灭，防止残影的出现。

10.3 LCD1602 液晶屏

10.3.1 LCD1602 液晶屏的外观及引脚

生活中到处都能见到液晶屏的应用，液晶屏的应用如图 10-4 所示。

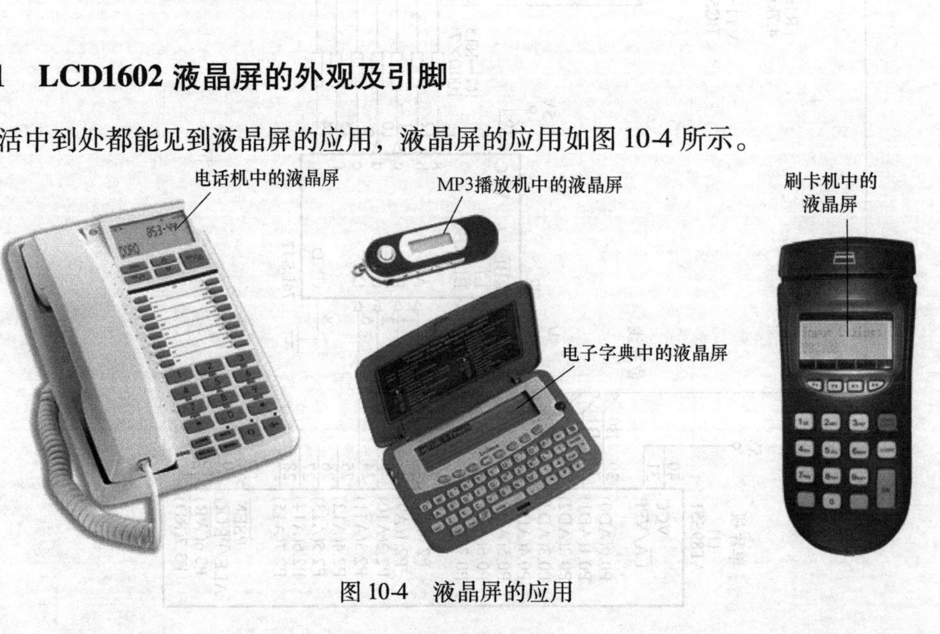

图 10-4　液晶屏的应用

这里介绍的字符型液晶模块是一种用 5×7 点阵图形来显示字符的液晶屏，根据显示的容量可以分为 16 字×1 行、16 字×2 行、20 字×2 行等，这里以常用的 16 字×2 行的 1602 液晶模块来介绍它的编程方法，1602 字符液晶屏外观如图 10-5 所示。

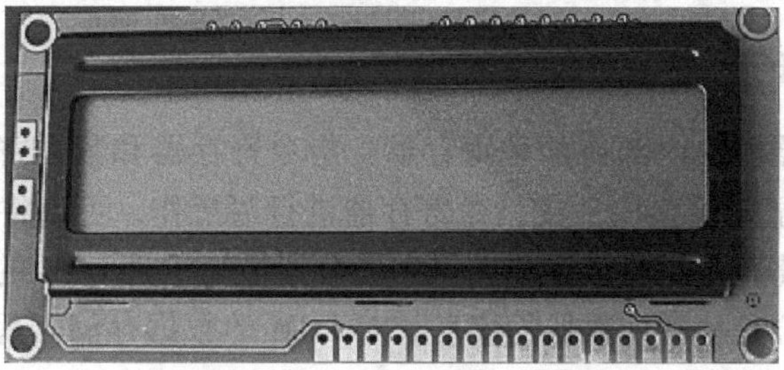

图 10-5　1602 字符液晶屏外观

1602 采用标准的 16 脚接口，从右至左，1602 字符液晶屏引脚排列见表 10-3。

表 10-3　1602 字符液晶屏引脚排列

引脚	符号	状态	功　能
1	V_{SS}		电源地
2	V_{CC}		5V 正电源
3	V_{EE}		液晶屏对比度调整端
4	RS	输入	命令/数据选择线，RS＝1 为数据，RS＝0 为命令
5	$R/\overline{W}$	输入	读/写控制线，$R/\overline{W}=1$ 为读，$R/\overline{W}=0$ 为写
6	E	输入	使能端
7	DB0	三态	数据总线（LSB）
8	DB1	三态	数据总线
9	DB2	三态	数据总线
10	DB3	三态	数据总线
11	DB4	三态	数据总线
12	DB5	三态	数据总线
13	DB6	三态	数据总线
14	DB7	三态	数据总线（MSB）
15	＋LED	输入	液晶屏背光 5V
16	－LED	输入	液晶屏背光地

第 1 脚：V_{SS}为电源地。

第 2 脚：V_{CC}为 5V 正电源。

第 3 脚：V_{EE}为液晶屏对比度调整端，接正电源时对比度最弱，接电源地时对比度最高，对比度过高时会产生“鬼影”，使用时可以通过一个 10kΩ 的电位器调整对比度。

第 4 脚：RS 为命令/数据选择线，RS＝1 时选择数据寄存器，RS＝0 时选择指令寄存器。

第 5 脚：$R/\overline{W}$ 为读写控制线，高电平时进行读操作，低电平时进行写操作。当 RS 和 $R/\overline{W}$共同为低电平时可以写入指令或者显示地址；当 RS 为低电平、$R/\overline{W}$ 为高电平时可以读忙信号；当 RS 为高电平、$R/\overline{W}$ 为低电平时可以写入数据。

第 6 脚：E 端为使能端，当 E 端由高电平跳变成低电平时，液晶模块执行命令。

第 7 ~ 14 脚：DB0 ~ DB7 为 8 位双向数据总线。

第 15 ~ 16 脚：背光调节引脚。

10.3.2 LCD1602 的指令

LCD 字符型显示器模块内部有两种寄存器：指令寄存器和数据寄存器。单片机等主控制系统对 LCM（LCD 显示器模块）的指令寄存器进行写操作，可以将“清屏”等控制指令发送给 LCM。对指令寄存器进行读操作，得到的数据最高位是 LCM 的状态（空闲状态或忙状态）标志位，低 7 位是地址计数器的信息。对 LCM 的数据存储器写操作，可以修改当前地址中显示的字符。读操作可以得到当前显示地址中的显示数据。LCD 字符型显示器模块的指令集见表 10-4。

表 10-4 LCD 字符型显示器模块的指令集

序号	指令	RS	$R/\overline{W}$	D7	D6	D5	D4	D3	D2	D1	D0
1	清屏	0	0	0	0	0	0	0	0	0	1
2	光标返回	0	0	0	0	0	0	0	0	1	*
3	设置输入模式	0	0	0	0	0	0	0	1	I/D	S
4	显示开/关控制	0	0	0	0	0	0	1	D	C	B
5	光标或字符移位	0	0	0	0	0	1	S/C	R/L	*	*
6	设置功能	0	0	0	0	1	DL	N	F	*	*
7	设置字符发生存储器地址	0	0	0	1	字符发生存储器地址					
8	设置数据存储器地址	0	0	1	显示数据存储器地址						
9	读忙标志或地址	0	1	BF	计数器地址						
10	写数到 CGRAM 或 DDRAM	1	0	要写的数据内容							
11	从 CGRAM 或 DDRAM 读数	1	1	读出的数据内容							

表 10-4 中，“ * ”表示空位置，无意义，其余符号表示的含义如下：

I/D——显示地址计数器模式选择。I/D = 1，选择加 1 模式；I/D = 0，选择减 1 模式。

S——面向平移选择位。S = 1，画面平移；S = 0，画面不动。

D——显示器开关控制位。D = 1，显示器 ON；D = 0，显示器 OFF。

C——光标开关控制位。C = 1，光标 ON；C = 0，光标 OFF。

B——光标闪烁开关控制位。B = 1，光标闪烁 ON；B = 0，光标闪烁 OFF。

S/C——显示器或光标移位选择。S/C = 1，选择显示器移位；S/C = 0，选择光标移位。

R/L——移位方向选择。R/L = 1，向右移动；R/L = 0，向左移动。

DL——传输数据的有效位长度选择。DL = 1，有效位为 8 位；DL = 0，有效位为 4 位。

N——显示器行数选择位。N = 1，选择使用 2 行显示器；N = 0，选择使用 1 行显示器。

F——字符显示块的点阵选择。F = 1，选择 5 × 1 点阵；F = 0，选择 5 × 7 点阵。

BF——忙标志位。BF = 1，LCM 处于忙状态；BF = 0，LCM 处于空闲状态。

CGRAM——字符发生器 RAM，用来保存用户自编的字符或图形的存储器。

DDRAM——显示数据 RAM。

LCM 的显示数据存储器 DDRAM 与显示屏上的字符显示位置是一一对应的。DDRAM 地址与字符显示位置对照表见表 10-5。当单片机等主控制器系统需要把字符显示在屏幕的某一位置时，首先将对应位置的 DDRAM 的地址写到地址计数器（指令寄存器）中，然后再将该字符的 ASCII 码写入 DDRAM 中，这样就可以完成一个字符的显示。

表 10-5　DDRAM 地址与字符显示位置对照表

字符显示位置	1	2	3	4	5	6	7	8	9	10	11	12	13	14	15	16
DDRAM 第 1 行地址	00	01	02	03	04	05	06	07	08	09	0A	0B	0C	0D	0E	0F
DDRAM 第 2 行地址	40	41	42	43	44	45	46	47	48	49	4A	4B	4C	4D	4E	4F

10.3.3　单片机与字符液晶屏的接口与编程

例 10-2　1602 与 AT89S51 单片机的接口电路如图 10-6 所示，编程显示字符 A。

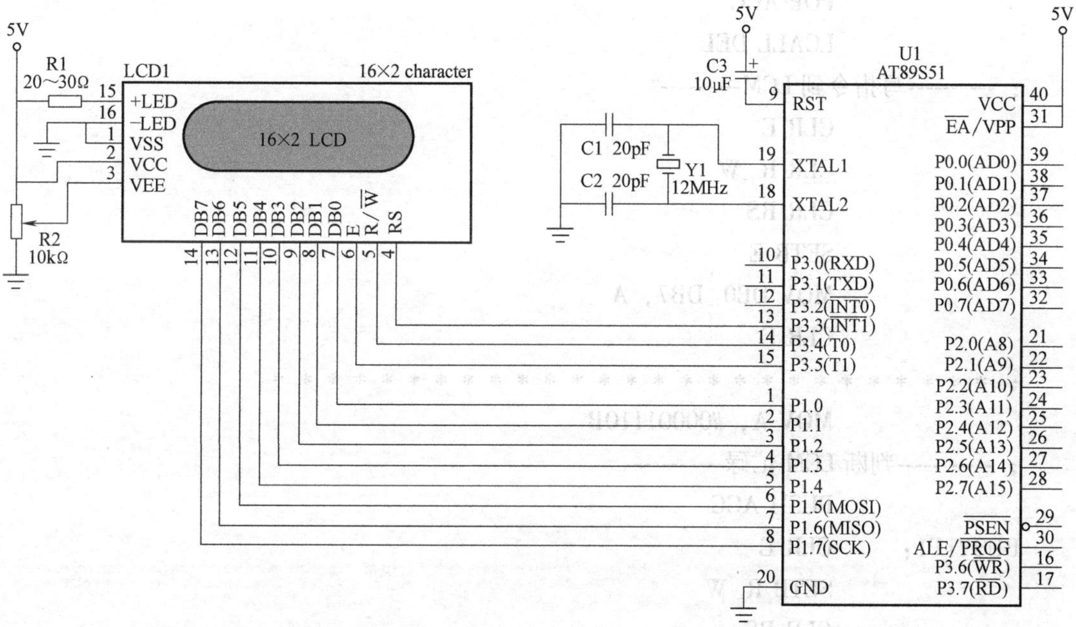

图 10-6　1602 与 AT89S51 单片机的接口电路

```
; ********89S51 引脚定义********
        RS BIT P3.3
        R_W BIT P3.4
        E BIT P3.5
        DB0_DB7 EQU P1
; *******程序开始********
        ORG 0000H
        LJMP MAIN
; *******主程序开始*******
        ORG 0030H
```

```
MAIN：  MOV SP，#70H
;＊＊＊＊＊＊＊LCM 初始化＊＊＊＊＊＊＊
        MOV A，#00111000B
;-----------判断 LCM 忙碌-----------
        PUSH ACC
BUSY_LP：CLR E
        SETB R_W
        CLR RS
        SETB E
        MOV A，DB0_DB7
        CLR E
        JB ACC.7，BUSY_LP
        POP ACC
        LCALL DEL
;----------写指令到 LCM---------
        CLR E
        CLR R_W
        CLR RS
        SETB E
        MOV DB0_DB7，A
        CLR E
;＊＊＊＊＊＊＊＊＊＊＊＊＊＊＊＊＊＊＊＊＊＊＊＊＊＊＊＊
        MOV A，#00001110B
;-----------判断 LCM 忙碌-----------
        PUSH ACC
BUSYLP1：CLR E
        SETB R_W
        CLR RS
        SETB E
        MOV A，DB0_DB7
        CLR E
        JB ACC.7，BUSYLP1
        POP ACC
        LCALL DEL
;----------写指令到 LCM-----------
        CLR E
        CLR R_W
        CLR RS
        SETB E
```

```
            MOV DB0_DB7, A
            CLR E
; ******************************
            MOV A, #00000110B
; -----------判断 LCM 忙碌------------
            PUSH ACC
BUSYLP2:    CLR E
            SETB R_W
            CLR RS
            SETB E
            MOV A, DB0_DB7
            CLR E
            JB ACC.7, BUSYLP2
            POP ACC
            LCALL DEL
; -----------写指令到 LCM-------------
            CLR E
            CLR R_W
            CLR RS
            SETB E
            MOV DB0_DB7, A
            CLR E
; ********LCM 初始化结束*******
; ****设定显示地址并写入 LCM****
            MOV A, #10000000B
; -----------判断 LCM 忙碌-----------
            PUSH ACC
BUSYLP3:    CLR E
            SETB R_W
            CLR RS
            SETB E
            MOV A, DB0_DB7
            CLR E
            JB ACC.7, BUSYLP3
            POP ACC
            LCALL DEL
; -----------写指令到 LCM-----------
            CLR E
            CLR R_W
```

```
            CLR RS
            SETB E
            MOV DB0_DB7, A
            CLR E
; ****将显示字符的 ASCII 码写入 LCM****
            MOV A, #41H
; ------------判断 LCM 忙碌-------------
            PUSH ACC
BUSYLP4:    CLR E
            SETB R_W
            CLR RS
            SETB E
            MOV A, DB0_DB7
            CLR E
            JB ACC.7, BUSYLP4
            POP ACC
            LCALL DEL
; -----------写数据到 LCM------------
            CLR E
            CLR R_W
            SETB RS
            SETB E
            MOV DB0_DB7, A
            CLR E
; ******************************
            SJMP $
; *****主程序结束*****
; ****延时子程序开始****
DEL:        MOV R6, #5
L1:         MOV R7, #248
            DJNZ R7, $
            DJNZ R6, L1
            RET
; *******延时子程序结束*******
            END
; *******程序结束*******
```

程序在开始时对液晶模块功能进行了初始化设置，约定了显示格式。注意显示字符时光标是自动右移的，无需人工干预，每次输入指令都先调用判断液晶模块是否忙的子程序 DELAY，然后输入显示位置的地址 0C0H，最后输入要显示的字符 A 的代码 41H。

思考与练习

1. 静态显示电路和动态扫描显示电路各有何特点?

2. 试设计一个利用 80C51 串口外接移位寄存器 74LS164 扩展 4 个 LED 数码管的静态显示电路。编写程序，使显示器轮流显示“8031”和“PASS”，每秒翻转一次。

3. P0 口输出共阳段码，P2 口输出位控码（1 有效），待显示的 BCD 数在 30H ~ 35H 单元中。采用定时器中断方式编写该 6 个 LED 数码管的动态扫描程序。

单元11　键盘接口

学习目的： 掌握单片机键盘接口电路的设计方法。

重点难点： 独立式键盘、矩阵式键盘。

外语词汇： Keyboard（键盘）、Matrix（矩阵）。

键盘是单片机最常用的输入设备，单片机中的键盘一般通过按键开关自己设计焊接，也可到厂家定制。本节主要讲解通过按键开关自己设计键盘的方法，根据按键开关与单片机接口的连接方式，可以分为独立式键盘和矩阵式键盘。单片机系统中键盘设计主要解决以下几个问题：

1）如何消除按键的抖动。

2）按键的识别。

3）按键的保护。

11.1　按键开关介绍

单片机中的键盘通常由按键开关（又称为按钮）组成，按键开关的外形和参数如图 11-1 所示，它是一种常开型按键开关，为了便于安装固定，它有四个引脚，在常态时开关触点（1 和 2）处于断开状态，只有按下按键时开关触点才闭合短路，所以可以用万用表检测开关的引脚排列、好坏和质量。

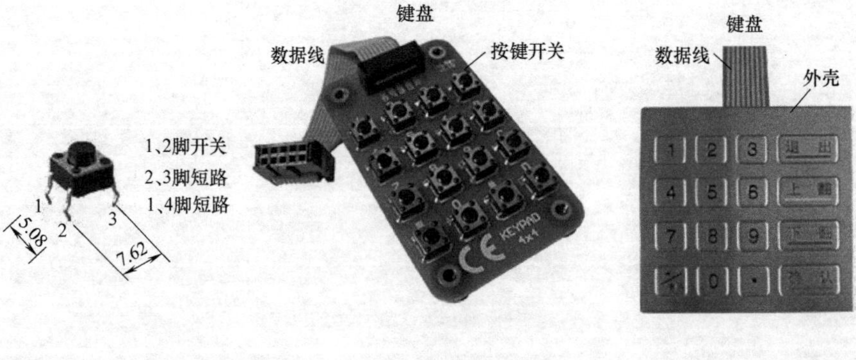

图 11-1　按键开关的外形和参数

11.2　按键抖动消除

在单片机中，按键通常与 I/O 端口相连，常见按键电路如图 11-2a 所示。

当按键 SB1 未按下时，P1.0 输入为高电平，而当按键 SB1 闭合时，P1.0 输入为低电平，由于按键为机械弹性开关，当机械触点断开、闭合时，由于机械触点的弹性作用，一个机械开关闭合时不会马上稳定地闭合接通，断开时也不会马上断开，而是在闭合、断开的瞬间伴随有一连串的抖动，按键抖动过程如图 11-2b 所示，抖动时间的长短与按键的机械特性有关，一般为 5 ~ 10ms。

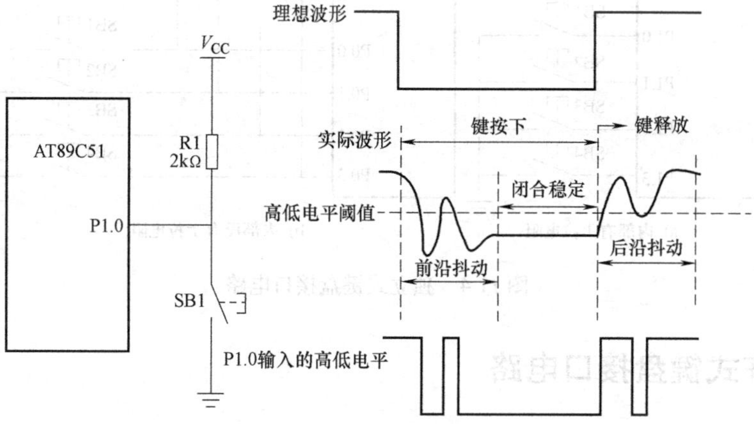

a) 常见按键电路　　b) 按键抖动过程

图 11-2　按键抖动干扰

按键抖动是一种普遍的现象，如电流较大的电器开关闭合时，有时可以见到电火花，按键抖动将形成干扰和造成误动作。抖动将造成 I/O 端口输入的高低电平多次变化，使单片机系统误动作，一次按键产生多次按键效果，因此必须采取措施消除。

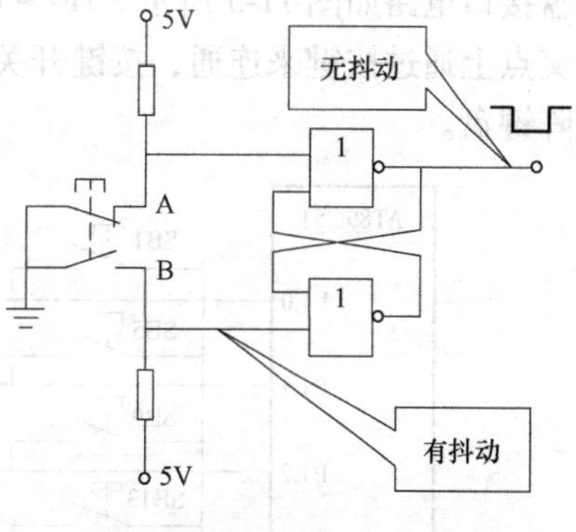

图 11-3　硬件去抖动电路

按键抖动可以采用硬件和软件方法消除。在单片机中广泛采用的是软件延时去抖动，由图 11-2b 可知，按键闭合时存在前沿抖动，一般时间为 5 ~ 10ms，因此可在按键按下后，延时 10ms 左右避开前沿抖动，然后再判断按键是否按下，即 P1. 0 是否仍为低电平，如果仍为低电平，此时才确认为一次完整有效的按键闭合，否则就认为只是抖动或干扰，系统对此不作出响应。所以编写一个 5 ~ 10ms 的延时程序就可以实现软件方法去抖动。

硬件去抖动电路如图 11-3 所示。

11. 3　独立式键盘接口电路

独立式键盘接口电路如图 11-4 所示，组成键盘的各按键相互独立，每个按键独立地与一个 I/O 端口相连，结构简单，其中图 11-4a 适合于端口内部有上拉电阻的端口，如 P1、P2、P3 口，所以外部不用上拉电阻，电路更简单，成本更低。图 11-4b 适合于端口内部没有上拉电阻的端口，如 P0 口，所以外部必须使用上拉电阻，成本稍高，所以一般尽量使用图 11-4a 的形式。

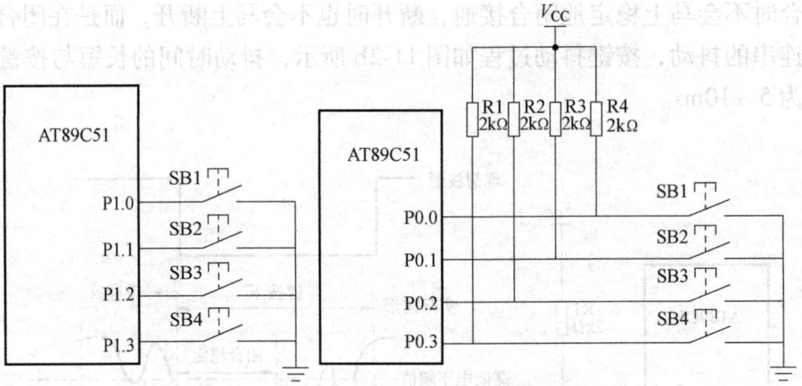

a) 内部有上拉电阻　　b) 内部没有上拉电阻

图 11-4　独立式键盘接口电路

11.4　矩阵式键盘接口电路

独立式键盘虽然硬件、软件结构简单，但在按键数量较多的情况下，将占有较多的 I/O 端口，所以在按键数量较多的情况下，一般采用可以有效减少 I/O 端口数量的矩阵式键盘。矩阵式键盘又称为行列式键盘，采用行、列线结构，按键设置在行列线的交叉点上，矩阵式键盘接口电路如图 11-5 所示。H0 ~ H3 为 4 条行线，L0 ~ L3 为 4 条列线，在行列相交的每个交点上通过按键来连通，按键开关的一个触点连行线，一个触点连列线，从而组成 4 ×4 矩阵键盘。

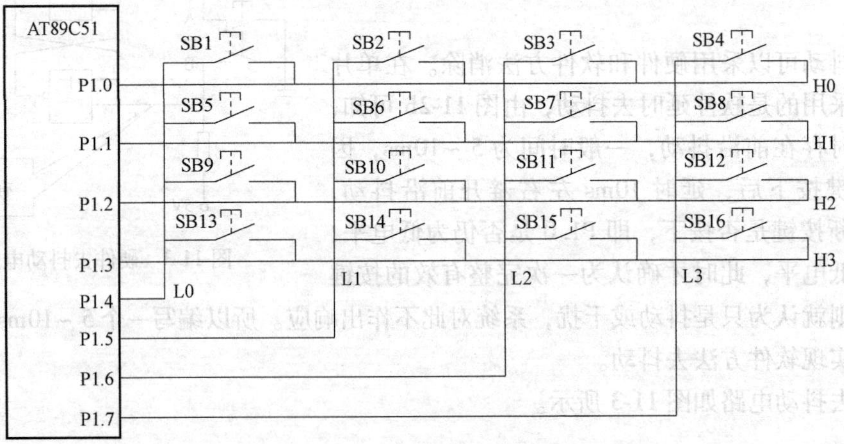

图 11-5　矩阵式键盘接口电路

11.5　键盘接口程序设计

独立式键盘硬件结构简单，软件编程较简单，但每个按键独自占用一个 I/O 端口，在按键数量较多的情况下，将占有较多的 I/O 端口。所以，独立式键盘一般运用于按键数量不多的场合。

矩阵式键盘能有效地减少 I/O 端口的占用量，但因为各按键不是单独地占有 I/O 端口，从而给按键的判断带来难度，造成编程难度加大。

11.5.1 独立式键盘控制 LED

本节的基本任务为利用独立式键盘控制 LED，键盘 SB1、SB4 一端触点接地，从而使按键 SB1、SB4 组成独立式键盘，独立式键盘控制 LED 接口电路如图 11-6 所示。

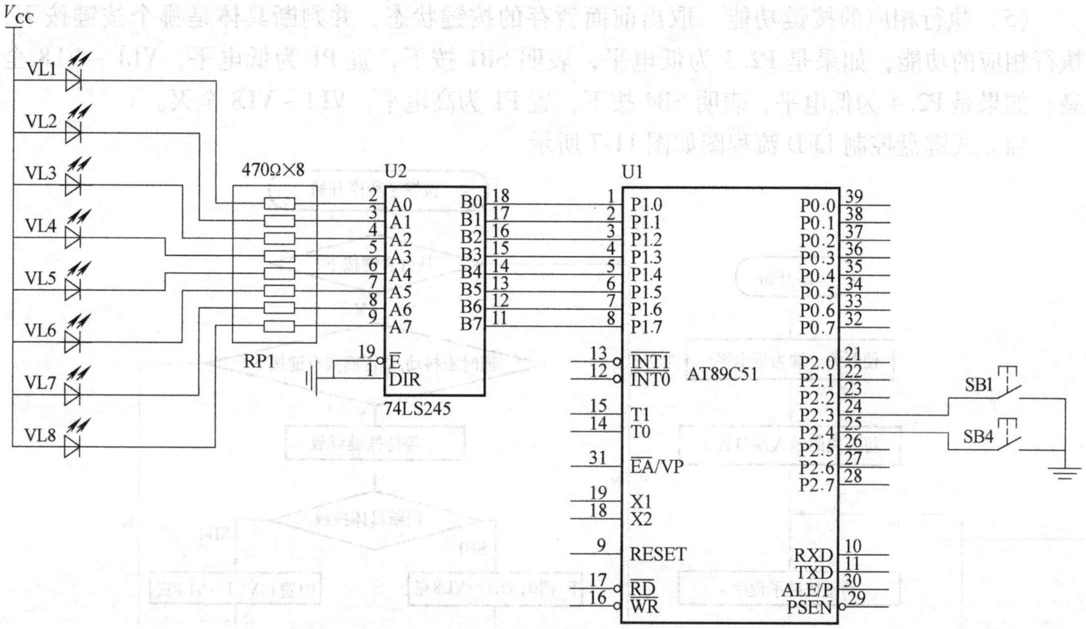

图 11-6 独立式键盘控制 LED 接口电路

1. 独立式键盘任务分析

本任务要求按下 SB1 时，VL1 ~ VL8 全亮；按下 SB4 时，VL1 ~ VL8 全灭。本任务的关键为设计独立式键盘的控制程序，它必须解决以下几个问题：

1）检测有无按键按下。先将各按键相连的 I/O 端口置为高电平 1，然后检测各 I/O 端口是否仍全为高电平，如果不是，表明有按键按下。

2）如果有键按下，运用软件去抖动。在有键按下的情况下，延时 10ms，再次检测是否有键按下，如果是，表明确实有键按下，否则表示只是干扰或抖动。

3）确认有键按下，暂存键值，等键释放。这主要是为了保证一次按键仅执行一次按键功能，防止按住按键不放时，执行多次按键功能。

4）判断按键情况，执行相应的按键功能。如果按键 SB1 按下，VL1 ~ VL8 全亮；按键 SB4 按下，VL1 ~ VL8 全灭。

2. 独立式键盘程序流程图设计

通过以上分析，独立式键盘程序的设计思路大致如下：

(1) 首先进行程序初始化　P1.0 清 0，使开关 SB1、SB4 一端接低电平；置位 P2.3、P2.4 作为输入口，同时使 P2.3、P2.4 输出高电平。

(2) 判断是否有键按下　读入 P2.3、P2.4 的状态，判断是否全为高电平 1，否则表明有按键按下。

（3）延时去抖动　延时10ms，再次读入P2.3、P2.4的状态，判断是否仍然有键按下，如果有，表明确实有键按下，否则表明只是抖动或干扰信号。

（4）等待按键释放　在等待按键弹起的过程中，必须将前面的按键状态保存下来，以便后面取出判断具体的按键号。等待按键弹起的方法为延时一段时间，再次检测按键的状态，直到无键按下为止。

（5）执行相应的按键功能　取出前面暂存的按键状态，并判断具体是哪个按键按下，执行相应的功能，如果是P2.3为低电平，表明SB1按下，置P1为低电平，VL1～VL8全亮；如果是P2.4为低电平，表明SB4按下，置P1为高电平，VL1～VL8全灭。

独立式键盘控制LED流程图如图11-7所示。

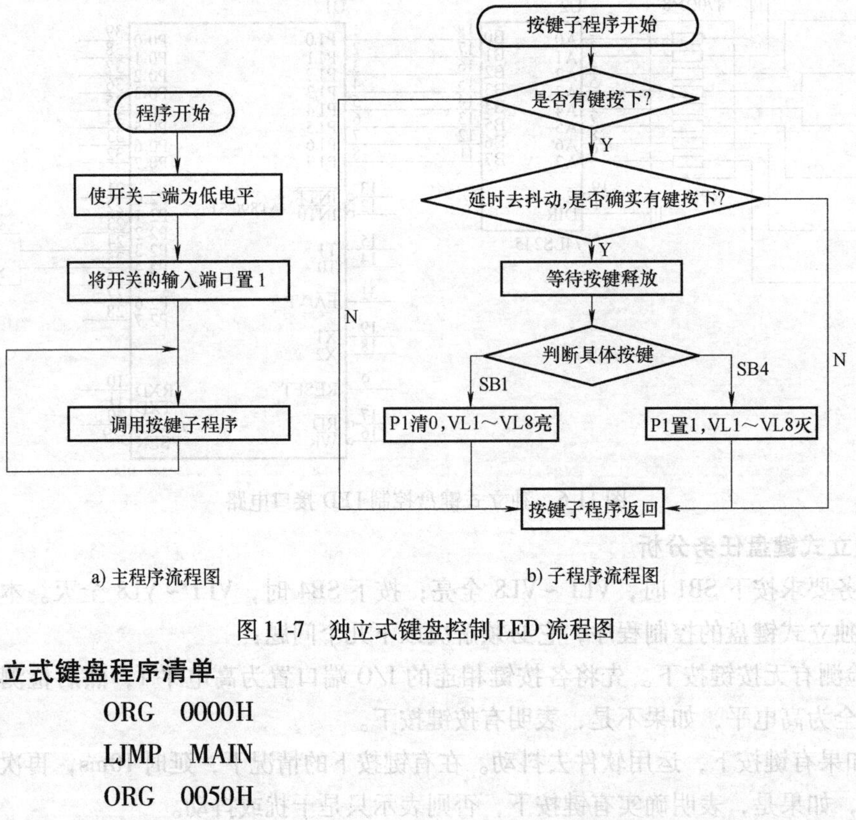

图11-7　独立式键盘控制LED流程图

3. 独立式键盘程序清单

```
          ORG    0000H
          LJMP   MAIN
          ORG    0050H
MAIN:     CLR    P2.0          ; P2.0清0，使SB1、SB4一端触点
                               ; 接低电平
          SETB   P2.3          ; P2.3置1，作为输入口
          SETB   P2.4          ; P2.4置1，作为输入口
MAINHUI:  LCALL  KEY           ; 调用按键处理子程序
          LJMP   MAINHUI       ; 反复执行
          LJMP   KEYHUI        ; 否则，表示没有键按下，按键处理
                               ; 子程序返回
KEY:      LCALL  DELAY         ; 键去抖动，延时10ms左右
```

```
           MOV   A, P2                    ; 再次取出P2口状态
           ANL   A, #00011000B            ; 取出P2.3、P2.4位
           CJNE  A, #00011000B, DJTQ      ; 确认有键按下，跳到等待按键释放
           LJMP  KEYHUI                   ; 无键按下，表明只是干扰或键抖动
DJTQ:      MOV   R2, A                    ; 暂存当前按键状态
DENGDAI:   LCALL DELAY                    ; 延时10ms，再次取出当前按键状态
           MOV   A, P2
           ANL   A, #00011000B            ; 取出P2.3、P2.4位
           CJNE  A, #00011000B, DENGDAI   ; 按键没有弹起，继续等待
           MOV   A, R2                    ; 取出暂存在R2中的按键状态
PJZ:       JNB   ACC.3, K1                ; ACC.3为0，表示SB1按下，跳到
                                          ; SB1处
           JNB   ACC.4, K4                ; ACC.4为0，表示SB4按下，跳到
                                          ; SB4处
           LJMP  KEYHUI                   ; 如果SB1、SB4都没按下，跳到按
                                          键处理子程序返回
K1:        MOV   P1, #00H                 ; 按键SB1按下处理，VL1~VL8全
                                          亮
           LJMP  KEYHUI                   跳到按键处理子程序返回
K4:        MOV   P1, #0FFH                ; 按键SB4按下处理，VL1~VL8全
                                          灭
KEYHUI:    RET                            ; 按键处理子程序返回
DELAY:                                    ; 延时子程序
           MOV   R7, #0FH                 ; 二层循环延时程序
LOOP2:     MOV   R6, #0FFH
LOOP1:     DJNZ  R6, LOOP1
           DJNZ  R7, LOOP2
           RET
```

11.5.2 矩阵式键盘控制数码管

1. 矩阵式键盘任务分析

本任务要求能用矩阵式键盘输入数据，当按下按键时，数码管显示相应的键值。矩阵式键盘控制数码管接口电路如图11-8所示。

与基本任务相比，这个任务的难度有所增加，本任务的关键问题为具体键号的判断，即键的识别问题，对矩阵式按键的识别通常有两种方法，一种为常用的逐行（或列）扫描查询法，另一种为速度较快的翻转法。

2. 逐行（或列）扫描查询法工作原理

（1）判断有无按键按下　方法为将所有列线置为低电平0，所有行线置为高电平1，作为输入口，然后读入所有行线的状态，如果行线全为高电平1，说明没有按键按下，否则说

明有键按下（虽然暂时无法具体判断是哪个按键按下）。因为如果有按键按下，则按键所在的行、列线将短路，由于所有列线已经预置为低电平 0，近似接地，则与该按键相连的行线必定被拉低为低电平 0，所以由行线是否全为高电平 1，就能判断是否有键按下。

（2）按键延时去抖动　在判断有按键按下后，为了去除按键机械抖动的影响，延时 10ms 左右再次检测是否仍有按键按下，判断方法和步骤（1）相同，如果仍有按键按下，表示确实有按键按下，否则表示只是干扰或抖动。

提示：此处延时去抖动程序可利用显示程序代替，这样可利用显示程序的执行时间既能实现延时，又显示了数据，防止显示间断。

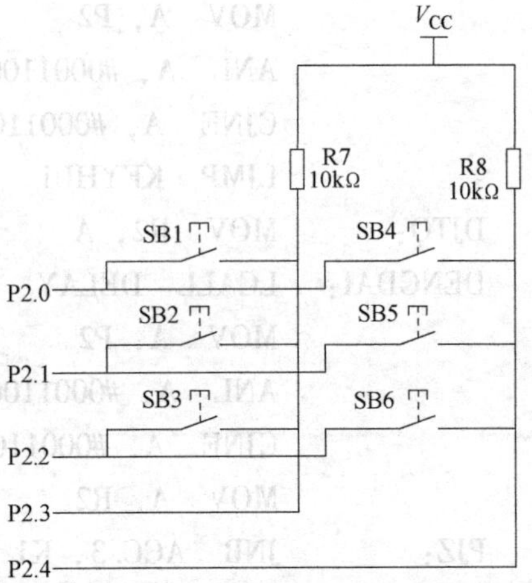

图 11-8　矩阵式键盘控制数码管接口电路

（3）判断按键列号　依次设置各列为低电平，读入行状态，如果将某一列设置为低电平 0 后，读入的行状态不全为高电平 1，说明按下的按键在该列，将该列列值暂存起来，以便后面计算键值。同时将当前的行状态暂存起来，以便后面判断行号。

（4）等待按键释放　将列值和行状态暂存下来后，将等待按键释放，以保证按键按下一次，只执行一次按键功能，本处的延时程序仍以显示程序代替，在延时的同时保证显示不间断。

（5）判断按键行号　将暂存的行状态取出，依次判断按键在哪一行。方法为检测该行是否为低电平，如果是，表明按键在该行，并将行值暂存下来。

（6）计算键值　取出前面保存的列值、行值，利用如下公式计算键值：

$$键值 = 行值 \times 列数 + 列值$$

键值计算出来后，可以根据各按键要求，完成相应的按键功能。

3. 矩阵式按键逐行扫描程序流程图

矩阵式键盘控制数码管流程图如图 11-9 所示。

4. 矩阵式按键逐行扫描程序清单

程序中 30H 单元为显示缓冲区，用来保存需要显示的数据，40H 为键值暂存单元，41H 为列值暂存单元，42H 为行值暂存单元。

```
            ORG   0000H
            LJMP  MAIN
            ORG   0050H
MAIN:       MOV   30H, #00H       ; 显示缓冲单元清 0
            MOV   40H, #00H       ; 键值暂存单元清 0
            MOV   41H, #00H       ; 列值暂存单元清 0
            MOV   42H, #00H       ; 行值暂存单元清 0
MAINHUI:    LCALL KEY             ; 调用按键处理子程序
            MOV   30H, 40H        ; 将键值送显示缓冲单元显示
```

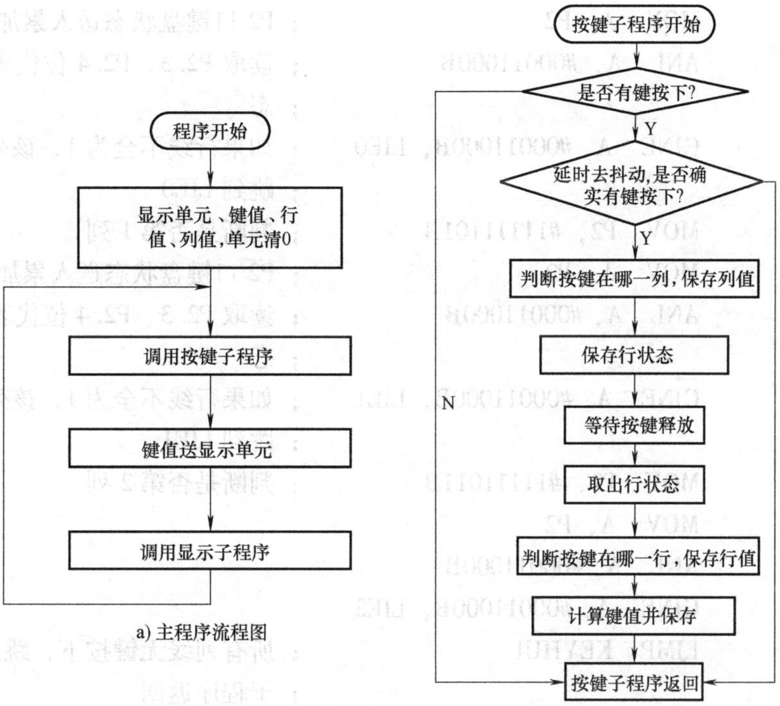

a) 主程序流程图　　b) 子程序流程图

图 11-9 矩阵式键盘控制数码管流程图

```
          LCALL   XIANSHI                 ; 调用显示子程序
          LJMP    MAINHUI                 ; 反复执行
KEY:                                      ; 按键处理子程序
          MOV   P2, #11111000B            ; 将列线全设为0，行线全设为1，
                                          ; 数码管熄灭
          MOV   A, P2                     ; P2 口键盘状态送入累加器 A
          ANL A, #00011000B               ; 读取 P2.3、P2.4 位代表的行线状
                                          ; 态
          CJNE   A, #00011000B, DYS       ; 如果行线不全为1，则有键按下，
                                          ; 跳到去抖处理
          LJMP   KEYHUI                   ; 无键按下，按键处理子程序返回
DYS:      LCALL   XIANSHI                 ; 延时去抖动
          MOV   A, P2                     ; P2 口键盘状态送入累加器 A
          ANL   A, #00011000B             ; 读取 P2.3、P2.4 位代表的行线状
                                          ; 态
          CJNE   A, #00011000B, PANLIE    ; 如果行线不全为1，则有键按下，
                                          ; 判断在哪一列
          LJMP   KEYHUI                   ; 无键按下，按键处理子程序返回，
                                          ; 只是干扰
PANLIE:   MOV   P2, #11111110B            ; 将第0列设为0，判断是否第0列
```

```
            MOV   A, P2                       ; P2口键盘状态送入累加器A
            ANL   A, #00011000B               ; 读取P2.3、P2.4位代表的行线状
                                              ; 态
            CJNE  A, #00011000B, LIE0         ; 如果行线不全为1，该列有键按下，
                                              ; 跳到LIE0
            MOV   P2, #11111101B              ; 判断是否第1列
            MOV   A, P2                       ; P2口键盘状态送入累加器A
            ANL   A, #00011000B               ; 读取P2.3、P2.4位代表的行线状
                                              ; 态
            CJNE  A, #00011000B, LIE1         ; 如果行线不全为1，该列有键按下，
                                              ; 跳到LIE1
            MOV   P2, #11111011B              ; 判断是否第2列
            MOV   A, P2
            ANL   A, #00011000B
            CJNE  A, #00011000B, LIE2
            LJMP  KEYHUI                      ; 所有列线无键按下，跳到按键处理
                                              ; 子程序返回
LIE0:       MOV   41H, #00H                   ; 保存列值0
            MOV   42H, A                      ; 此时A中为行线的状态，暂存到
                                              ; 42H单元
            LJMP  DENGDAI                     ; 跳到等待按键释放
LIE1:       MOV   41H, #01H                   ; 保存列值1
            MOV   42H, A
            LJMP  DENGDAI
LIE2:       MOV   41H, #02H                   ; 保存列值2
            MOV   42H, A                      ; 保存行状态
DENGDAI:    LCALL XIANSHI                     ; 等待按键弹起，调用显示程序作延
                                              ; 时，防止按键按下时数码管熄灭
            MOV   P2, #11111000B              ; 将列线全设为0，行线全设为1，
                                              ; 数码管熄灭
            MOV   A, P2
            ANL   A, #00011000B
            CJNE A, #00011000B, DENDAI        ; 行线不全为1，表面按键未释放，
                                              ; 继续等待
            MOV   A, 42H                      ; 取出保存的行状态，判断具体是哪
                                              ; 一行
            JNB   ACC.3, HANG0
            JNB   ACC.4, HANG1
            LJMP  KEYHUI
```

```
HANG0:      MOV  42H, #00H          ; 第 0 行, 42H 单元送 0
            LJMP  QJZ               ; 跳到求键值 QJZ 处
HANG1:      MOV  42H, #01H          ; 第 1 行, 42H 单元送 1
QJZ:        MOV  A, 42H             ; 求出按键键值, 键值 = 行值 × 列数
                                    ; + 列值
            MOV  B, #03H            ; B 中为列数
            MUL AB                  ; 行值 × 列数
            ADD  A, 41H             ; 加列值
            MOV  40H, A             ; 将键值送 40H 单元暂存
KEYHUI:     RET                     ; 按键处理子程序返回
XIANSHI:                            ; 显示子程序
            SETB  P2.7              ; 第一个数码管熄灭
            CLR  P2.6               ; 第二个数码管点亮
            MOV  A, 30H             ; 取出显示数据
            ANL  A, #0FH            ; 取出显示值的个位 (即低 4 位)
            LCALL  CHABIAO          ; 调用查表显示程序
            LCALL  DELAY            ; 调用延时程序
            SETB  P2.6              ; 第二个数码管熄灭
            CLR  P2.7               ; 第一个数码管点亮
            MOV  A, 30H             ; 取出显示数据
            ANL  A, #0F0H           ; 取出显示值的十位 (即高 4 位)
            SWAP  A                 ; 高、低 4 位对调, 以便于查表取段
                                    ; 码
            LCALL  CHABIAO          ; 调用查表显示程序
            LCALL  DELAY            ; 调用延时程序
            RET                     ; 显示子程序返回
CHABIAO:                            ; 查表子程序
            MOV  DPTR, #TABLE1      ; DPTR 用于保存表的首地址
            MOVC  A, @A + DPTR      ; 查表指令
            MOV  P1, A              ; 将取得的段码送到 P1 口显示
            RET                     ; 查表子程序返回
DELAY:                              ; 二层循环延时子程序
            MOV  R7, #0FH
LOOP2:      MOV  R6, #0FFH
LOOP1:      DJNZ  R6, LOOP1
            DJNZ  R7, LOOP2
            RET                     ; 延时子程序返回
TABLE1:     DB  0C0H, 0F9H, 0A4H, 0B0H, 99H, 92H, 82H, 0F8H, 80H,
90H
```

思考与练习

1. 为何要消除键盘的机械抖动？有哪些去抖动的方法？

2. 设计一个 2×2 行列式键盘电路并编写键盘扫描子程序。

3. P1.0 上连接了一个按键，按键每按下一次则将片内 30H 单元的内容加 1，采用查询方式编写按键处理程序。

4. 同上题，要求采用中断方式编写按键处理程序。

单元 12　数-模转换器和模-数转换器

学习目的： 掌握 ADC0809 和 DAC0832 接口的设计。

重点难点： ADC0809 及 DAC0832 与 80C51 的接口设计及编程要点。

外语词汇： Digital to Analog Converter（数-模转换器）、Analog to Digital Converter（模-数转换器）。

由于微机系统输入的实际对象是一些模拟量（如温度、压力、位移、图像等），要使计算机或数字仪表能识别、处理这些信号，必须首先将这些模拟信号转换成数字信号。在自动控制领域中，通常用单片机进行实时控制和数据采集。采集和被控参数常常是一些连续变化的物理量，即模拟量，如温度、速度、电压、电流、压力等，而单片机只能加工和处理数字量，因此在单片机应用系统中处理模拟量信号时，就需要进行模拟量与数字量之间的转换。

单片机的数据采集和控制过程如图 12-1 所示。传感器采集模拟信号后，首先需要将模拟信号转换为数字信号，然后才可以在单片机内部进行处理，处理后的信号需要再转换成模拟信号用来控制输出设备或执行元件。

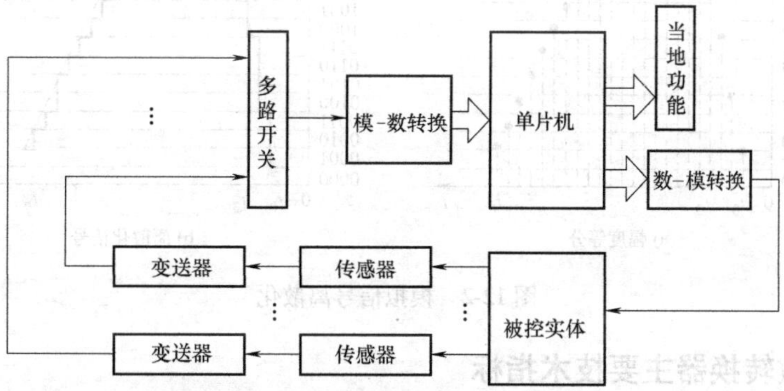

图 12-1　单片机的数据采集和控制过程

将运算处理的结果（数字量）转换为相应的模拟量，这一过程即为数-模转换。能实现数-模转换的器件称为数-模转换器或 DAC。DAC 则是 Digital to Analog Converter 的缩写。

将模拟量转换成数字量，才能被计算机接收和处理。实现模-数转换的器件称为模-数转换器或 ADC。ADC 是 Analog to Digital Converter 的缩写。

ADC 和 DCA 实现的是相反的功能，前者将模拟信号转换成数字信号，后者则把数字信号转换成模拟信号。

12.1　模-数转换器原理及其主要技术指标

12.1.1　模-数转换器原理

模-数转换器用以实现模拟量向数字量的转换。模拟信号是人可以直接感受到的信号，它是一类电平随时间连续变化的信号，平时常见的正弦信号、三角波信号等都是模拟信号。如果分析一段模拟信号，把这段时间分成若干份：t_0、t_1、t_2、…、t_n，就可以很容易地知道某一时刻的幅度值，如 t_3 时刻信号的幅度值为 3.3V。把 $t_0 \sim t_n$ 时刻的幅度值全部提取出来，放到一个新的坐标轴里，就会得到一串离散的幅度值 A_0、A_1、A_2、…、A_n，每一时刻对应一个幅度值，这一串离散的幅度值表示了这段模拟信号，并且很容易理解。在一定的时间内，n 越大，对应的幅度值表示的信号越逼真。

每一时刻总有一个对应的幅度值，如果把峰值分成 16 份，并用 4 位二进制数来依次表示每一份幅度值，则任意时刻都能找到一个唯一的二进制数来代表幅度值。如 t_0 时刻幅度值为 0001，t_1 时刻幅度值为 0100，t_2 时刻幅度值为 1000，t_3 时刻幅度值为 1010 等。把这若干个代表幅度值的二进制数还原到坐标轴上时就得到折线，它与原来的模拟信号相比，虽然分辨率降低了，但是还是能大体上反映该模拟信号。模拟信号离散化的目的是将模拟信号转换成二进制数字信号，这样，单片机等数字器件就能派上用场了。模拟信号离散化如图 12-2 所示。

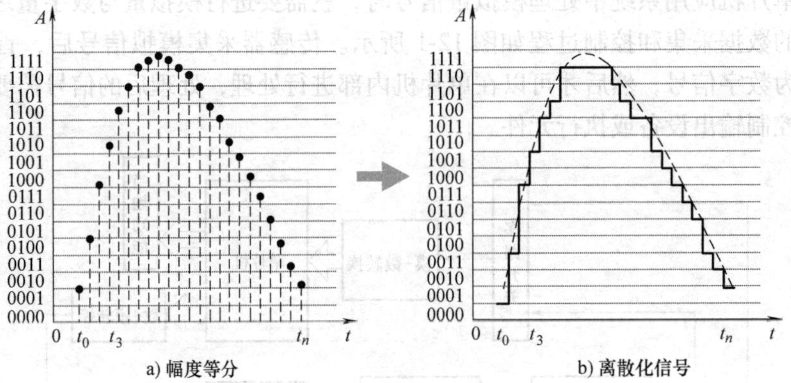

图 12-2　模拟信号离散化

12.1.2　模-数转换器主要技术指标

1. 模-数转换时间

模-数转换器完成一次模拟量转换为数字量所需要的时间即为转换时间。如果模-数转换器的转换时间越小，说明它的转换越快，能处理模拟信号的频率也就越高。通常，转换频率是转换时间的倒数。

2. 量化误差与分辨力

模-数转换器的分辨力是指转换器对输入电压微小变化响应能力的度量，习惯上以输出的二进制位数或者 BCD 码位数表示：

$$\text{LSB} = \frac{\text{满量程输入电压}}{2^n - 1}$$

式中，n 为模-数转换器的位数。

量化误差与分辨力是统一的。量化误差是由于用有限数字对模拟数值进行离散取值（量化）而引起的误差。因此，量化误差理论上为一个单位分辨力，即 $\pm\frac{1}{2}$LSB。提高分辨力可减少量化误差。

ADC 的分辨力是指使输出数字量变化一个相邻数码所需输入模拟电压的变化量。常用二进制的位数表示。例如 12 位 ADC 的分辨力就是 12 位，或者说分辨力为满刻度 FS 的 $1/2^{12}$。一个 10V 满刻度的 12 位 ADC 能分辨的输入电压变化的最小值是 $10\mathrm{V}\times1/2^{12}=2.4\mathrm{mV}$。

12.1.3　典型模-数转换器芯片 ADC0809 简介

ADC0809 是一种 8 路模拟输入、8 位数字输出的逐次逼近型模-数转换器件。

ADC0809 的引脚与结构如图 12-3 所示。

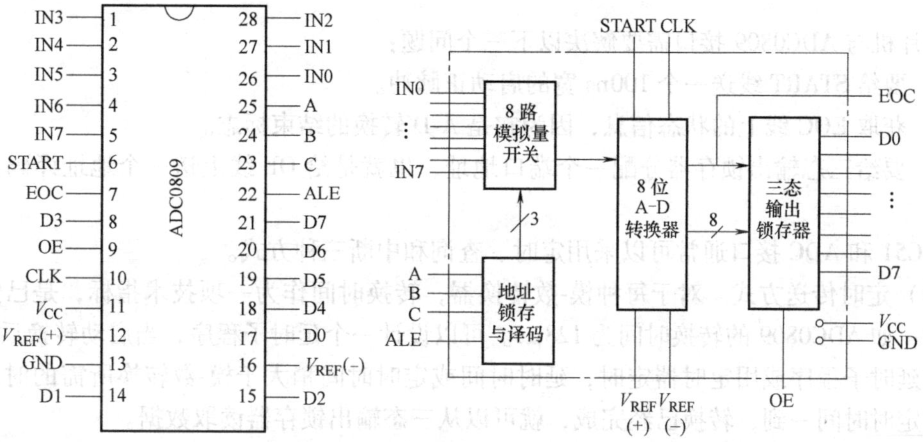

图 12-3　ADC0809 的引脚与结构

IN0 ~ IN7：8 路模拟量的输入端。

D0 ~ D7：A-D 转换后的数据输出端，为三态可控输出，可直接与计算机数据线相连。

A、B、C：模拟通道地址选择端，A 为低位地址，C 为高位地址。地址与通道的对应关系见表 12-1。

表 12-1　地址与通道的对应关系

地址码			对应的输入通道	地址码			对应的输入通道
C	B	A		C	B	A	
0	0	0	IN1	1	0	0	IN4
0	0	1	IN2	1	0	1	IN6
0	1	0	IN3	1	1	0	IN7
0	1	1	IN4	1	1	1	IN8

V_{REF}（+）、V_{REF}（-）：基准参考电压，其值决定了输入模拟量的量程范围。

参考电压用来与输入的模拟信号进行比较，作为逐次逼近的基准，其典型值为 5V（V_{REF}（+）=5V，V_{REF}（-）=0V）。

CLK：时钟信号输入端，决定 A-D 转换的速度，转换一次的时间范围为 64 个时钟周期。

ALE：地址锁存允许信号端，高电平有效。当此信号有效时，A、B、C 三位地址信号被锁存，译码选通对应模拟通道。

START：启动转换信号端，正脉冲有效。此信号通常与系统信号相连，控制 A-D 转换器的启动。

EOC：转换结束信号端，高电平有效，表示一次 A-D 转换已完成。可作为中断触发信号，也可用程序查询的方法检测转换是否结束。

OE：输出允许信号端，高电平有效，可与系统读选通信号$\overline{RD}$相连。当计算机发出此信号时，ADC0809 的三态门被打开，此时可通过数据线读到正确的转换结果。

12.2 单片机与 ADC0809 的连接

单片机与 ADC0809 接口需要解决以下三个问题：

1）要给 START 线送一个 100ns 宽的启动正脉冲。

2）获取 EOC 线上的状态信息，因为它是 A-D 转换的结束标志。

3）要给三态输出锁存器分配一个端口地址，也就是给 OE 线上送一个地址译码器输出信号。

80C51 和 ADC 接口通常可以采用定时、查询和中断三种方式。

（1）定时传送方式　对于每种模-数转换器，转换时间作为一项技术指标，是已知的和固定的，如 ADC0809 的转换时间为 128μs。可以设计一个延时子程序，当启动转换后，CPU 调用该延时子程序或用定时器定时，延时时间或定时时间稍大于模-数转换所需的时间。等延时或定时时间一到，转换已经完成，就可以从三态输出锁存器读取数据。

特点：电路连接简单，但 CPU 费时较多。

（2）查询方式　采用查询法就是将转换结束信号接到 I/O 接口的某一位，或经过三态门接到单片机数据总线上。模-数转换开始之后，CPU 就查询转换结束信号，即查询 EOC 引脚的状态：若它为低电平，表示模-数转换正在进行，则 80C51 应当继续查询；若查询到 EOC 变为高电平，则给 OE 线送一个高电平，以便从线上提取模-数转换后的数字量。

特点：占用 CPU 时间，但设计程序比较简单。

（3）中断方式　采用中断方式传送数据时，将转换结束信号接到单片机的中断申请端，当转换结束时申请中断，CPU 响应中断后，通过执行中断服务程序，使 OE 引脚变为高电平，以提取模-数转换后的数字量。

特点：在模-数转换过程中不占用 CPU 的时间，且实时性强。

12.2.1 定时传送方式

定时传送方式，也称为延时等待方式，调用设计的延时子程序等待完成转换。定时传送方式的接口电路如图 12-4 所示。对 8 路模拟信号轮流采样一次，并依次把转换后的数据存放到 30H 开始的数据存储区。ADC0809 的时钟由 ALE 二分频后提供，其频率为 500kHz。

在编程时令 P2.7 = 0，A2A1A0 确定模拟通道地址：0xxxxxxxxxxxxA2A1A0B，执行一条外部数据存储器输出指令，锁存模拟通道地址，同时启动模-数转换。然后，延时等待，读取模-数转换结果。

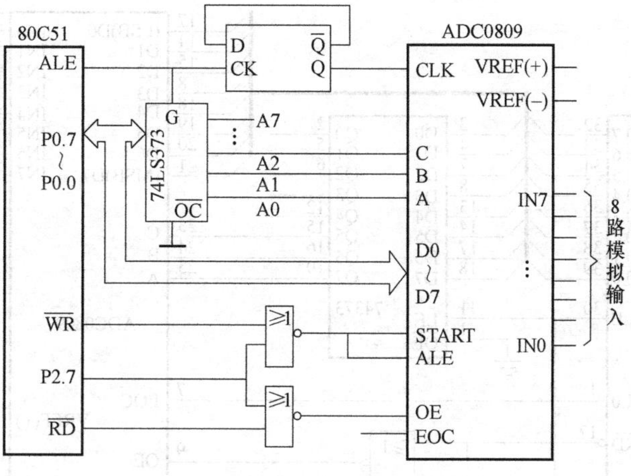

图 12-4　定时传送方式的接口电路

```
MAIN：MOV   R1，#30H
      MOV   DPTR，#7FF8H        ；P2.7 =0，且指向通道 0
      MOV   R7，#08H            ；置通道数
LOOP：MOVX   @DPTR，A           ；启动 A-D 转换
      MOV   R6，#0AH
DLAY：NOP
      NOP
      NOP
      NOP
      DJNZ  R6，DLAY
      MOVX  A，@DPTR            ；读取转换结果
      MOV   @R1，A
      INC   DPTR                ；指向下一个通道
      INC   R1                  ；修改数据区指针
      DJNZ  R7，LOOP
```

12.2.2 查询方式

查询方式的接口电路如图 12-5 所示。在编程时，令 P2.5 =0，A2A1A0 给出被选择的模拟通道地址：xx0xxxxxxxxxxA2A1A0B，执行一条外部数据存储器输出指令，锁存模拟通道地址，同时启动模-数转换。然后，查询等待，当 P1.0 = EOC =1 时，表明模-数转换结束，再执行一条外部数据存储器输入指令，读取模-数转换结果。下面的程序是采用查询方式，分别对 8 路模拟信号轮流采样一次，并依次把结果转存到内部数据存储器的采样存储程序。

```
      MOV   R1，#DATA           ；置数据区首地址指针
      MOV   DPH，#0DFH          ；P2.5 =0
      MOV   DPL，#80H           ；指向模拟通道 0
      MOV   R7，#08H            ；置通道数
```

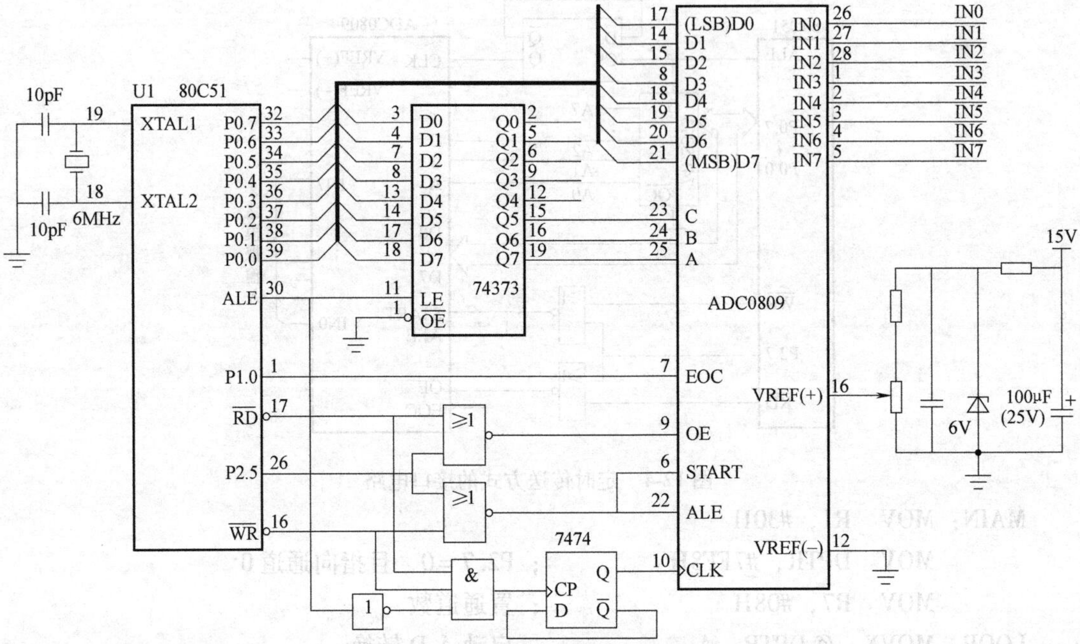

图 12-5 查询方式的接口电路

```
LP1:   MOVX  @DPTR, A        ; 锁存模拟通道地址，启动模-数转换
LP2:   MOV   C, P1.0         ; 读 EOC 状态
       JNC LP2               ; 非 1 循环等待
       MOVX A, @DPTR         ; 读 A-D 转换结果
       MOV @R1, A            ; 存结果
       INC R1                ; 调整数据区指针
       INC DPTL              ; 模拟通道加 1
       DJNZ R7, LP1          ; 8 个通道是否全部采样完毕？未完，继续
       RET                   ; 返回
```

12.2.3 中断方式

中断方式的接口电路如图 12-6 所示。使用模-数转换结束信号 EOC 作为中断请求信号，反相后接到 80C51 的外部中断请求$\overline{\text{INT1}}$端。

在编程时，A2A1A0 给出被选择的模拟通道地址：xxxxxxxxxxxxxA2A1A0B，执行一条外部数据存储器输出指令，锁存模拟通道地址，同时启动模-数转换。然后，当模-数转换结束时，EOC =1，$\overline{\text{INT1}}$ =0，向 CPU 申请中断，在中断服务程序中，执行一条外部数据存储器输入指令，读取模-数转换结果。

下面的程序是采用中断方式，分别对 8 路模拟信号轮流采样一次，并依次把结果转存到以首地址为 0A0H 的内部数据存储区中。其初始化程序和中断服务程序如下：

初始化程序清单：

```
       MOV   R0, #0A0H       ; 数据暂存区首地址
       MOV   R2, #08H        ; 8 路计数初值
```

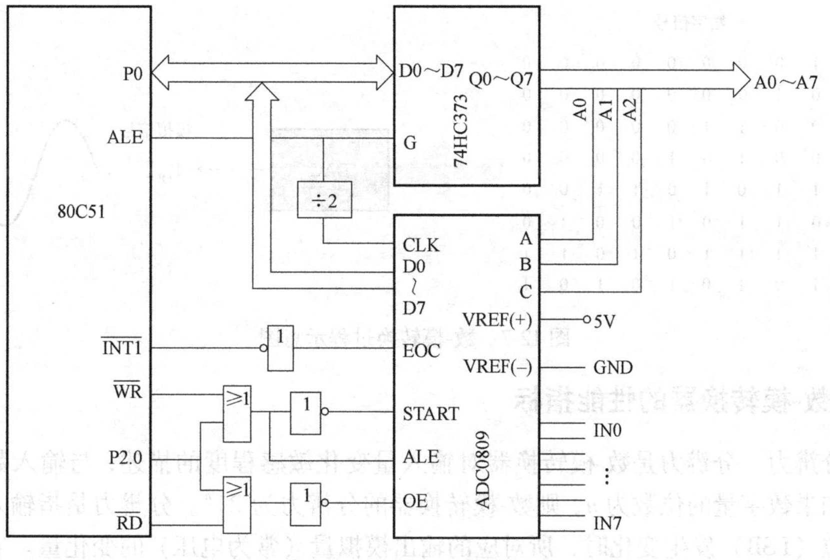

图 12-6　中断方式的接口电路

```
        SETB  IT1              ；置脉冲触发方式
        SETB  EA，             ；CPU 开中断
        SETB  EX1              ；允许INT1申请中断
        MOV   DPTR，#0FEF8H    ；指向 ADC0809 首地址
        MOVX  @DPTR，A         ；启动模-数转换
HERE：  SJMP  HERE             ；等待中断
        …
中断服务程序：
        MOVX  A，@DPTR         ；读数
        MOV   @R0，A           ；存数
        INC   DPTR             ；更新通道
        INC   R0               ；更新暂存单元
        MOVX  @DPTR，A         ；启动模-数转换
        DJNZ  R2，BACK         ；是否检测完 8 路？未完，转中断返回
        CLR   EA               ；结束，关中断
BACK：  RETI
```

12.3　数-模转换器及其性能指标

与模-数转换的过程相反，在数-模转换中，将一个多位二进制数输入数-模转换器中，将可从其输出端得到一个电压值。一个 8 位二进制数据 00000010B 输入到数-模转换器数字输入端，经过数-模转换后变成一个对应的电压信号 V_{OUT} 输出。如果连续向数-模转换器输入数字信号，则模拟信号输出端将会得到一个连续变化的波形信号，数-模转换过程示意图如图 12-7 所示。

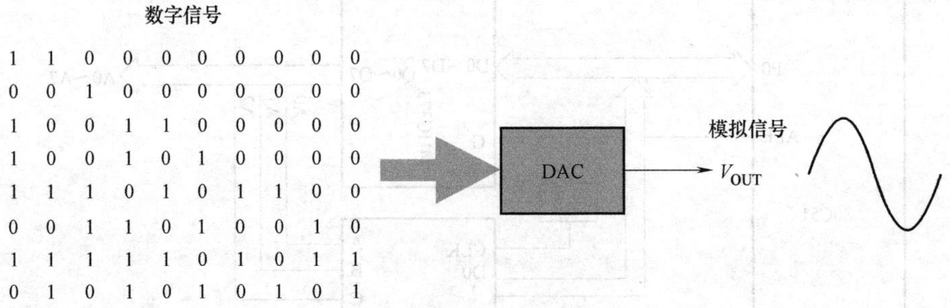

图 12-7　数-模转换过程示意图

12.3.1　数-模转换器的性能指标

（1）分辨力　分辨力是数-模转换器对输入量变化敏感程度的描述，与输入数字量的位数有关。如果数字量的位数为 n，则数-模转换器的分辨力为 2^{-n}。分辨力是指输入数字量的最低有效位（LSB）发生变化时，所对应的输出模拟量（常为电压）的变化量。它反映了输出模拟量的最小变化值。

分辨力与输入数字量的位数有确定的关系，可以表示成 $FS/2^n$。FS 表示满量程输入值，n 为二进制位数。对于 5V 的满量程，当采用 8 位的数-模转换器时，其分辨力为 $5V/2^8$ = 19.5mV；当采用 12 位的数-模转换器时，其分辨力则为 $5V/2^{12}$ = 1.22mV。显然，位数越多分辨力就越高。

（2）建立时间　建立时间是描述数-模转换速度的一个参数，具体是指从输入数字量变化到输出达到终值误差 $\pm\frac{1}{2}$LSB 时所需的时间，通常以建立时间来表明转换速度。

（3）接口形式　数-模转换器有两类：一类不带锁存器，另一类则带锁存器。对于不带锁存器的数-模转换器，为保存单片机的转换数据，在接口处要加锁存器。

12.3.2　典型数-模转换器 DAC0832 简介

DAC0832 是使用较多的一种 8 位数-模转换器，其转换时间为 1μs，工作电压为 5～15V，基准电压为 ±10V。

DAC0832 转换器芯片为 20 引脚，双列直插式封装，DAC0832 引脚排列图如图 12-8 所示。各引脚功能如下：

1）DI7～DI0：转换数据输入。

2）$\overline{CS}$：片选信号（输入），低电平有效。

3）ILE：数据锁存允许信号（输入），高电平有效。

4）$\overline{WR1}$：第 1 写信号（输入），低电平有效。

上述两个信号控制输入寄存器是数据直通方式还是数据锁存方式，当 ILE = 1 且 $\overline{WR1}$ = 0 时，为输入寄存器直通方式；当 ILE = 1 且 $\overline{WR1}$ = 1 时，为输入寄存器锁存方式。

5）$\overline{WR2}$：第 2 写信号（输入），低电平有效。

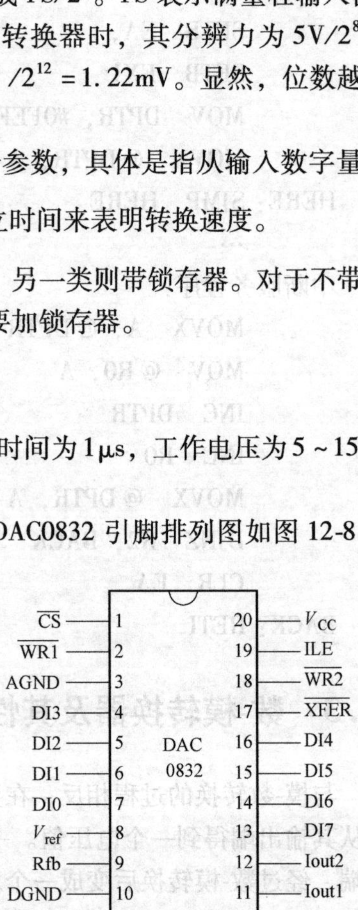

图 12-8　DAC0832 引脚排列图

6）$\overline{\text{XFER}}$：数据传送控制信号（输入），低电平有效。

上述两个信号控制 DAC 寄存器是数据直通方式还是数据锁存方式，当$\overline{\text{WR2}}=0$且$\overline{\text{XFER}}=0$时，为 DAC 寄存器直通方式；当$\overline{\text{WR2}}=1$且$\overline{\text{XFER}}=0$时，为 DAC 寄存器锁存方式。

7）Iout1：电流输出 1。

8）Iout2：电流输出 2，DAC 转换器的特性之一是 Iout1 + Iout2 = 常数。

9）Rfb：反馈电阻端。DAC0832 是电流输出，为了取得电压输出，需在电压输出端接运算放大器，Rfb 即为运算放大器的反馈电阻端。

10）V_{ref}：基准电压，其电压可正可负，范围是 −10 ~ 10V。

11）DGND：数字地。

12）AGND：模拟地。

12.4　DAC0832 应用举例

12.4.1　单缓冲方式应用举例——产生锯齿波

所谓单缓冲方式就是使 DAC0832 的两个输入寄存器中有一个处于直通方式，而另一个处于受控的锁存方式，或者说两个输入寄存器同时受控的方式。在实际应用中，如果只有一路模拟量输出，或虽有几路模拟量但并不要求同步输出时，就可采用单缓冲方式，单缓冲方式接线图如图 12-9 所示。

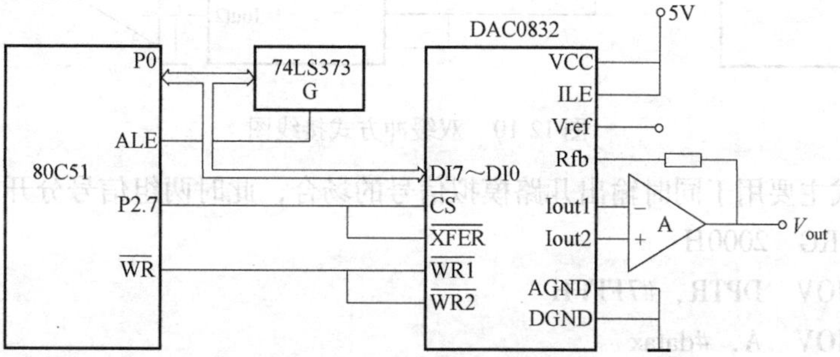

图 12-9　单缓冲方式接线图

在许多控制应用中，如果要求有一个线性增长的电压（如用锯齿波来控制检测过程、移动记录笔或移动电子束等），可通过在 DAC0832 的输出端接运算放大器，由运算放大器产生锯齿波来实现。图中的 DAC0832 工作于单缓冲方式，其中输入寄存器为受控方式，而 DAC 寄存器为直通方式。

假定输入寄存器地址为 7FFFH，产生锯齿波的源程序清单如下：

```
        ORG   0200H
DASAW:  MOV   DPTR，#7FFFH        ；输入寄存器地址，P2.7 接片选
        MOV   A，#00H             ；转换初值
WW:     MOVX  @DPTR，A            ；数-模转换
        INC   A
```

```
        NOP                     ；延时
        NOP
        NOP
        AJMP    WW
```

12.4.2 双缓冲方式应用举例

双缓冲方式用于多路数-模转换系统，以实现多路模拟信号同步输出的目的，双缓冲方式接线图如图 12-10 所示。例如使用单片机控制 X-Y 绘图仪。X-Y 绘图仪由 X、Y 两个方向的步进电动机驱动，其中一台电动机控制绘图笔沿 X 方向运动，另一台电动机控制绘图笔沿 Y 方向运动，从而绘出图形。因此，对 X-Y 绘图仪的控制有两点基本要求：一是需要两路数-模转换器分别给 X 通道和 Y 通道提供模拟信号，二是两路模拟量要同步输出。

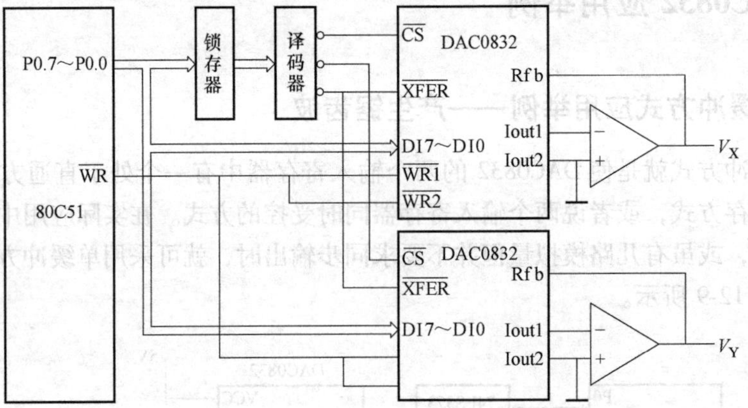

图 12-10 双缓冲方式接线图

双缓冲方式主要用于同时输出几路模拟信号的场合，此时两组信号分开控制。

```
        ORG     2000H
        MOV     DPTR，#7FFFH
        MOV     A，#datax
        MOVX    @DPTR，A            ；datax 写入 1#0832 输入寄存器
        MOV     DPTR，#0BFFFH
        MOV     A，#datay
        MOVX    @DPTR，A            ；datay 写入 2#0832 输入寄存器
        MOV     DPTR，#0BFFFH
        MOVX    @DPTR，A            ；1#和 2#输入寄存器内容同时送到数-模转
                                    ；换器寄存器中
```

思考与练习

1. 简述 D-A 转换器的主要工作原理、分类和性能指标。
2. 简述 ADC0809 的转换原理。
3. 试列举 A-D 转换器的主要技术指标。

4. 试设计 8031 与 DAC0832 的接口电路并编制程序，DAC 输出图形如图 12-11 所示。

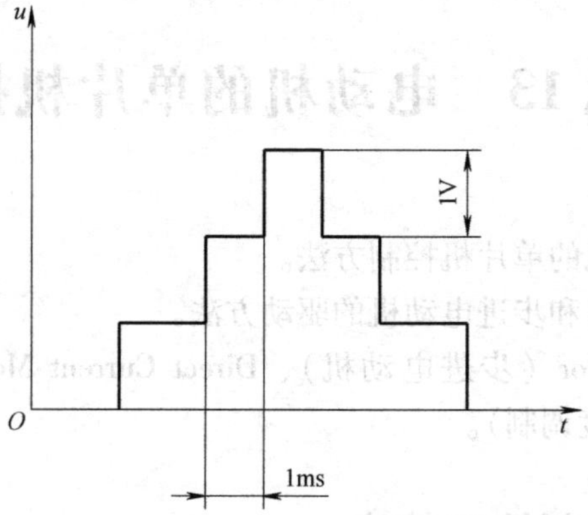

图 12-11　DAC 输出图形

单元 13　电动机的单片机控制

学习目的：掌握电动机的单片机控制方法。

重点难点：直流电动机和步进电动机的驱动方法。

外语词汇：Stepper Motor（步进电动机）、Direct Current Motor（直流电动机）、Pulse Width Modulation（脉冲宽度调制）。

13.1　步进电动机控制接口技术

步进电动机也称为脉冲电动机，它是一种将电脉冲信号转换成机械角位移（或线位移）的执行元件。对应于每一个电脉冲，电动机将产生一个恒定量的步进运动，即产生一个恒定量的角位移或线位移。电动机运动步数由脉冲数决定，运动方向由脉冲的顺序决定，在一定时间内转过的角度或平移的距离由脉冲数决定，借助于步进电动机可以实现数字信号的变换。它是自动控制系统以及数字控制系统中广泛应用的执行元件。步进电动机可以直接接收计算机送来的数字信号，不需要进行模-数转换。

13.1.1　步进电动机的工作原理

步进电动机的种类很多，按其运动的方式可分为旋转式步进电动机和直线式步进电动机；按其输出转矩的大小可分为快速步进电动机（小转矩）和功率步进电动机（低转速）；按其励磁绕组的相数可分为两相、三相、四相、五相和六相步进电动机；按其工作原理可分为反应式（磁阻式）、永磁式和混合式（永磁感应式）步进电动机。

步进电动机的外观如图 13-1 所示。在步进电动机内部有一个齿轮状的转子，转动轴就固定在转子上。转子周围以多齿状的铁心、绕组作为定子（与转子不接触），励磁绕组由引脚引入电源，并被外部电路驱动和控制。

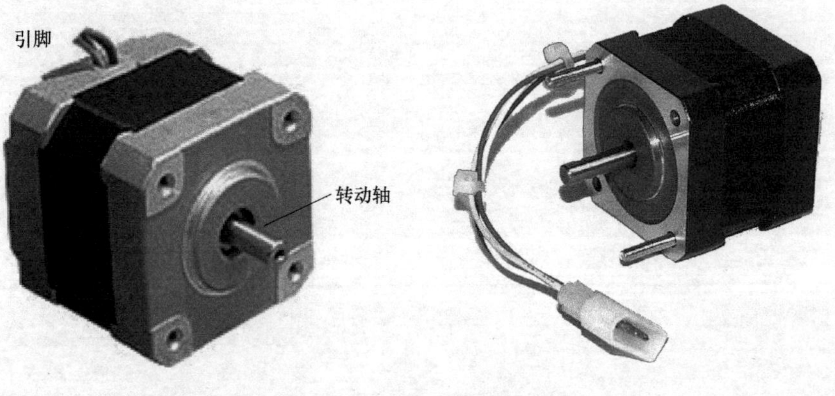

图 13-1　步进电动机的外观

步进电动机的基本工作原理：步进电动机转动轴的运动依靠定子（铁心）吸引转子实

现。首先，给励磁绕组通电，于是转子被铁心吸引并转动一个很小的角度，当转子上的齿与铁心的齿对齐后转子停止，步进电动机转动了一步。如果加入连续的脉冲信号，步进电动机就连续转动，其转动的角度与脉冲频率成正比。步进电动机的正反转可由脉冲的顺序来控制。

无脉冲信号输入时，转子保持一定的位置，维持静止状态。

掌握步进电动机的控制与驱动之前应先了解下面两个概念：

（1）步进电动机的脉冲序列　步进电动机是否转动是由控制绕组中输入脉冲的有无来控制的，每步转过的角度和方向由控制绕组中的通电方式决定。

（2）脉冲序列的组合形式　脉冲序列的组合形式是指内部绕组的通电顺序的组合。而内部绕组通电顺序与步进电动机的工作方式有关。

比如，三相步进电动机的工作方式包括：

1）单三拍，通电顺序为 U→V→W→U。

2）双三拍，通电顺序为 UV→VW→WU→UV。

3）三相六拍，通电顺序为 U→UV→V→VW→W→WU→U。

步进电动机输出的角位移（或线位移）与输入的脉冲个数成正比，在时间上与输入脉冲同步。因此只要控制输入脉冲的数量、频率和电动机绕组的通电顺序，便可获得所需的转角、转速以及转动方向。

步进电动机的控制与驱动流程如图 13-2 所示。步进电动机的驱动电路包括环形脉冲分配器和功率驱动电路等。微机或数控装置等送来的脉冲信号及方向信号应按要求的配电方式自动循环地供给步进电动机各相绕组，以驱动步进电动机转子正反向旋转。只要控制输入电脉冲的数量及频率就可精确控制步进电动机的转角及转速。

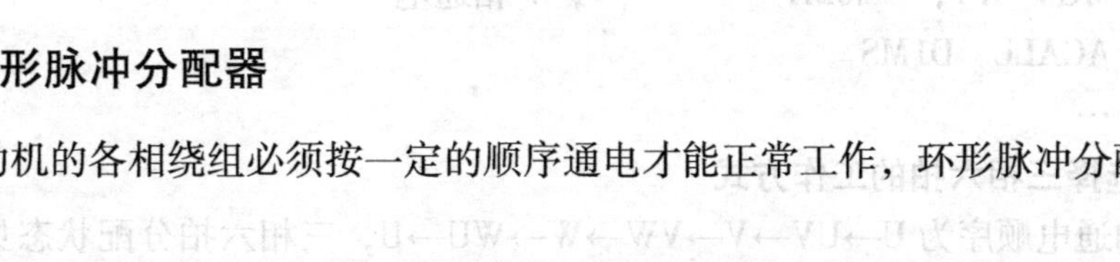

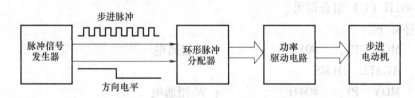

图 13-2　步进电动机的控制与驱动流程

13.1.2　环形脉冲分配器

步进电动机的各相绕组必须按一定的顺序通电才能正常工作，环形脉冲分配器就是实现该功能的。

实现方法有三种：软环分、采用小规模集成电路搭接、采用专用环形分配器。本书主要介绍软环分方式。软环分是利用查表或计算方法来进行脉冲的环形分配。

所谓脉冲分配就是用软件改变 P1 口低三位的输出值，进而达到控制三相绕组的通电顺序和通电方式的目的。

1. 软件选择单三拍的工作方式

单三拍的通电方式为 U→V→W→U→…，要想达到这个目的，只需依次向 P1 口输出如下控制字：

```
P1.2    P1.1    P1.0
(W相)  (V相)  (U相)  编码
  0       0       1     (01H)  U相通，V、W相断
  0       1       0     (02H)  V相通，U、W相断
  1       0       0     (04H)  W相通，U、V相断
```

在控制字间也应加入软件延时来保证一定的时间间隔。假定要求时间间隔为1ms，控制电动机按三相三拍正转的程序如下：

```
ZHEN：  MOV   P1，   #01H          ；U相通电
        ACALL  D1MS
        MOV   P1，   #02H          ；V相通电
        ACALL  D1MS
        MOV   P1，   #40H          ；W相通电
        ACALL  D1MS
        RET
D1MS：  MOV   R7，   #64H          ；延时1ms子程序
D1MS1： NOP                        ；2μs
        NOP                        ；2μs
        NOP                        ；2μs
        DJNZ  R7，D1MS1            ；4μs
        RET
```

要想控制步进电动机反转，只需把输出的控制字的次序按01H（U）→04H（W）→02H（V）→01H（U）组合即可。

反转程序如下：

```
FAN：   MOV   P1，   #01H          ；U相通电
        ACALL  D1MS
        MOV   P1，   #04H          ；W相通电
        ACALL  D1MS
        MOV   P1，   #02H          ；V相通电
        ACALL  D1MS
        …
```

2. 软件选择三相六拍的工作方式

三相六拍通电顺序为U→UV→V→VW→W→WU→U，三相六拍分配状态见表13-1。表中状态代码01H、03H、02H、06H、04H、05H列入程序数据表中，通过软件可顺次在数据表中提取数据并通过输出接口输出即可，通过正向顺序读取和反向顺序读取可控制电动机正反转。通过控制读取一次数据的时间间隔可控制电动机的转速。

如果按001→101→100→110→010→011→001→…，即U→WU→W→WV→V→VU→U→…的次序输出，就可达到反转的目的。

仿照三相三拍的办法编出反转控制子程序。

```
FAN：   MOV   P1，#01H             ；U相通电
```

```
ACALL  D1MS
MOV  P1, #05H          ; WU 相通电
ACALL  D1MS
MOV  P1, #04H          ; W 相通电
ACALL  D1MS
MOV  P1, #06H          ; WV 相通电
ACALL  D1MS
MOV  P1, #02H          ; V 相通电
ACALL  D1MS
MOV  P1, #03H          ; VU 相通电
ACALL  D1MS
RET
```

表 13-1　三相六拍分配状态

正向	通电顺序	CP	W	V	U	代码	反向
↓	U	0	0	0	1	01H	↑
	UV	1	0	1	1	03H	
	V	2	0	1	0	02H	
	VW	3	1	1	0	06H	
	W	4	1	0	0	04H	
	WU	5	1	0	1	05H	
	U	0	0	0	1	01H	

该方法能充分利用计算机软件资源以降低硬件成本，尤其是对多相的脉冲分配具有更大的优点。但由于软环分占用计算机的运行时间，故会使插补一次的时间增加，易影响步进电动机的运行速度。

3. 步进电动机的速度控制

控制步进电动机的转动需要三个要素：方向、转角和转速。在步进电动机的控制中，方向和转角控制简单，而转速控制则比较复杂。由于步进电动机的转速正比于控制脉冲的频率，所以对步进电动机脉冲频率的调节，实质上就是对步进电动机速度的调节。步进脉冲的调频方法有两种，分别是软件延时和硬件定时。

软件延时是通过调用延时子程序的方法来实现，占有 CPU 时间，而硬件定时则是采用定时器通过设置定时器时间常数的方法来实现。

（1）软件延时　这种方法是在每次转换通电状态（简称换相）后，调用一个延时子程序，待延时结束后，再次执行换相子程序。如此反复，就可使步进电动机按某一确定的转速运转。例如，执行下列程序，将控制步进电动机正向连续旋转。

```
CON:  LCALL  CW        ; 调用正转一步子程序
      LCALL  DT1       ; 调用延时子程序
      SJMP   CON       ; 继续循环执行
      …
```

```
DT1：   MOV  A，#DATA          ；DATA 值影响延时时间
L1：    DEC  A
        JNZ  L1
        RET
```

（2）硬件定时　单片机一般均有几个定时/计数器。可利用其中某个定时器，加载适当的定时值。

下面以 80C51 中的 T0 定时器为例，介绍速度控制子程序。设定时器以方式 1 工作，电动机的运转速度定为每秒 1000 脉冲，则换相周期为 1000μs。设 80C51 使用 12MHz 的晶振，则机器周期为 1μs。故 T0 定时器应该每 1000（03E8H）个机器周期中断一次。由于 T0 是执行加计数，到 0FFFFH 后，再加 1 就产生溢出中断，所以 T0 的加载值应为 10000H－03E8H，也就是 0FC18H。在此加载值下，执行加计数 1000 次，就会产生溢出。中断服务程序如下：

```
TIM0：  LCALL  CW             ；调用正转一步子程序
        CLR  TR0              ；停定时器
        MOV  TL0，#18H        ；装载低位字节
        MOV  TH0，#0FCH       ；装载高位字节
        SETB  TR0             ；开定时器
        RETI                  ；中断返回
```

加减速规律一般有按照直线规律升速和按指数规律升速两种，其实现也有软件延时和硬件定时两种方法。当利用硬件定时方式时，实质就是不断改变定时器装载值的大小。为了减少每步计算装载值的时间，可用阶梯曲线来逼近理想升降曲线。这样，每次装载，软件系统可通过查表的方法，查出所需要的装载值。

13.1.3　步进电动机的驱动

单片机的输出电流太小，不能直接连接步进电动机，需要加驱动电路。对于电流小于 0.5A 的步进电动机，可以采用驱动芯片 ULN2003。ULN2003 芯片引脚图如图 13-3 所示。引脚 1～7 为输入端，接单片机输出端，引脚 8 接地；引脚 10～16 为输出端，接步进电动机，引脚 9 接电源 5V，该驱动器可提供最高 0.5A 的电流。

驱动芯片 ULN2003 输入端信号经过反相后输出，所以其有效输入信号为低电平。

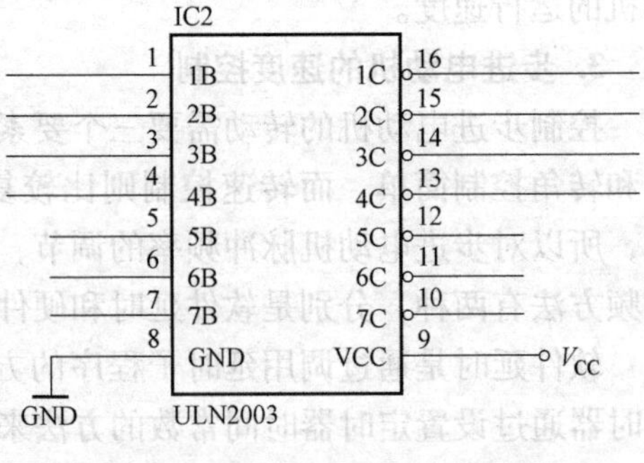

图 13-3　ULN2003 芯片引脚图

13.1.4　步进电动机与单片机接口电路

掌握了步进电动机运行控制的方法之后，就可以轻松地设计单片机与步进电动机的接口和程序了。步进电动机与单片机的接线图如图 13-4 所示。使用了驱动芯片 ULN2003L 提高单片机 I/O 的驱动能力，实现单片机对励磁绕组的驱动与控制。

步进电动机控制程序如下：

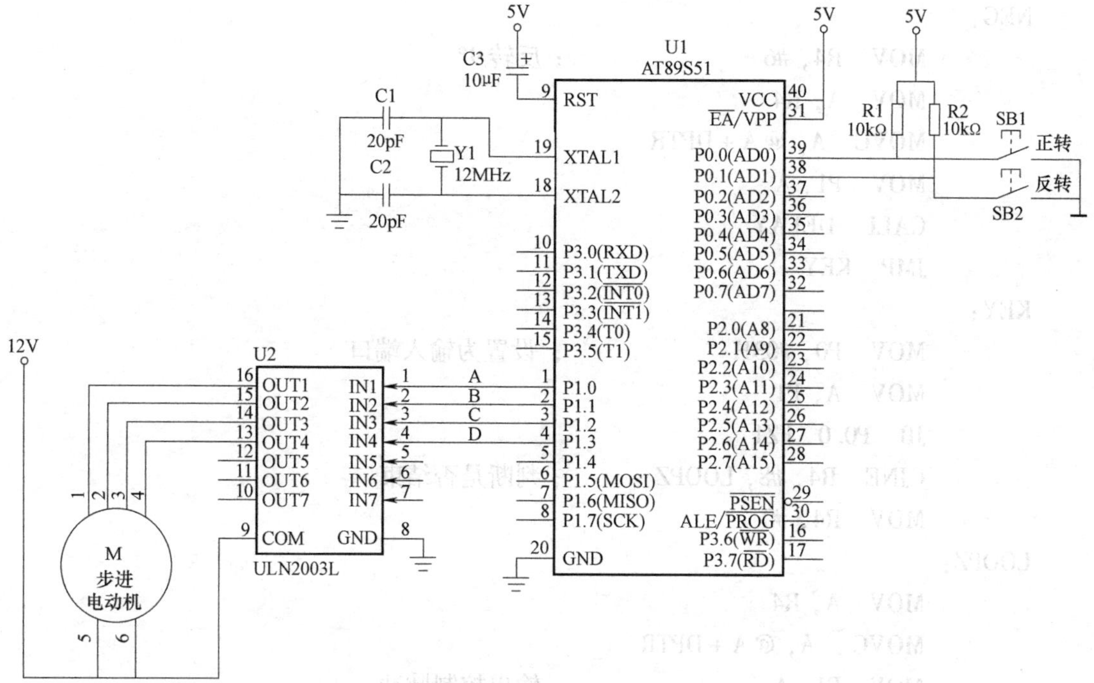

图 13-4 步进电动机与单片机的接线图

```
        ORG   0000H                     ; 起始地址 0000H
START:
        MOV   DPTR, #RUNTABLE           ; DPTR 指向励磁控制数据表 RUNTABLE
        MOV   R0, #3
        MOV   R4, #0
        MOV   P1, #3
WAIT:
        MOV   P1, R0                    ; 初始角度为 0°
        MOV   P0, #0FFH                 ; 设置为输入端口
        JNB   P0.0, POS                 ; 判断正转按钮状态
        JNB   P0.1, NEG                 ; 判断反转按钮状态
        JMP   WAIT                      ; 循环
JUST:
        JB   P0.1, NEG                  ; 首次按钮处理
POS:
        MOV   A, R4                     ; 正转 9°
        MOVC   A, @A+DPTR               ; 将数据表数据载入 A
        MOV   P1, A                     ; 输出给步进电动机
        CALL   DELAY                    ; 延时
        INC   R4
        JMP   KEY
```

```
NEG:
        MOV   R4, #6              ; 反转9°
        MOV   A, R4
        MOVC  A, @A + DPTR
        MOV   P1, A
        CALL  DELAY
        JMP   KEY
KEY:
        MOV   P0, #03H            ; 设置为输入端口
        MOV   A, P1
        JB    P0.0, FZ1
        CJNE  R4, #8, LOOPZ       ; 判断是否结束
        MOV   R4, #0
LOOPZ:
        MOV   A, R4
        MOVC  A, @A + DPTR
        MOV   P1, A               ; 输出控制脉冲
        CALL  DELAY               ; 延时
        INC   R4                  ; 计数器加1
        JMP   KEY
FZ1:
        JB    P0.1, KEY           ; 判断按钮
        CJNE  R4, #255, LOOPF     ; 判断是否结束
        MOV   R4, #7
LOOPF:
        DEC   R4
        MOV   A, R4
        MOVC  A, @A + DPTR
        MOV   P1, A               ; 输出控制脉冲
        CALL  DELAY               ; 程序延时
        JMP   KEY
DELAY:
        MOV   R6, #5
D1:
        MOV   R5, #80H
D2:
        MOV   R7, #0
D3:
        DJNZ  R7, D3
```

```
        DJNZ   R5, D2
        DJNZ   R6, D1
        RET
RUNTABLE:                          ;励磁控制数据表
        DB  FEH, FDH, FBH, F7H
        DB  F7H, FBH, FDH, FEH
        END
```

13.2　直流电动机的运行控制

直流电动机具有调速性能好、起动转矩大和过载能力强等许多优点，因此在许多行业中广泛应用。直流电动机控制电路主要由单片机来控制，可采用数-模转换方式和脉冲宽度调制（Pulse Width Modulation，PWM）方式来控制直流电动机。其中，PWM方式最为方便，具有硬件投入少、精度高、抗干扰性能好等优点。

13.2.1　PWM控制

利用开关对通、断时间的控制来改变平均电压的方法称为脉冲宽度调制（PWM）。PWM信号是一个数字信号，这是因为在某一时刻，直流电平要么出现，要么不出现。电源以一系列脉冲的形式向负载供电。

PWM不是调节电流的。PWM的意思是脉宽调节，也就是调节方波高电平和低电平的占空比，即高电平时间比整个周期的时间。一个20%占空比的波形，会具有20%的高电平时间和80%的低电平时间，而一个60%占空比的波形则具有60%的高电平时间和40%的低电平时间。占空比越大，高电平时间越长，则输出的脉冲幅度越高，即电压越高。如果占空比为0%，那么高电平时间为0，则没有电压输出；如果占空比为100%，那么输出全部电压。所以通过调节占空比，可以实现调节输出电压的目的，而且可以达到无级、连续调节输出电压。PWM的占空比决定了输出到直流电动机的平均电压。

在使用PWM控制的直流电动机中，PWM控制有以下两种方式：

1）使用PWM控制信号控制晶体管的导通时间，导通的时间越长，那么做功的时间越长，电动机的转速就越高。

2）使用PWM控制信号控制晶体管导通时间，通过改变控制电压的高低来实现。

13.2.2　直流电动机转速、转向的PWM控制

直流电动机是一种将直流电转换成机械能的装置。根据转速的不同，直流电动机可分成直流高速、直流低速和直流减速电动机等几种。电动机底部一般会有两个引脚（或引线）用于供电。直流电动机外观如图13-5所示。

直流电动机的运行控制，指的是如何对直流电动机的转速、旋转方向、制动等操作进行控制。直流电动机的不同运行状态使之在系统中可以更好地服务于电能-机械能的转换工作，比如机床控制中进给电动机的正反转将使运动部件完成上下、前后、左右等不同的动作。PWM驱动方式易与处理器接口，使用简单，最常见的就是H桥电路。直流电动机的运行控

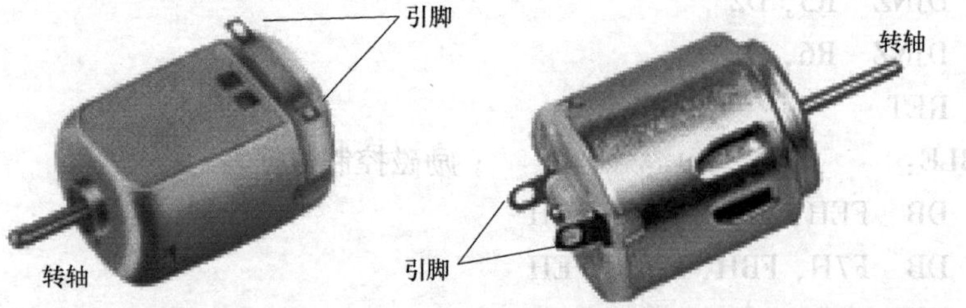

图 13-5 直流电动机外观

制模型如图 13-6 所示。

1. 转向控制

电动机的两个引脚（+、-）和电源之间由 4 个开关 A、B、C、D 控制着。图 13-6a 中，开关 A 和 D 闭合，开关 B 和 C 断开，这样电流从直流电动机的 + 极流向 - 极，于是电动机正转。图 13-6b 中，开关 A 和 D 断开，而开关 B 和 C 闭合，则电流的方向与刚才正好相反，从电动机的 - 极流向 + 极，于是电动机反转。

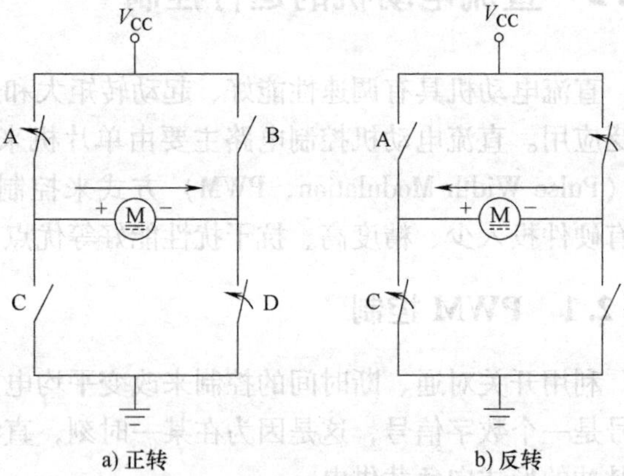

图 13-6 直流电动机的运行控制模型

2. 转速控制

在直流电动机的转速控制中，首先利用开关的闭合与断开给电动机提供 PWM 信号，然后通过控制 PWM 信号来控制电动机的转速。直流电动机转速控制示意图如图 13-7 所示。从图中可以看出，只要按一定规律调节脉冲的占空比，就可以改变电动机的转速。设 v_{max} 为电动机最大转速，v_{min} 为最小转速，v_d 为平均转速，则电动机的平均速度为

$$v_d = D\ (v_{max} - v_{min})$$

式中，D 为占空比，$D = t/T$。

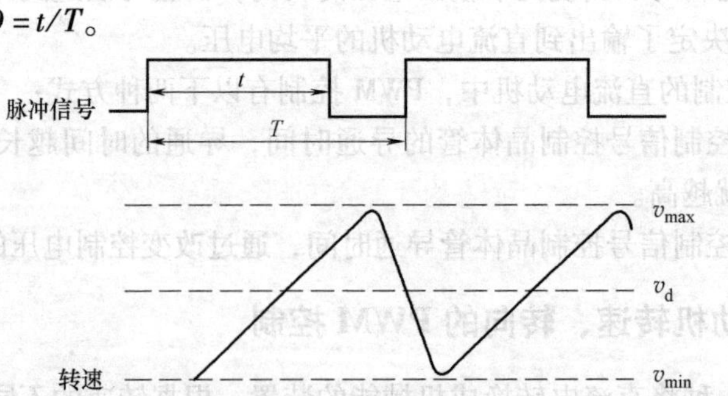

图 13-7 直流电动机转速控制示意图

13.2.3 单片机控制直流电动机应用举例

单片机的 I/O 口直接去驱动场效应晶体管的 G 极有些“力不从心”，因为场效应晶体管的导通需要 G 极上有一个稍高的电压。设计时可以在 G 极前添加一个晶体管驱动电路，通过单片机的 I/O 口控制晶体管来控制直流电动机的转速与转向。在实际应用中，可用直流

电动机集成H桥控制芯片L298，电源端 V_s 的供电与电动机的额定电压相同，最大不超过46V。L298已经集成了场效应晶体管和相应的驱动电路，只要操作其控制端就可实现直流电动机的控制，L298真值表见表13-2。在使能端EN（11引脚）置1后，电动机的正转、反转、停止、空转运行状态可通过控制端IN3（10引脚）和IN4（12引脚）实现，如果用单片机控制，只要把L298的以上控制端与单片机的I/O口连接，由程序选择运行状态即可。

表13-2　L298真值表

状态	EN（使能端）	C（控制端）	D（控制端）
正转	1	1	0
反转	1	0	1
停止	1	与D相同	与C相同
空转	0	X	X

注：“X”代表1或0。

单片机控制直流电动机接口电路如图13-8所示。

```
        IN1          BIT   P2.0        ；定义变量IN1代表P2.0口
        IN2          BIT   P2.1        ；定义变量IN2代表P2.1口
        ENA          BIT   P2.2        ；定义变量ENA代表P2.2口
        FORWARD      BIT   P1.0        ；定义变量FORWARD代表正转按钮SB1状态
        BACKWARD     BIT   P1.1        ；定义变量BACKWARD代表反转按钮SB2状态
        BREAK        BIT   P1.2        ；定义变量BREAK代表停止按钮SB3状态
        CRUISING     BIT   P1.3        ；定义变量CRUISING代表空转按钮SB4状态
        ORG  00H                       ；起始地址00H
        JMP  START
        ORG  0BH                       ；Timer 0中断入口地址
        JMP  TIM0                      ；TIM0为中断服务子程序
START：
        MOV  30H，#00H                 ；正转调速变量存放在30H中
        MOV  R1，#00H                  ；转动时间计数器
BUTTON1：
        JB  FORWARD，BUTTON2           ；如果FORWARD为高电平，就检测BACK-
                                       ；WARD
        CALL  FILTER                   ；调用消除开关抖动的子程序
        JNB  FORWARD，$                ；如果FORWARD为低电平，就重复执行本行
        JMP  RUNFOR                    ；跳到RUNFOR，执行正转
BUTTON2：
        JB  BACKWARD，BUTTON3          ；如果BACKWARD为高电平，就检测BREAK
        CALL  FILTER                   ；调用消除开关抖动的子程序
        JNB  BACKWARD，$               ；如果BACKWARD为低电平，就重复执行本行
```

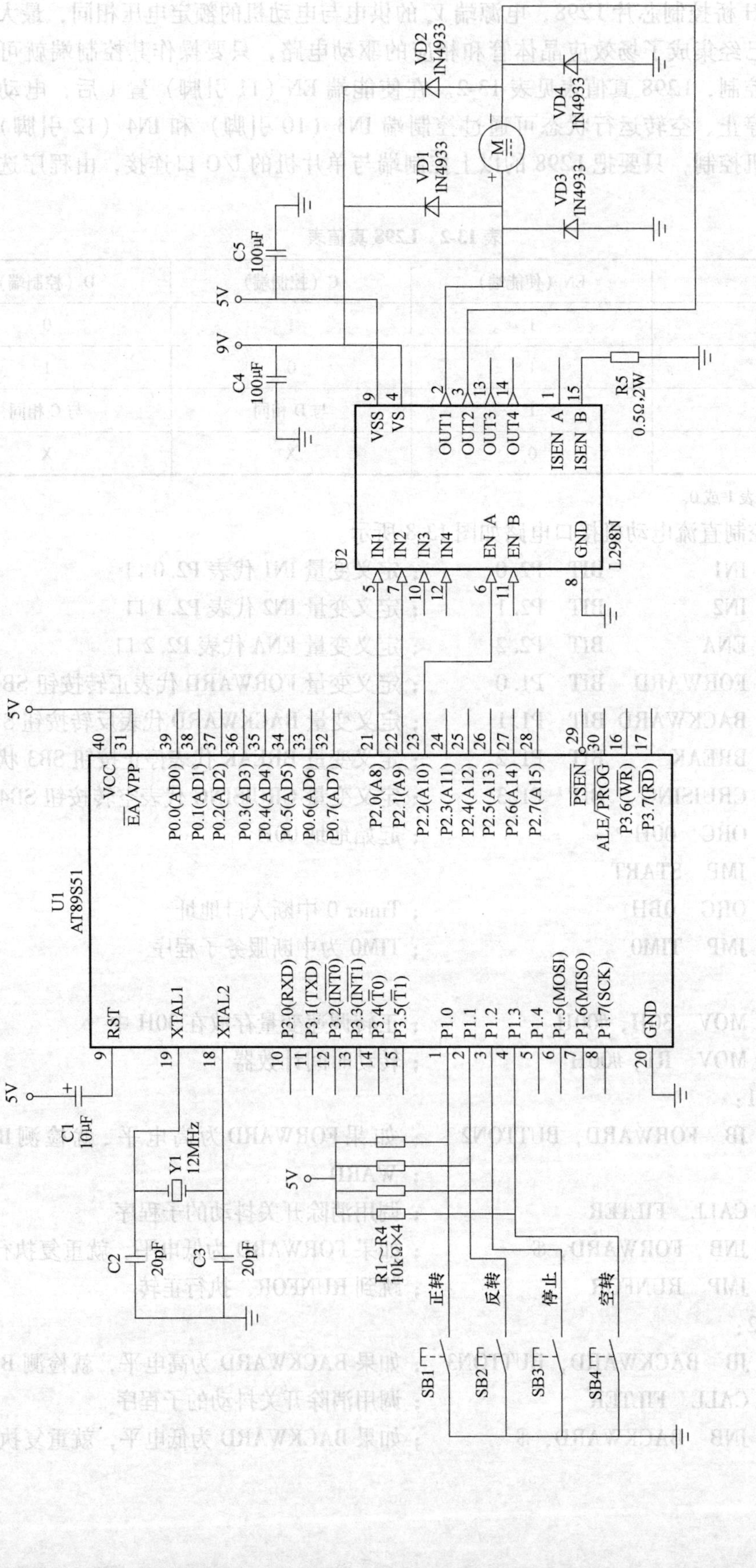

图 13-8 单片机控制直流电动机接口电路

```
        JMP   RUNBAC              ；跳到 RUNBAC，执行反转
BUTTON3：
        JB  BREAK，BUTTON4        ；如果 BREAK 为高电平，就检测 CRUISING
        CALL  FILTER              ；调用消除开关抖动的子程序
        JNB  BREAK，$             ；如果 BREAK 为低电平，就重复执行本行
        JMP  RUNBRE               ；跳到 RUNBRE，执行停止命令
BUTTON4：
        JB  CRUISING，BUTTON1     ；如果 CRUISING 为高电平，就循环检测
        CALL  FILTER              ；调用消除开关抖动的子程序
        JNB  CRUISING，$          ；如果 CRUISING 为低电平，就重复执行本行
        JMP  RUNCRU               ；跳到 RUNCRU，执行空转
RUNFOR：
        MOV  A，30H               ；30H 上的数据载入 A
        ADD  A，#64               ；调整占空比
        MOV  30H，A               ；把运行结果存 30H，作 PWM 信号低电平延时
                                  ；变量
        MOV  IE，#82H             ；开 Timer 0 中断
        MOV  TMOD，#01H           ；Timer 0 作定时器，方式 1
TIMER0_ LOAD：
        MOV  TH0，#3CH            ；载入计数初始值 3CB0H
        MOV  TL0，#0B0H
        SETB  ENA                 ；ENA =1
        CLR  IN2                  ；IN2 =0
        SETB  TR0                 ；启动定时器 Timer 0
RUN：                             ；正转
        SETB  IN1                 ；IN1 =1
        CJNE  R1，#60，RUN        ；如果 R1 不等于 60，说明转动不够 3s，跳到
                                  ；RUN
        CLR  TR0                  ；关 Timer 0 中断
        CLR  IN1                  ；IN1 =0
        MOV  R1，#0               ；R1 =0
        JMP  BUTTON1              ；循环
RUNBAC：                          ；反转
        SETB  ENA                 ；ENA =1
        CLR  IN1                  ；IN1 =0
        SETB  IN2                 ；IN2 =1
        MOV  R5，#100             ；R5 =100
        DJNZ  R5，FILTER          ；延时 3s
        JMP  BUTTON1              ；循环
```

```
RUNBRE:                            ; 停止
        SETB   ENA                 ; ENA =1
        CLR   IN1                  ; IN1 =0
        CLR   IN2                  ; IN2 =0
        JMP   BUTTON1              ; 循环
RUNCRU:                            ; 空转
        CLR   ENA                  ; ENA =0
        JMP   BUTTON1              ; 循环
FILTER:
        MOV   R3, #60              ; 延时子程序, 30ms
F1:
        MOV   R4, #248
        DJNZ   R4, $
        DJNZ   R3, F1
        RET
TIM0:
        INC   R1                   ; R1 增加 1
        CLR   IN1                  ; IN1 =0
        MOV   TH0, #3CH            ; 重装计数初始值
        MOV   TL0, #0B0H
        MOV   R4, 30H              ; 30H 中的数据载入 R4
D1:                                ; 延时, 实现 PWM 信号中的低电平
        MOV   R5, #80
        DJNZ   R5, $
        DJNZ   R4, D1
        RETI                       ; 中断服务子程序结束
        END
```

该程序主要利用定时器中断实现 PWM 信号的产生。每当定时器中断产生时，中断服务子程序 TIM0 段都会使 P2.0 变低，并保持一段时间，这就给 L298 的 IN1 端提供了 PWM 信号。至于说低电平的保持时间，由正转按钮 SB1 按下的次数在 30H 中形成的数据决定。直流电动机反转时全速运行，制动按钮 SB3 可以使电动机停下来。

思考与练习

试用 PWM 方法编写一段步进电动机控制程序。

单元 14　单片机 C51 程序设计

学习目的：掌握 C51 程序设计方法。

重点难点：熟悉 C51 语法基础和程序结构，掌握采用 C51 对单片机硬件进行访问和编程的方法，掌握 C51 与汇编语言的混合编程方法。

外语词汇：Integer（整型）、Character（字符）、Structure（结构）、Union（联合）、Pointer（指针）。

14.1　C51 概述

在实际的系统设计中，当设计对象只是一个小的嵌入式系统时，汇编语言是一个很好的选择，因为代码一般都不超过 2KB，而且都比较简单。当一个系统对时钟要求很严格时，使用汇编语言成了唯一的方法。

随着单片机开发技术的不断发展，目前已有越来越多的人从普遍使用汇编语言到逐渐使用高级语言开发，其中主要是以 C 语言为主，市场上几种常见的单片机均有其 C 语言开发环境。除此之外，包括硬件接口的操作都应该用 C 来编程。C 语言的特点可以尽量少地对硬件进行操作，是一种功能性和结构性很强的语言。C 语言程序比汇编更符合人们的思考习惯，开发者可以更专心地考虑算法而不是考虑一些细节问题，这样就减少了开发和调试的时间。

使用 C 语言的程序员，不必十分熟悉处理器的运算过程，这意味着程序员对新的处理器也能很快上手。同时，程序员不必知道处理器的具体内部结构，使得用 C 语言编写的程序比汇编程序有更好的可移植性。目前很多处理器都支持 C 编译器。

应用于 51 系列单片机的 C 语言，一般称之为 C51。C51 是由标准 C 语言衍生而来，所以大部分的数据结构和语法都和标准 C 语言一样。但是 C51 毕竟是专用于 51 系列单片机的语言，也有其特殊之处。

14.2　C51 数据结构和语法

14.2.1　常量与变量

1. 常量

在程序运行过程中，其值不能被改变的量称为常量。常量分为几种不同的类型，如 12、0 为整型常量，3.14、2.55 为实型常量，‘a’、‘b’是字符型常量。下面是常量使用的示例：

```
/* 在 P1 口接有 8 个 LED，执行下面的程序：*/
#define  LIGHT0  0xfe
```

```
#include   "reg51.h"
void main ()
{  P1 = LIGHT0;  }
```

程序中用“#define LIGHT0 0xfe”来定义符号 LIGHT0 等于 0xfe，以后程序中所有出现 LIGHT0 的地方均会用 0xfe 来替代，因此，这个程序的执行结果就是 P1 = 0xfe，即接在 P1.0 引脚上的 LED 点亮。

这种用标识符代表的常量，称为符号常量。使用符号常量的好处如下：

(1) 含义清楚　在单片机程序中，常有一些量是具有特定含义的，如某单片机系统扩展了一些外部芯片，每一块芯片的地址即可用符号常量定义，如：

```
#define   PORTA   0x7fff
#define   PORTB   0x7ffe
```

程序中可以用 PORTA、PORTB 来对端口进行操作，而不必写 0x7fff、0x7ffe。显然，这两个符号比两个数字更能令人明白其含义。在给符号常量起名字时，尽量要做到“见名知意”，以充分发挥这一特点。

(2) 在需要改变一个常量时能做到“一改全改”　如果由于某种原因，端口的地址发生了变化（如修改了硬件），由 0x7fff 改成了 0x3fff，那么只要将所定义的语句改动一下即可，如：

```
#define   PORTA   0x3fff
```

这样不仅方便，而且能避免出错。设想一下，如果不用符号常量，要在成百上千行程序中把所有表示端口地址的 0x7fff 找出来并改掉可不是件容易的事。

符号常量不同于变量，它的值在整个作用域范围内不能改变，也不能被再次赋值。比如，下面的语句就是错误的：

```
LIGHT = 0x01;
```

2. 变量

值可以改变的量称为变量。一个变量应该有一个名字，在内存中占据一定的存储单元，在该存储单元中存放变量的值。

用来标识变量名、符号常量名、函数名、数组名、类型名等的有效字符序列称为标识符。简单地说，标识符就是一个名字。C 语言规定标识符只能由字母、数字和下画线三种字符组成，且第一个字符必须为字母或下画线。要注意的是，C 语言中大写字母与小写字母被认为是两个不同的字符，即 Sum 与 sum 是两个不同的标识符。标准的 C 语言并没有规定标识符的长度，但是各个 C 编译系统有自己的规定，在 Keil C51 编译器中，可以使用长达数十个字符的标识符。在 C 语言中，要求对所有用到的变量作强制定义，也就是“先定义，后使用”。

常量和变量在程序中各有什么用途，可通过一个延时程序的调用实例加以说明。如 mDelay (1000)，其中括号中的参数 1000 决定了延时时间的长短，如果直接将 1000 这个常数写入程序的括号中，这就是常量。显然，此时括号中的这个数据是不能在现场修改的，如果使用中有人提出希望改变延时时间，那么只能重新编程、写片才能更改。

如果要求在现场可以修改延时时间，括号中就不能写入一个常数，为此可以定义一个变量（如 Speed），程序可以改写为 mDelay (Speed)，然后再编写一段程序，使得 Speed 的值可以通过按键被修改，那么延时时间就可以在现场修改了。

14.2.2　整型变量与字符型变量

1. 整型变量

整型变量的基本类型是int，可以加上有关数值范围的修饰符。这些修饰符分两类，一类是short和long，另一类是unsigned，这两类可以同时使用。在int前加上short或long是表示数的大小的，对于Keil C51来说，加short和不加short的意义是一模一样的（在有些C语言编译系统中是不一样的）。如果在int前加上long的修饰符，那么这个数就被称之为长整数，在Keil C51中，长整数要用4B来存放（基本的int型是2B）。显然，长整数所能表达的范围比整数要大，一个长整数表达的范围为 $-2^{31}<x<2^{31}-1$。而不加long修饰的int型数据的范围是 $-32768\sim32767$，可见，二者相差很远。

第二类修饰符是unsigned，即无符号的意思，如果加上了这样的一个修饰符，就说明其后的数是一个无符号的数，无符号、有符号的差别还是数的范围不一样。对于unsigned int而言，仍是用2B（16 bit）表示一个数，但其数的范围是0~65535；对于unsigned long int而言，仍是用4B（32 bit）表示一个数，但其数的范围是 $0\sim2^{32}-1$。

整型数据在内存中总是以补码的形式存放的，如果定义了一个int型变量i，如：

int i=10；/＊定义i为整型变量，并将10赋给该变量＊/

在Keil C51中规定使用2B表示int型数据，因此变量i在内存中的实际占用情况如：0000 0000 0000 1010。

也就是整型数据总是用2B存放，不足部分用0补齐。事实上，数据是以补码的形式存在的。一个正数的补码和其原码的形式是相同的。如果数值是负的，补码的形式就不一样了。求负数的补码的方法是：将该数的绝对值的二进制形式取反加1。例如，-10，第一步取-10的绝对值10，其二进制编码是1010，由于是整型数占2B，所以其二进制形式实为0000 0000 0000 1010，取反，即变为1111 1111 1111 0101，然后再加1就变成了1111 1111 1111 0110，这就是数-10在内存中的存放形式。

2. 字符型变量

字符型变量只有一个修饰符unsigned，即无符号的。对于一个字符型变量来说，其表达的范围是-128~127，而加上了unsigned后，其表达的范围变为0~255。其实对于二进制形式而言，char型变量表达的范围都是0000 0000~1111 1111，而int型变量表达的范围都是0000 0000 0000 0000~1111 1111 1111 1111，只是对这些二进制数的理解不一样而已。

使用Keil C51时，不论是char型还是int型，编程人员都非常喜欢用unsigned型的数据，这是因为在处理有符号的数时，程序要对有符号数的符号进行判断和处理，系统的运算速度会减慢。对单片机而言，其速度比不上PC，又工作于实时状态，因此任何提高效率的手段都要考虑。

字符型数据在内存中是以二进制形式存放的，如果定义了一个char型变量c，如：

char c=10；　/＊定义c为字符型变量，并将10赋给该变量＊/

十进制数10的二进制形式为1010，在Keil C51中规定使用1B表示char型数据，因此，变量c在内存中的实际占用情况为0000 1010。

3. 数的溢出

一个字符型数的最大值是255，一个整型数的最大值是32767，如果再加1，会出现什么情况呢？下面用一个例子来说明。

```
#include    "reg51.h"
void main ( )
{   unsigned char a, b;
    int c, d;
    a =255;
    c =32767;
    b =a + 1;
    d =a + 1;
}
```

用Keil C51软件运行后可以看到b和d在加1之后分别变成了0和－32768，这是为什么呢？其实只要从数字在内存中的二进制存放形式分析，就不难理解。

首先看变量a，该变量的值是255，类型是无符号字符型，该变量在内存中以8位来存放，将255转化为二进制即为1111 1111，如果将该值加1，结果是1 0000 0000，由于该变量只能存放8位，所以最高位的1丢失，于是该数字就变成了0000 0000，自然就是十进制的0了。

在理解了无符号的字符型数据的溢出后，整型变量的溢出也不难理解。32767在内存中存放的形式是0111 1111 1111 1111，当其加1后就变成了1000 0000 0000 0000，而这个二进制数正是－32768在内存中的存放形式，所以加1后就变成了－32768。

可见，在出现这样的问题时C编译系统不会给出提示，这有利于编出灵活的程序来，但也会引起一些副作用，这就要求C程序员对硬件知识有较多的了解，对于数在内存中的存放等基本知识必须清楚。

14.2.3 关系运算符和关系表达式

所谓“关系运算”实际上是两个值作一个比较，判断其比较的结果是否符合给定的条件。关系运算的结果只有两种可能，即真和假。例如，3 >2的结果为真，而3 <2的结果为假。

C语言一共提供了六种关系运算符：<（小于）、<=（小于等于）、>（大于）、>=（大于等于）、==（等于）和!=（不等于）。

用关系运算符将两个表达式连接起来的式子，称为关系表达式。例如，a>b、a + b>b + c、(a=3) >= (b=5) 等都是合法的关系表达式。关系表达式的值只有两种可能，即真和假。在C语言中，没有专门的逻辑型变量，如果运算的结果是真，就用数值1表示；而如果运算的结果是假，则用数值0表示。

如式子“x1 =3 >2”的结果是x1等于1，原因是3 >2的结果是真，即其结果为1，该结果被=赋给了x1，这里需注意，=不是等于之意（C语言中等于用==表示），而是赋值符号，即将该符号后面的值赋给该符号前面的变量，所以最终结果是x1等于1。

14.2.4　逻辑运算符和逻辑表达式

用逻辑运算符将关系表达式或逻辑量连接起来的式子就是逻辑表达式。C语言提供了三种逻辑运算符：&&（逻辑与）、||（逻辑或）和！（逻辑非）。

C语言编译系统在给出逻辑运算的结果时，用1表示真，而用0表示假。但是在判断一个量是否是真时，以0代表假，而以非0代表真，这一点务必要注意。比如：

若a=10，则！a的值为0，因为10被作为真处理，取反之后为假，系统给出的假的值为0。

若a=-2，结果与上述完全相同，原因也同上，不要误以为负值为假。

若a=10，b=20，则a&&b的值为1，a||b的结果也为1，原因为参与逻辑运算时不论a与b的值究竟是多少，只要是非零，就被当作是真，真与真相与或者相或，结果都为真，系统给出的结果是1。

14.2.5　if语句

if语句是用来判定所给定的条件是否满足，并根据判定的结果（真或假）决定执行给出的两种操作之一。C语言提供了三种形式的if语句。

1. if（表达式）{ 语句块 }

如果表达式的结果为真，则执行语句，否则不执行。

2. if（表达式）{ 语句块1 } …else { 语句块2 }

如果表达式的结果为真，则执行语句块1，否则执行语句块2。

3. if（表达式1）{ 语句块1 }

```
    else if（表达式2）{ 语句块2 }
        else if（表达式3）{ 语句块3 }
            else if…
                else if（表达式m）{ 语句块m }
                    else        { 语句块n }
```

4. if语句的嵌套

在if语句中又包含一个或多个if语句的形式，称为if语句的嵌套。一般形式如下：

```
if（表达式1）
{  if（表达式2）{ 语句块1 }
   else        { 语句块2 }
}
else
   {  if（表达式3）{ 语句块3 }
      else        { 语句块4 }
   }
```

应当注意if与else的配对关系，else总是与它上面的最近的if配对。比如：

```
if（ ）
   if（ ）{ 语句块1 }
```

```
else    { 语句块 2 }
```

编程者的本意是外层的 if 与 else 配对，缩进的 if 语句为内嵌的 if 语句，但实际上 else 将与缩进的那个 if 配对，因为两者最近，从而造成歧义。为避免这种情况，建议编程时使用大括号将内嵌的 if 语句括起来，这样可以避免出现这样的问题。如上面程序段可改为以下形式：

```
if ( )
{ if ( ) { 语句块 1 }
}
else    { 语句块 2 }
```

14.2.6 switch 语句

当程序中有多个分支时，可以使用 if 嵌套实现，但是当分支较多时，则嵌套的 if 语句层数多，程序冗长而且可读性降低。C 语言提供了 switch 语句直接处理多分支选择。switch 的一般形式如下：

```
switch（表达式）
{
  case 常量表达式 1：语句 1
  case 常量表达式 2：语句 2
  …
  case 常量表达式 n：语句 n
  default：语句 n+1
}
```

说明：switch 后面括号内的表达式，ANSI 标准允许它为任何类型。当表达式的值与某一个 case 后面的常量表达式相等时，就执行此 case 后面的语句；若所有的 case 中的常量表达式的值都没有与表达式值相匹配的，就执行 default 后面的语句。每一个 case 的常量表达式的值必须不相同，各个 case 和 default 的出现次序不影响执行结果。

另外特别需要说明的是，执行完一个 case 后面的语句后，并不会自动跳出 switch 语句范围去执行其后面的语句。下面通过举例对此作详细说明，如上述例子中如果这么写：

```
switch（KValue）
{
  case 0xfb：Start = 1；
  case 0xf7：Start = 0；
  case 0xef：UpDown = 1；
  case 0xdf：UpDown = 0；
}
if（Start）
{…}
```

假如 KValue 的值是 0xfb，则在转到此处执行“Start = 1；”后，并不是转去执行 switch 语句下面的 if 语句，而是将从这一行开始，依次执行下面的语句即“Start = 0；”、“UpDown

=1;”、“UpDown =0;”，显然，这样不能满足要求，因此，通常在每一段case的结束加入“break;”语句，使流程退出switch结构。比如：

```
switch（表达式）
{
  case 常量表达式1：语句1；break；
  case 常量表达式2：语句2；break；
  …
  case 常量表达式n：语句n；break；
  default：语句n+1；break；
}
```

14.2.7 for 语句

C语言中的for语句使用最为灵活，不仅可以用于循环次数已经确定的情况，而且可以用于循环次数不确定而只给出循环结束条件的情况。for语句的一般形式如下：

for（表达式1；表达式2；表达式3）{ 语句块 }

它的执行过程如下：

1）先求解表达式1。

2）求解表达式2，如果其值为真，则执行for语句中指定的内嵌语句（循环体），然后执行3）步；如果为假，则结束循环。

3）求解表达式3。

4）转回上面的2）步继续执行。

for语句典型的应用是这样一种形式：

for（循环变量初值；循环条件；循环变量增值）语句

例如执行程序“for（j=0；j<125；j++）{ ；}”时，首先执行j=0，然后判断j是否小于125，如果小于125则去执行循环体（这里循环体没有做任何工作），然后执行j++，执行完后再去判断j是否小于125，……，如此不断循环，直到条件不满足（j≥125）为止。

如果循环变量初值在for语句前面赋值，则for语句中的表达式1应省略，但其后的分号不能省略。上述程序中有“for（；DelayTime>0；DelayTime--）{…}”的写法，省略掉了表达式1，因为这里的变量DelayTime是由参数传入的一个值，不能在这个式子里赋初值。表达式2也可以省略，但是同样不能省略其后的分号，如果省略该分号，将不判断循环条件，循环无终止地进行下去，也就是认为表达式始终为真。表达式3也可以省略，但此时编程者应该另外设法保证循环能正常结束。表达式1、2和3都可以省略，即形成for（；；）的形式，它的作用相当于while（1），即构成一个无限循环的过程。

循环可以嵌套，两个for语句嵌套使用构成二重循环。

14.2.8 while 语句

while语句用于实现“当……型”循环结构，其一般形式如下：

while（表达式）{ 语句块 }

当表达式为非0值（真）时，执行while语句中的内嵌语句。特点是：先判断表达式，后执行语句。如果表达式总是为真，则语句总是会被执行，构成了无限循环。

while 语句也可以嵌套使用。

14.2.9 do-while 语句

do-while 语句用来实现"直到……型"循环，特点是先执行循环体，然后判断循环条件是否成立，其一般形式如下：

```
do {
    循环体语句
} while（表达式）；
```

对同一个问题，既可以用 while 语句处理，也可以用 do-while 语句处理。但是这两个语句是有区别的，do-while 语句的特点是：先执行语句，后判断表达式。若表达式为真，再次执行语句。

在 while {} 循环中，若表达式为假，则不会执行循环语句；而对于 do-while 语句，不管表达式为真还是为假，至少执行一次循环语句。

14.2.10 break 语句

在一个循环程序中，可以通过循环语句中的表达式来控制循环程序是否结束，除此之外，还可以通过 break 语句强行退出循环结构。

如利用 break 语句强制跳出 for 循环语句的示例如下：

```
for（i=0; i<8; i++）
{
    if（（P3 | 0xf7）! = 0xff）break;
}
i=0;
…
```

如果在 for 循环过程中，判断"（P3 | 0xf7）! = 0xff"的结果为假，则程序需要循环 8 次后才能执行下面的语句"i=0;"。而如果在 for 循环过程中，判断"（P3 | 0xf7）! =0xff"的结果为真，则立即结束 for 循环，执行下面的语句"i=0;"。

利用 break 语句同样可以强制跳出 while 或 do-while 循环，示例如下：

```
i=0;
while（i<8）
{
    if（（P3 | 0xf7）! =0xff）break;
    i++;
}
i=1;
…
```

如果在 while 循环过程中，判断"（P3 | 0xf7）! =0xff"的结果为假，则程序需要循环 8 次后才能执行下面的语句"i=1;"。而如果在 while 循环过程中，判断"（P3 | 0xf7）! =

0xff”的结果为真，则立即结束while循环，执行下面的语句“i=1;”。

14.2.11　continue语句

continue语句的用途是结束本次循环，即跳过循环体中下面的语句，接着进行下一次是否执行循环的判定。continue语句和break语句的区别是：continue语句只结束本次循环，而不是终止整个循环的执行；而break语句则是结束整个循环过程，不会再去判断循环条件是否满足。

如利用continue语句强制结束for当次循环的语句示例如下：

```
j=0;
for (i=0; i<8; i++)
{
    if ((P3 | 0xf7)! =0xff) continue;
    j++;
}
i=0;
…
```

如果在for循环过程中，判断“(P3 | 0xf7)! =0xff”的结果为真，则立即结束本次for循环，不再执行语句“j++;”，而是接着跳到“for (i=0; i<8; i++)”进行下一次循环的判断。

14.2.12　结构体

结构体是一种定义类型，它允许程序员把一系列变量集中到一个单元中，当某些变量相关的时候使用这种类型是很方便的。例如用一系列变量来描述一天的时间，需要定义时、分、秒三个变量：

```
unsigned char hour, min, sec;
```

还要定义一个表示天的变量：

```
unsigned int days;
```

通过使用结构体可以起一个共同的名字把这四个变量定义在一起，声明结构体的语法如下：

```
struct time_str
{
    unsigned char   hour, min, sec;
    unsigned int    days;
} time_of_day;
```

这告诉编译器定义一个类型名为time_str的结构体，并定义一个名为time_of_day的结构体变量。变量成员的引用为结构体的变量名.结构成员，如：

```
time_of_day.hour=XBYTE[HOURS];
time_of_day.days=XBYTE [DAYS];
time_of_day.min  =time_of_day.sec;
```

```
curdays                    = time_of_day. days;
```

成员变量和其他变量是一样的，但前面必须有结构体名。可以定义很多结构体变量，编译器把它们看成新的变量，例如：

```
struct time_str   oldtime, newtime;
```

这样就产生了两个新的结构体变量，这些变量都是相互独立的，就像定义了很多 int 类型的变量一样。结构体变量可以很容易地复制，如“oldtime = time_of_day;”，这使代码很容易阅读，也减少了打字的工作量，当然也可以一句一句进行复制：

```
oldtime. hour = time_of_day. hour;
oldtime. min = time_of_day. min;
oldtime. sec = time_of_day. sec;
oldtime. days = time_of_day. days;
```

在 Keil C51 和大多数 C 编译器中，结构体被提供了连续的存储空间，成员名被用来对结构内部进行寻址。这样，结构 time_str 被提供了连续 5B 的空间，空间内的变量顺序和定义时的变量顺序一样，结构体成员变量在存储器中的存放形式见表 14-1。

表 14-1　结构体成员变量在存储器中的存放形式

offset（偏移量）	member（成员）	占用字节数/B
0	hour	1
1	min	1
2	sec	1
3	days	2

如果定义了一个结构体类型，它就像定义一个新的变量类型，也可建立一个结构体数组、包含结构体的结构体、指向结构体的指针等。

14.2.13　共用体

共用体（也称为联合）和结构体很相似，它由相关的变量组成，这些变量构成了共用体的成员，但是这些成员在任何时刻都只能有一个起作用。共用体的所有成员变量是共用存储空间的。共用体的成员变量可以是任何有效类型，包括 C 语言本身拥有的类型和用户定义的类型，例如结构体和共用体。定义共用体的示例如下：

```
union time_type
{
    unsigned   long    secs_in_year;
    struct   time_str    time;
} mytime;
```

用一个长整型来存放从本年初开始到现在的秒数，另一个可选项是用 time_str 结构来存储从本年初开始到现在的时间。不管共用体包含什么变量，编程时可在任何时候引用它的成员，如下例：

```
mytime. secs_in_year = JUNEIST;
```

```
mytime. time. hour        = 5;
curdays                   = mytime. time. days;
```

像结构体一样，共用体也以连续的空间存储，空间大小等于共用体中最大的成员所需的空间。共用体成员变量在存储器中的存放形式见表 14-2。其中因为最大的成员需要 5B，共用体的存储大小为 5B。当共用体的成员为 secs_in_year 时，第 5B 没有使用（注意 offset（偏移量）与结构体的区别）。

表 14-2　共用体成员变量在存储器中的存放形式

offset（偏移量）	member（成员）	占用字节数/B
0	secs_in_year	4
0	time	5

共用体经常被用来提供同一个数据的不同的表达方式，例如，假设有一个长整型变量用来存放四个寄存器的值，如果希望对这些数据有两种表达方法，可以在共用体中定义一个长整型变量的同时再定义一个字节数组。如下例：

```
union status_type
{
    unsigned char status [4];
    unsigned long status_val;
} io_status;
io_status. status_val = 0x12345678;
if (io_status. status [2] & 0x10)
{
    …
}
```

14.2.14　指针

指针是一个包含存储区地址的变量。因为指针中包含了变量的地址，它可以对它所指向的变量进行寻址，就像在 8051 DATA 区中进行寄存器间接寻址和在 XDATA 区中用 DPTR 进行寻址一样。使用指针是非常方便的，因为它很容易从一个变量移到下一个变量，所以可以写出对大量变量进行操作的通用程序。

指针要定义类型，说明指向何种类型的变量。假设你用关键字 long 定义一个指针，C 语言就把指针所指的地址看成一个长整型变量的基址。这并不说明这个指针被强迫指向长整型的变量，而是说明 C 语言把该指针所指的变量看成长整型的。下面是一些指针定义的例子：

```
unsigned char   * my_ptr, * anther_ptr;
unsigned int    * int_ptr;
float           * float_ptr;
time_str        * time_ptr;
```

指针可被赋予任何已经定义的变量或存储器的地址，如：

```
my_ptr      = &char_val;
```

```
int_ptr       = &int_array [10];
time_str      =&oldtime;
```

可通过加减来移动指针指向不同的存储区地址。在处理数组的时候，这一点特别有用。当指针加 1 的时候，它加上指针所指数据类型的长度（指针加 1，并不表示将地址加 1），如：

```
time_ptr = (time_str *)(0x0000);   //指向地址 0，(time_str *)(0x0000) 的作用
                                   //是将数据 0x0000 强制转换为 time_str 类型
                                   //指针
time_ptr ++;                       //指向地址 5
```

指针间可像其他变量那样互相赋值。指针所指向的数据也可通过引用指针来赋值，如：

```
time_ptr = oldtime_ptr;            //两个指针指向同一地址
*int_ptr   = 0x4500;               //把 0x4500 赋给 int_ptr 所指的变量
```

当用指针来引用结构体或共用体的成员时可用如下两种方法：

```
time_ptr->days =234;
*time_ptr. hour =12;
```

14.2.15 typedef 类型定义

在 C 语言中进行类型定义就是对给定的类型取一个新的类型名，换句话说就是给类型一个新的名字。例如你想给结构体 time_str 一个新的名字，可进行如下定义：

```
typedef struct time_str
{
unsigned char   hour, min, sec;
unsigned int      days;
} time_type;
```

这样就可以像定义其他变量那样定义 time_type 的类型变量，如用新定义的结构体类型 time_type 分别定义一个结构体变量、一个结构体指针、一个结构体数组：

```
time_type   time, *time_ptr, time_array [10];
```

类型定义也可用来重新命名 C 语言的标准类型，如：

```
typedef unsigned char UBYTE;
typedef char *strptr;
strptr name;
```

使用类型定义可使代码的可读性加强，节省了一些打字的时间。但是如果使用大量的类型定义，别人再读该程序时就会十分困难了。

14.2.16 C51 关键字

关键字是编程语言保留的特殊标识符，它们具有固定的名称和含义，在程序编写中不允许将关键字另作他用。C51 中的关键字除了 ANSI C 标准的 32 个关键字外，还根据 80C51 单片机的特点扩展了相关的关键字。C51 关键字见表 14-3。

表14-3　C51关键字

关键字	用　途	说　　明
auto	存储种类说明	用以说明局部自动变量，通常可忽略
break	程序语句	退出最内层循环和switch语句
case	程序语句	switch语句中的选择项
char	数据类型说明	字符型数据
const	存储种类说明	在程序执行过程中不可更改的常量值
continue	程序语句	转向一次循环
default	程序语句	switch语句中的失败选择项
do	程序语句	构成do-while循环结构
double	数据类型说明	双精度浮点数
else	程序语句	构成if-else选择结构
enum	数据类型说明	枚举
extern	存储种类说明	在其他程序模块中说明了的全局变量
float	数据类型说明	单精度浮点数
for	程序语句	构成for循环结构
goto	程序语句	构成goto转移结构
if	程序语句	构成if-else选择结构
int	数据类型说明	基本整型数
long	数据类型说明	长整型数
register	存储种类说明	使用CPU内部寄存器变量
return	程序语句	函数返回
short	数据类型说明	短整型数
signed	数据类型说明	有符号数，二进制数据的最高位为符号位
sizeof	运算符	计算表达式或数据类型的字节数
static	存储种类说明	静态变量
struct	数据类型说明	结构类型数据
switch	程序语句	构成switch选择结构
typedef	数据类型说明	重新进行数据类型定义
union	数据类型说明	联合类型数据
unsigned	数据类型说明	无符号数
void	数据类型说明	无类型数据
volatile	数据类型说明	该变量在程序执行中可被隐含地改变
while	程序语句	构成while和do-while循环结构
bit	位变量声明	声明一个位变量或位类型函数
sbit	位标量声明	声明一个可位寻址变量
sfr	特殊功能寄存器声明	声明一个特殊功能寄存器
sfr16	特殊功能寄存器声明	声明一个16位的特殊功能寄存器

（续）

关键字	用　途	说　明
data	存储器类型说明	直接寻址的内部数据存储器
bdata	存储器类型说明	可位寻址的内部数据存储器
idata	存储器类型说明	间接寻址的内部数据存储器
pdata	存储器类型说明	分页寻址的内部数据存储器
xdata	存储器类型说明	外部数据存储器
code	存储器类型说明	程序存储器
interrupt	中断函数说明	定义一个中断函数
reentrant	再入函数说明	定义一个再入函数
using	寄存器组定义	定义芯片的工作寄存器

14.3 Keil C51 的数据结构和语法

一般采用 Keil C51 软件进行 C51 编程，Keil C51 编译器除了少数一些关键地方外，基本类似于 ANSI C。差异主要是 Keil C51 可以让用户针对 8051 的结构进行程序设计，其他差异则是 8051 的一些局限引起的。

14.3.1 C51 数据类型

Keil C51 有 ANSI C 的所有标准数据类型。除此之外，为了更加有利地利用 8051 的结构，还加入了一些特殊的数据类型。标准数据类型在 8051 中占据的字节数见表 14-4。注意整型和长整型的符号位字节在最低的地址中（可以看做先存放高字节后存放低字节）。

表 14-4　标准数据类型在 8051 中占据的字节数

数据类型	字节数/B
char/unsigned char	1
int/unsigned int	2
long/unsigned long	4
float/double	4
generic pointer	3

除了这些标准数据类型外，编译器还支持一种位数据类型。位变量存在于内部 RAM 的可位寻址区中，可以像操作其他变量那样对位变量进行操作，而位数组和位指针是违法的。

14.3.2 8051 的特殊功能寄存器

8051 系列单片机拥有特殊功能寄存器，特殊功能寄存器用 sfr 来定义。而 sfr16 用来定义 16 位的特殊功能寄存器，如 DPTR。

通过名字或地址来引用特殊功能寄存器。地址必须高于 80H。可位寻址的特殊功能寄存器的位变量定义用关键字 sbit。SFR 的定义如下面的示例所示。对于大多数 8051 成员，Keil 提供了一个包含了所有特殊功能寄存器和它们的位的定义的头文件。通过包含头文件可以很容易地进行新的扩展。

```
sfr SCON =0X98; //定义 SCON
sbit SM0 =0X9F; //定义 SCON 的各位
sbit SM1 =0X9E;
sbit SM2 =0X9D;
sbit REN =0X9C;
sbit TB8 =0X9B;
sbit RB8 =0X9A;
sbit TI =0X99;
sbit RI =0X98;
```

14.3.3　Keil C51 编程中 8051 的存储类型

Keil C51 允许使用者指定程序变量的存储区，这使得使用者可以控制存储区的使用。8051 系列单片机的存储区类型见表 14-5。

表 14-5　8051 系列单片机的存储区类型

存储类型	存储位置	位数	范围
DATA	直接寻址片内 RAM 的 00 ~ 7FH 地址	8	0 ~ 255
BDATA	片内 RAM 的可位寻址	8	0 ~ 255
IDATA	间接寻址片内 RAM 的 00 ~ FFH 地址	8	0 ~ 255
PDATA	分页寻址外部 RAM，使用指令“MOVX A，@ Ri”	8	0 ~ 255
XDATA	使用 DPTR 寻址外部 RAM	16	0 ~ 65535
CODE	使用 DPTR 寻址程序存储器	16	0 ~ 65535

1. DATA 存储类型

DATA 存储类型变量可直接寻址片内 RAM 的 00 ~ 7FH 地址，寻址速度很快，所以应该把使用频率高的变量放在 DATA 区。由于可直接寻址片内空间有限，必须慎重使用。DATA 区变量声明如下：

```
unsigned char data system_status =0;
unsigned int data unit_id [2];
char data inp_string [16];
```

2. BDATA 存储类型

BDATA 存储类型变量可对片内 20H ~ 2FH 的位进行位寻址，允许位与字节混合访问。对 BDATA 区的变量声明如下：

```
unsigned char bdata status_byte;
unsigned int bdata status_word;
sbit stat_flag = status_byte ^ 4;
```

不允许在 BDATA 段中定义 float 和 double 类型的变量。如果想对浮点数的每位寻址，可以通过包含 float 和 long 的共用体来实现。如：

```
typedef union          //定义共用体类型
```

```
{
    unsigned long lvalue;           //长整型32位
    float fvalue;                   //浮点数32位
} bit_float;                        //联合名
bit_float bdata myfloat;            //在BDATA段中声名共用体
sbit float_ld = myfloat ^ 31;       //定义位变量名
```

3. IDATA 存储类型

IDATA 存储类型变量可间接寻址片内 00 ~ FFH 的地址，可将使用比较频繁的变量定义在这里，它的指令执行周期和代码长度都比较短。变量声明如下：

```
unsigned char idata system_status = 0;
unsigned int idata unit_id [2];
float idata outp_value;
```

4. PDATA 和 XDATA 存储类型

这两个存储类型的变量声明与其他存储类型一样。PDATA 可由指令“MOVX A，@Ri”分页寻址片外 00 ~ FFH 空间的地址。XDATA 区可由指令“MOVX A，@DPTR”寻址 0000 ~ FFFFH 空间的地址。变量声明如下：

```
unsigned char xdata system_status = 0;
unsigned int pdata unit_id [2];
char xdata inp_string [16];
float pdata outp_value;
```

PDATA 和 XDATA 的变量操作是相似的。对 PDATA 区寻址比对 XDATA 区寻址要快。

外部地址段除了包含存储器地址外，还包含 I/O 器件的地址。对外部器件寻址可通过指针或 C51 中头文件“absacc. h”提供的绝对宏进行操作。建议使用绝对宏对外部器件进行寻址，因为这样更有可读性（但 BDATA 和 BIT 存储区不能如此寻址）。使用时，只要在程序中用“#include <absacc. h>”包含该头文件即可使用其中定义的宏来访问绝对地址，包括 CBYTE、XBYTE、PWORD、DBYTE、CWORD、XWORD、PBYTE、DWORD 等。具体定义见 absacc. h。实际在 absacc. h 中的定义如下：

```
#define CBYTE ((unsigned char volatile code *) 0)
#define DBYTE ((unsigned char volatile data *) 0)
#define PBYTE ((unsigned char volatile pdata *) 0)
#define XBYTE ((unsigned char volatile xdata *) 0)
#define CWORD ((unsigned int volatile code *) 0)
#define DWORD ((unsigned int volatile data *) 0)
#define PWORD ((unsigned int volatile pdata *) 0)
#define XWORD ((unsigned int volatile xdata *) 0)
```

外部器件寻址方法如下：

```
unsigned char  inp_byte, c, out_val;
unsigned int  inp_word;
inp_byte = XBYTE [0x8500];          // 从地址8500H读1B
```

```
inp_word = XWORD [0x4000];              // 从地址 4000H 读一个字
c = * ( (char xdata * ) 0x0000);        // 从地址 0000 读 1B
XBYTE [0x7500] = out_val;               // 写 1B 到 7500H
```

也可以利用指向外部存储空间或外部 I/O 器件地址的指针来进行访问，如：

```
unsigned char xdata * p = 0x8500;       //定义一个指向 XDATA 区的指针指向 0x8500
inp_byte = * p;                         //从地址 8500H 读 1B
* p = out_val;                          //写 1B 到 8500H
```

5. CODE 存储类型

CODE 存储类型变量可以由指令"MOVC　A, @ A + DPTR"访问 0000 ~ FFFFH 程序存储器中的地址。代码段的数据是不可改变的，8051 的代码段不可重写。一般代码段中可存放数据表、跳转向量和状态表。对 CODE 区的访问和对 XDATA 段的访问的时间是一样的，CODE 区变量声明如下：

```
unsigned int code unit_id [2] = 1234;
unsigned char code disp_tab [16] = {
    0x00, 0x01, 0x02, 0x03, 0x04, 0x05, 0x06, 0x07,
    0x08, 0x09, 0x10, 0x11, 0x12, 0x13, 0x14, 0x15
};
```

6. 变量定位到绝对地址

在一些情况下，可能希望把一些变量定位在 51 单片机的某个固定的地址空间上。C51 为此专门提供了一个关键字_at_。使用示例如下：

```
unsigned char i _at_ 0x30;          //变量 i 存放在 data 区的 0x30 地址处
idata unsigned char j _at_ 0x40;    //变量 j 存放在 idata 区的 0x40 地址处
xdata int k _at_ 0x8000;            //int 型变量 k 存放在 xdata 区的 0x8000 地址处
```

14.3.4　Keil C51 的指针

Keil C51 提供了一个 3B 的通用存储器指针。通用存储器指针的头一个字节表明指针所指的存储区空间，另外两个字节存储 16 位偏移量。对于 DATA、IDATA 和 PDATA 区，只需要 8 位偏移量。

Keil C51 允许使用者规定指针指向具体的存储区，这种指向具体存储区的指针叫做具体指针。使用具体指针的好处是节省了存储空间。编译器不用为存储器选择和决定正确的存储器操作指令而产生额外的代码，这样就使代码更加简短，但同时必须保证指针不指向所声明的存储区以外的地方，否则会产生错误，且很难调试。Keil C51 各类指针类型和其占用字节数见表 14-6。

表 14-6　Keil C51 各类指针类型和其占用字节数

指针类型	字节数/B
通用存储器指针	3
XDATA 指针	2
CODE 指针	2

（续）

指针类型	字节数/B
IDATA 指针	1
DATA 指针	1
PDATA 指针	1

以下是各类指针定义和使用的示例：

```
unsigned char  * generic_ptr;        //通用存储器指针
unsigned char xdata  * xd_ptr;       //指向 xdata 区的指针
unsigned char code  * c_ptr;         //指向 code 区的指针
unsigned char idata  * id_ptr;       //指向 idata 区的指针
unsigned char data  * d_ptr;         //指向 data 区的指针
unsigned char pdata  * pd_ptr;       //指向 pdata 区的指针
generic_ptr = &i;                    //通用存储器指针赋值为变量 i 的地址
xd_ptr = dac0832_addr;               // xdata 区指针赋值为外部器件 dac0832 的地址
c_ptr = disp_tab;                    // code 区指针赋值为显示缓冲区表格的首址
id_ptr = &buffer [0];                // idata 区指针赋值为缓冲数组 buffer [ ] 的首址
d_ptr = buffer1;                     // data 区指针赋值为缓冲数组 buffer1 [ ] 的首址
pd_ptr = lcd_addr;                   // pdata 区指针赋值为外部 LCD 模块的地址
 * generic_ptr = 1;                  //向通用存储器指针指向的单元写 1B 数据
j = * generic_ptr;                   //从通用存储器指针指向的单元读 1B 数据
 * xd_ptr = 0x55;                    //向外部器件 dac0832 写 1B 数据
k = *  (c_ptr  + i );                //从显示缓冲区表格读取 1B 数据
 *  (id_ptr  + 1)  = 0x01;           //向缓冲数组 buffer [1] 写 1B 数据
k =  (d_ptr  + 2);                   //从缓冲数组 buffer1 [2] 读 1B 数据
 * pd_ptr = 0xaa;                    //向 LCD 模块写 1B 数据
```

由于使用具体指针能够节省不少时间，所以一般都不使用通用存储器指针。

14.3.5 Keil C51 的使用注意点

Keil C51 编译器能够让 C 程序源代码生成高度优化的代码，但编程人员可以帮助编译器产生更好的代码。

1. 采用短变量

一个提高代码效率的最基本的方式就是减小变量的长度，使用 C + + 等编程时，一般采用 int 类型变量，但对 8 位的单片机来说，应该采用 unsigned char 类型的变量，否则会造成很大的资源浪费。

2. 尽量使用无符号类型

因为 8051 不支持符号，运算程序中也不要使用含有带符号变量的外部代码。除了根据变量长度来选择变量类型外，还要考虑变量是否会用于负数的场合。如果程序中可以不需要负数，那么通常把变量都定义成无符号类型的。

3. 避免使用浮点指针

在 8 位操作系统上使用 32 位浮点数会浪费大量的时间，应当慎重使用。可以通过提高数值数量级和使用整型运算的方法来消除浮点指针。处理 int 和 long 型数据比处理 double 和 float 型数据要方便得多，代码执行起来会更快。

4. 使用位变量

对于某些标志位，应使用位变量而不是 unsigned char，能节省内存资源，而且位变量在访问时只需要一个处理周期。

5. 用局部变量代替全局变量

把变量定义成局部变量比全局变量更有效率。局部变量是在函数内部定义的变量，只在定义它的函数内部有效，只是在调用函数时才为它分配内存单元，函数结束则释放该变量空间。全局变量又称外部变量，是在函数外部定义的变量，可以为多个函数共同使用，其有效作用范围是从它定义的位置开始直到整个程序文件结束。全局变量在整个程序的执行过程中都要占用内存单元。

6. 使用宏替代函数

对于小段代码，可使用宏来替代函数，使得程序有更好的可读性。用宏代替函数的方法如下：

```
#define led_on ( ) {                              \
              led_state = LED_ON;                 \
              XBYTE [LED_CNTRL] = 0x01; }
#define led_off ( ) {                             \
              led_state = LED_OFF;                \
              XBYTE [LED_CNTRL] = 0x00; }
#define checkvalue (val)                          \
              ( (val < MINVAL | | val > MAXVAL) ? 0:1 )
```

上面的反斜杠“ \ ”表示续行符，当宏定义语句超过一行时，需要用此符号来续行。

宏能够使得访问多层结构和数组更加容易。用宏来替代程序中使用的复杂语句，有更好的可读性和可维护性。

7. 存储器模式

Keil C51 提供了小存储器模式、压缩存储器模式、大存储器模式三种存储器模式来存储变量、函数参数和分配再入函数堆栈。

如果系统所需要的内存数小于内部 RAM 数时，应使用小存储器模式进行编译。在这种模式下，DATA 段是所有内部变量和全局变量的默认存储段，所有参数传递都发生在 DATA 段中。如果有函数被声明为再入函数，编译器会在内部 RAM 中为它们分配空间。这种模式数据的存取速度很快，但存储空间只有 128B（实际只有 120B，有 8B 被寄存器组使用），还要为程序调用开辟足够的堆栈。

如果系统拥有 256B（或更少）的外部 RAM，可以使用压缩存储器模式，这样，若不加说明，变量将被分配在 PDATA 段中。这种模式将扩充你能够使用的 RAM 数量，变量的参数传递在内部 RAM 中进行，这样存储速度会比较快。对 PDATA 段的数据可通过 R0 和 R1 进行间接寻址，比使用 DPTR 要快一些。

在大存储器模式中，所有变量的默认存储区是 XDATA 段。Keil C51 尽量使用内部寄存器组进行参数传递，在寄存器组中可以传递参数的数量与压缩存储器模式一样。再入函数的模拟栈将存储在 XDATA 中。对 XDATA 段数据的访问是最慢的，所以要仔细考虑变量应存储的位置，使数据的存储速度得到优化。

14.4 Keil C51 硬件编程

8051 系列单片机作为中低档嵌入式系统的核心部分，集成了作为微型计算机所必需的众多功能部件和硬件接口，如基本 I/O 口、定时/计数器、串口等。

14.4.1 8051 的 I/O 口编程

8051 单片机的输入/输出（I/O）接口是单片机和外部设备之间进行信息交换和控制的桥梁。可以工作于标准的三总线方式，可以当作并行 I/O 口进行读写操作，也可以直接控制单个 I/O 的读写。

比如 P1.0 与 P1.1 分别接两个按键 KEY1 和 KEY2，P2 口接 8 个 LED 指示灯，要求用 C51 编程：当 KEY1 与 KEY2 同时按下时，8 个 LED 全部点亮；当仅有 KEY1 按下时，前 4 个 LED 点亮；当仅有 KEY2 按下时，后 4 个 LED 点亮；无键按下时，8 个 LED 全部熄灭。示例程序如下：

```
#include <reg51.h>            /* 头文件中包含了特殊功能寄存器 P1 和 P2 的定义 */
sbit  KEY1 = P1 ^ 0;          /* 定义位变量：将 P1.0 的名称定义为 KEY1 */
sbit  KEY2 = P1 ^ 1;
#define LED P2                /* 宏定义：将 P2 的名称定义为 LED */
main ()
{  while (1)                  /* 循环判断输入信号 KEY1、KEY2 */
   { if ((KEY1 == 0) && (KEY2 == 0)) LED = 0x00;
       else if (KEY1 == 0) LED = 0x0f;
       else if (KEY2 == 0) LED = 0xf0;
       else  LED = 0xff;    /* 无键按下，熄灭所有 LED */
   }
}
```

14.4.2 8051 的定时器编程

定时器编程主要是对定时器进行初始化来设置定时器工作模式、确定计数初值等，使用 C 语言编程和使用汇编语言编程方法非常类似。比如要用定时器实现 P1 口所接 LED 每隔 60ms 闪烁一次（设系统晶振频率为 12MHz），C51 方式编程的示例如下：

```
#include <reg51.h>
sbit  P1_0 = P1^0;
void main ()
{  P1   = 0xff;                        //关闭 P1 口接的所有灯
```

```
    TMOD = 0x01;                    //确定定时器工作模式
    TH0   = 0x15;
    TL0   = 0xa0;
    TR0   = 1;
    for ( ; ; )
     {  if (TF0)                    //如果 TF0 等于 1
        {  TF0   = 0;               //清 TF0
           TH0   = 0x15;            //重置初值
           TL0   = 0xa0;
           P1_0 = ! P1_0;           //LED 的亮灭状态切换
        }
     }
}
```

分析：要使用单片机的定时器，首先要设置定时器的工作方式，然后给定时器赋初值，即进行定时器的初始化。这里选择定时器 0，工作于定时方式，使用方式 1，即 16 位定时/计数的工作方式，不使用门控位。由此可以确定定时器的工作方式字 TMOD 应为 00000001B，即 0x01。定时初值应为 65536 − 60000 = 5536，由于不能直接给 T0 赋 16 位的值，因此必须将 5536 化为十六进制，即 0x15a0，这样就可以写出初始化程序如下：

```
TMOD  = 0x01;
TH0   = 0x15;
TL0   = 0xa0;
```

初始化定时器后，要使定时器工作，必须将 TR0 置 1，程序中用“TR0 = 1;”来实现。可以使用中断也可以使用查询的方式来使用定时器，本例使用查询方式，中断方式稍后介绍。

当定时器溢出后，TF0 被置为 1，因此只需要查询 TF0 是否等于 1 即可得知定时时间是否到达，程序中用“if (TF0) {…}”来判断，如果 TF0 = 0，则条件不满足，大括号中的程序行不会被执行，当定时时间到 TF1 = 1 后，条件满足，即执行大括号中的程序行，首先将 TF0 清 0，然后重置定时初值，最后取反 P1.0 的状态。

14.4.3　8051 的中断服务

8051 的中断系统十分重要，C51 能够用 C 语言来声明中断和编写中断服务程序。中断过程通过使用 interrupt 关键字和中断号（0 ~ 31）来实现。中断号告诉编译器中断程序的入口地址。中断号对应着 IE 寄存器中的使能位，即 IE 寄存器中的 0 位对应着外部中断 0，相应的外部中断 0 的中断号是 0。C51 的中断号和 IE 及中断源的关系见表 14-7。

表 14-7　C51 的中断号和 IE 及中断源的关系

IE 使能位和 C51 的中断号	中断源
0	外部中断 0
1	定时器 0 溢出

（续）

IE 使能位和 C51 的中断号	中断源
2	外部中断 1
3	定时器 1 溢出
4	串口中断
5	定时器 2 溢出

中断服务程序没有输入参数，也没有返回值。编译器不需要担心寄存器组参数的使用和对累加器 ACC、状态寄存器 PSW、寄存器 B、数据指针 DPTR 和默认的寄存器（如 PC）的保护。只要这些寄存器在中断程序中被用到，编译的时候软件会自动把它们入栈，在中断程序结束时又将它们恢复。中断程序的入口地址被编译器放在中断向量中。C51 支持所有 5 个 8051 标准中断源（0 ~4，只有 8052 才有定时器 2 中断）。中断程序的格式如下：

返回值　函数名　interrupt　n

典型的中断服务程序设计如下：

```
#include <reg51.h>
#define RELOADVALH 0x3C
#define RELOADVALL 0xB0
extern unsigned int tick_count;
void timer0 (void) interrupt 1 {
    TR0 =0;                    // 停止定时器 0
    TH0 = RELOADVALH;          // 设定溢出时间 50ms
    TL0 = RELOADVALL;
    TR0 =1;                    // 启动 T0
    tick_count + +;            // 时间计数器加 1
}
```

当指定中断程序的工作寄存器组时，保护工作寄存器的工作就可以被省略。使用关键字 using，后跟一个 0 ~3 的数对应着 4 组工作寄存器。当指定工作寄存器组的时候，默认的工作寄存器组就不会被压入堆栈。这将节省 32 个处理周期，因为入栈和出栈都需要 2 个处理周期。为中断程序指定工作寄存器组的缺点是，所有被中断调用的函数都必须使用同一个寄存器组，否则参数传递会发生错误。下面的例子给出了定时器 0 的中断服务程序，同时告诉编译器使用寄存器组 0。

```
#include <reg51.h>
#define RELOADVALH 0x3C
#define RELOADVALL 0xB0
extern unsigned int tick_count;
void timer0 (void) interrupt 1 using 0
{
    TR0 =0;              // 停止定时器 0
    TH0 = RELOADVALH;    // 设定溢出时间 50ms
```

```
    TL0 = RELOADVALL;
    TR0 = 1;                    // 启动 T0
    tick_count + + ;            // 时间计数器加 1
}
```

因为 8051 内部堆栈空间的限制，C51 没有像大系统那样使用调用堆栈。一般 C 语言中调用函数时，会把函数的参数和函数中使用的局部变量入栈。为了提高效率，C51 没有提供这种堆栈，而是提供一种压缩栈。每个函数被给定一个空间用于存放局部变量，函数中的每个变量都存放在这个空间的固定位置，当递归调用这个函数时，会导致变量被覆盖。

在某些实时应用中，编写非再入函数是不可取的，因为非再入函数在调用时，可能会被中断程序中断，而在中断程序中可能再次调用这个函数。所以 C51 允许将函数定义成再入函数，再入函数可被递归调用和多重调用而不用担心变量被覆盖，因为每次函数调用时的局部变量都会被单独保存。因为这些堆栈是模拟的，再入函数一般都比较大，所以运行起来也比较慢。模拟栈不允许传递 bit 类型的变量，也不能定义局部位标量。

14.4.4 8051 的串口编程

8051 系列单片机片上有 UART 用于串行通信，8051 中有两个 SBUF，一个用作发送缓冲器，一个用作接收缓冲器，在完成串口的初始化后，只要将数据送入发送 SBUF，即可按设定好的波特率将数据发送出去，而在接收到数据后，可以从接收 SBUF 中读取接收到的数据。下面通过一个例子来了解串口编程的方法。

例 14-1 甲机上电后等待乙机发来的命令 0x55，接收到该命令后点亮接在 P1.0 口的 LED，同时向乙机发送应答命令 0xaa。甲机串口发送采用查询方式，接收采用中断方式。甲机程序示例如下：

```
#include <reg51.h>
#define uchar unsigned char
sbit    LED   = P1^0;
bit  Status = 0;                   //是否接收到命令 0x55，若是，则将该位置 1
void SendData (uchar Dat);         //发送函数声明
void main ()
{  LED   =   1;                    //关闭 LED
   TMOD = 0x20;                    //确定定时器工作模式
   TH1   = 0xFD;
   TL1   = 0xFD;                   //定时初值
   PCON = 0x80;                    //SMOD = 1
   TR1   = 1;                      //开启定时器 1
   SCON = 0x40;                    //串口工作方式 1
   REN   = 1;                      //允许接收
   while (1)
   { if (Status)
        {   LED   =   0;           //点亮 LED
```

```
            SendData (0xaa);
            Status =0;
        }
    }
}
/* 串口查询发送程序 */
void SendData (uchar Dat)
{   SBUF    = Dat;
    while (! TI);               //等待发送完成
    TI =0;
}
/* 串口中断接收程序 */
void    UART_int (void)    interrupt  4
{   uchar   i;
    i   = SBUF;                 //从接收 SBUF 读取数据
    RI =0;                      //接收中断标志清0
    if (i = = 0x55)  Status =1; //判断接收到的数据是 0x55 后，Status 置 1
}
```

本程序使用 T1 作为波特率发生器，工作于方式 2，波特率为 19200bit/s，串口工作于方式 1，PCON 中的 SMOD 位置 1，可使波特率翻倍。根据以上条件不难算出 T1 的定时初值为 0xfd，TMOD 应初始化为 0x20，SCON 应初始化为 0x40，主程序 main 的开头对这些初值进行了设置。设置好初值后，使用“TR1 =1”开启定时器 1，使用“REN =1”允许接收数据，然后即进入无限循环中开始正常工作。先等待乙机发送命令标志位 Status 有效，当在串口接收中断程序中接收到从乙机发来的命令字节为 0x55 时，置位标志位 Status。Status 为 1 后点亮 LED，并通过串口发送函数 SendData 向乙机发送应答命令 0xaa。

发送函数 SendData 中有一个参数 Dat 需要传递，即待发送的字符。函数将待发送的字符送入 SBUF 后，使用一个无限循环等待发送完成，在循环中通过检测 TI 来判断数据是否发送完毕。

14.5 C51 与汇编语言的混合编程

Keil C51 是一种专门针对 8051 系列微处理器的开发工具，它提供了丰富的库函数，具有很强的数据处理能力，编程中对 8051 寄存器和存储器的分配均由编译器自动管理，因而，通常用 C51 来编写主程序。然而，有时也需要在 C 程序中调用一些用汇编 A51 编写的子程序，例如，以前用汇编语言编写的子程序、要求有较高的处理速度而必须用更简练的汇编语言编写的特殊函数或因时序要求严格而不得不使用灵活性更强的汇编语言编写的某些接口程序。另一方面，在以汇编语言为主体的程序开发过程中，如果涉及复杂的数学运算，往往需要借助 C 语言工具所提供的运算库函数和强大的数据处理能力，这就要求在汇编中调用 C 函数。

14.5.1　C51编译器格式规范

C51程序模块编译成目标文件后，其中的函数名依据其定义的性质不同会转换为其他不同的函数名，因此在C和汇编程序的相互调用中，要求汇编程序必须服从这种函数名的转换规则，否则将无法调用到所需的函数或出现错误。C51中函数名的转换规则见表14-8。

表14-8　C51中函数名的转换规则

C51函数声明	转换函数名	说　明
void func (void)	FUNC	无参数传递或参数不通过寄存器传递的函数，其函数名不改变而转入目标文件中
void func1 (char)	_FUNC1	参数通过寄存器传递的函数在其名字前加上前缀"_"字符以示区别，它表明这类函数包含寄存器内的参数传递
void func2 (void) reentrant	_? FUNC2	对于再入函数在其名字前加上前缀"_?"字符以示区别，它包含堆栈内的参数传递

14.5.2　C51函数及其相关段的命名规则

一个C51源程序模块被编译后，其中的每一个以"? PR? 函数名? 模块名"为命名规则的函数被分配到一个独立的CODE段。例如，如果模块FUNC51内包含一个名为func的函数，则其CODE段的名字是"? PR? FUNC? FUNC51"。如果一个函数包含有data和bit对象的局部变量，编译器将按"? 函数名? BYTE"和"? 函数名? BIT"命名规则建立一个data和bit段，它们代表所要传递参数的起始位置，其偏移量为零。这些段是公开的，因而它们的地址可被其他模块访问。另外，这些段被编译器赋予OVERLAYABLE标志，故可被L51连接/定位器作覆盖分析。依赖于所使用的存储器模式，C51有关段名的汇编命名规则见表14-9。

表14-9　C51有关段名的汇编命名规则

数据类型	段类型	段　名
程序代码	CODE	? PR? 函数名? 模块名（所有存储器模式）
局部变量	DATA	? DT? 函数名? 模块名（SMALL模式）
	PDATA	? PD? 函数名? 模块名（COMPACT模式）
	XDATA	? XD? 函数名? 模块名（LARGE模式）
局部bit变量	BIT	? BI? 函数名? 模块名（所有存储器模式）

14.5.3　C51函数的参数传递规则

C51和汇编接口的关键在于要弄清C函数的参数传递规则。Keil C51具有特定的参数传递规则，这就为二者的接口提供了条件。Keil C51函数最多可通过CPU寄存器传递三个参数，这种传递技术的优点是可产生与汇编语言相比的高效代码。利用寄存器的参数传递规则见表14-10。

表 14-10 利用寄存器的参数传递规则

参数 \ 寄存器 \ 指针类型	char/一字节指针	int/二字节指针	long/float	一般指针
第 1 个参数	R7	R6、R7	R4 ~ R7	R1、R2、R3
第 2 个参数	R5	R4、R5	R4 ~ R7	R1、R2、R3
第 3 个参数	R3	R2、R3	无	R1、R2、R3

如果参数较多而使得寄存器不够用时，部分参数将在固定的存储区域内传送，这种混合的情况有时会令程序员在弄清每一个参数的传递方式时发生困难。如果在源程序中选择了编译控制命令"#pragma NOREGPARMS"，则所有参数传递都发生在固定的存储区域，所使用的地址空间依赖于所选择的存储器模式。这种参数传递技术的优点是传递途径非常清晰，缺点是代码效率不高，速度较慢。

当函数具有返回值时，也需要传递参数，这种返回值参数的传递均是通过 CPU 内部寄存器完成，利用 CPU 内部寄存器进行返回值参数传递规则见表 14-11。

表 14-11 利用 CPU 内部寄存器进行返回值参数传递规则

返回类型	使用寄存器	说　明
bit	Carry_Flag	单个位经由进位标志位 C 返回
(unsigned) char 1 字节指针	R7	单字节类型经由 R7 返回
(unsigned) int 2 字节指针	R6、R7	高字节在 R6，低字节在 R7
(unsigned) long	R4 ~ R7	最高字节在 R4，最低字节在 R7
float	R4 ~ R7	32 位 IEEE 格式
一般指针	R1 ~ R3	存储器类型在 R3，高字节在 R2，低字节在 R1

14.5.4 SRC 编译控制命令

SRC 是一个十分有用的编译控制命令，它可令 C51 编译器将一个 C 源文件编译成一个相应的汇编源文件，而不是目标文件，在这个汇编文件中，可清楚地看到每一个参数的传递方法。

14.5.5 C51 与汇编语言的混合编程方法

1. 在 C51 中调用汇编程序

下面以在 P1.7 输出一个方波程序为例来说明在 C 中调用汇编程序的方法。这里假设输出方波的频率是固定的，可以通过每隔一段时间翻转 P1.7 口的输出状态来实现输出方波。主程序采用 C51 方式编程，延时函数通过汇编语言来编写。

```
//C51 主程序如下:
#include <reg51.h>
sbit   OUT = P1 ^ 7;
```

```
extern void delay (unsigned char num); //延时函数声明
void main ()
{
    while (1)
     {
        OUT = ~OUT;
        delay (10);
     }
}
;调用的延时汇编程序如下（文件名为 DELAY. ASM）：
NAME   DELAY
 ? PR?_delay? DELAY_1    SEGMENT CODE
    PUBLIC    _delay
    RSEG   ? PR?_delay? DELAY
_delay:
    USING   0
    CLR      A
    MOV      R6, A
? C0001:
    MOV      A, R6
    CLR      C
    SUBB     A, R7
    JNC      ? C0007
    CLR      A
    MOV      R5, A
? C0004:
    MOV      A, R6
    CLR      C
    SUBB     A, #064H
    JNC      ? C0003
    INC      R5
    SJMP     ? C0004
? C0003:
    INC      R6
    SJMP     ? C0001
? C0007:
    RET
    END
```

2. 在汇编中调用 C51 函数

比如在 C51 源文件 func51. C 中有一个名为 func 的函数，它完成某算术运算功能，该 C 源文件清单如下：

```
#pragma NOREGPARMS
#include <reg51. h>
#include <math. h>
unsigned char func (unsigned int v_a, unsigned int v_b)
{
    return sqrt (v_a / v_b);    /* 计算√(v_a/v_b)并返回结果 */
}
```

该函数需传递两个用于运算的参数，本例用 NOREGPARMS 命令禁止寄存器内的参数传递，即两个参数均在存储器区域内传递，且选择 SMALL 存储器模式。那么，在汇编中调用该函数的程序清单如下（文件名 ASM51. ASM）：

```
        EXTRN CODE (func)                ; 外部函数 func 声明
        EXTRN DATA (? func? BYTE)        ; 外部函数 func 局部变量传送段声明
        VAR   SEGMENT DATA               ; 局部变量段声明
        STACK SEGMENT IDATA              ; 堆栈段声明
        RSEG  VAR                        ; 局部变量段
a_v:    DS  2                            ; 用于存放第一个 int 参数的变量
b_v:    DS  2                            ; 用于存放第二个 int 参数的变量
result: DS  1                            ; 存放 func 函数 char 结果的变量
        RSEG  STACK
        DS   20H                         ; 为堆栈保留 32B
        RSEG  funca51                    ; funca51 代码段起始
        JMP  START
START:  MOV  SP, #STACK-1                ; 初始化堆栈
        MOV ? func? BYTE+0, a_v+0        ; 取第一个 int 参数
        MOV ? func? BYTE+1, a_v+1
        MOV ? func? BYTE+2, b_v+0        ; 取第二个 int 参数
        MOV ? func? BYTE+3, b_v+1
        LCALL  func                      ; 调用 C 函数 func
        MOV result, R7                   ; 存取结果
        END
```

分别用 C51 和 A51 编译器对上述 func51. C 和 ASM51. ASM 进行编译，再执行链接：

L51 ASM51. OBJ, func51. OBJ NOOVERLAY

即可实现在 ASM 51 中调用 C 函数 func。链接时选择 NOOVERLAY 是为了禁止数据段和位段的覆盖。

3. 内联汇编代码

有时程序需要使用汇编语言来编写，比如对硬件进行操作或一些对时钟要求很严格的场合，但又不希望用汇编语言来编写全部程序或调用用汇编语言编写的函数。那么可以通过预

编译指令 asm 在 C 代码中插入汇编代码。示例程序如下：

```
#include <reg51.h>
extern unsigned char code newval [256];
void func1 (unsigned char param)
{
    unsigned char temp;
    temp = newval [param];
    temp *= 2;
    temp /= 3;
#pragma asm
    MOV  P1, R7   ; 输出 temp 中的数
    NOP
    NOP
    NOP
    MOV  P1, #0
#pragma endasm
}
```

当编译器在命令行加入 src 选项时，在 asm 和 endasm 中的代码将被复制到输出的 SRC 文件中。指定 src 选项的方法是：将此源文件加入要编译的工程文件，将光标指向此文件，单击鼠标右键选择菜单"option for file 'asm. c'"，将属性菜单 properties 中的"Generate Assembler SRC File"和"Assemble SRC File"两项选中（复选框打"√"），将"Link Public Only"的"√"去掉，再编译即可。

如果不指定 src 选项，编译器将忽略在 asm 和 endasm 中的代码。很重要的一点是编译器不会编译该代码并将其放入它所产生的目标文件中，必须利用得到的 . src 文件，经过编译后再得到 . obj 文件才可以。

14.6　C51 程序设计实例

14.6.1　用 DAC0832 产生一个三角波

利用 DAC0832 产生三角波的电路如图 14-1 所示。

分析：DAC0832 是一款 8 位分辨力的 D-A 转换芯片，电路中运放 A1（LM324）的输出电压 V_0 为

$$V_0 = -\frac{V_{REF}-0}{2^8-1}D_n = -\frac{V_{REF}-0}{255}D_n$$

式中，D_n为输入数字信号的值。

运放 A2 的输出电压 V_{out} 为

$$V_{out} = -\left(V_0\frac{R_2}{R_3}+V_{REF}\frac{R_2}{R_1}\right) = \frac{V_{REF}}{255}D_n\frac{R_2}{R_3}-V_{REF}\frac{R_2}{R_1}$$

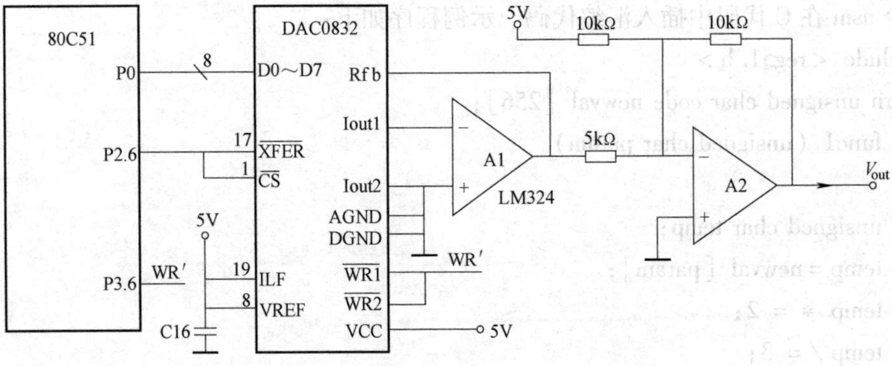

图 14-1 利用 DAC0832 产生三角波的电路

当 $V_{REF}=5V$、$R_1=R_2=10k\Omega$、$R_3=5k\Omega$ 时，有

$$V_{out}=\frac{5V}{255}\times D_n\times\frac{20}{10}-5V\times\frac{20}{20}=\frac{D_n}{255}\times 10V-5V$$

其中，$D_n=0\sim255$。

当 $D_n=0$ 时，$V_{out}=-5V$；当 $D_n=255$ 时，$V_{out}=5V$。所以只要改变 D_n 的值就可以改变输出信号幅度的大小。

而对于输出信号的频率，假如要求输出三角波的频率为 1kHz，则其周期为 1ms。如果单片机在一个三角波周期打 100 个点，则每两个点之间的时间间隔应为 1ms/100 = 10μs。

因此若要改变输出正弦波的频率，只要改变两个点的时间间隔即可。但是当要求输出三角波的频率达到 10kHz 时，则每两个点之间的时间间隔仅为 1μs，这对 80C51 单片机来说是很难实现的，为此可以通过减少每个周期打点的个数来实现。如每个周期只打 10 个点，每两个点的时间间隔为 10μs，同样三角波的输出频率可以达到 10kHz。这样的应用对时间的要求比较严格，仅用 C51 编程是很难实现的，对每两个点之间的时间间隔的延时操作最好是采用汇编语言来实现。

这里只输出固定幅度、固定频率的三角波（读者可以自行编程实现带幅度和频率控制的三角波输出)，程序示例如下：

```
#include <reg51.h>
#define uchar unsigned char
void Delay (uchar num);
void main ()
{
    uchar i;
    uchar xdata *pDAC0832 = 0xbfff;          //DAC0832 的地址
    for (;;)
     {
        *pDAC0832 = i;                       //输出一个点
        i++;
        Delay (1);
     }
```

```
}
void Delay (uchar num)                          //定义延时函数
{
    uchar i, j;
    for (i=0; i<num; i++)
    for (j=0; j< 10; j++)
}
```

14.6.2 键盘和数码管显示设计

大部分嵌入式系统都需要人机交互的功能，而键盘和LED七段数码管显示就是一个比较简单的人机交互手段之一。键盘用来输入指令，数码管用来显示单片机的状态。

这里以4×4的矩阵键盘和两位串行静态显示数码管为例进行介绍，键盘和数码管显示原理图如图14-2所示。要求每次按键时，在数码管上显示相应的键码值。

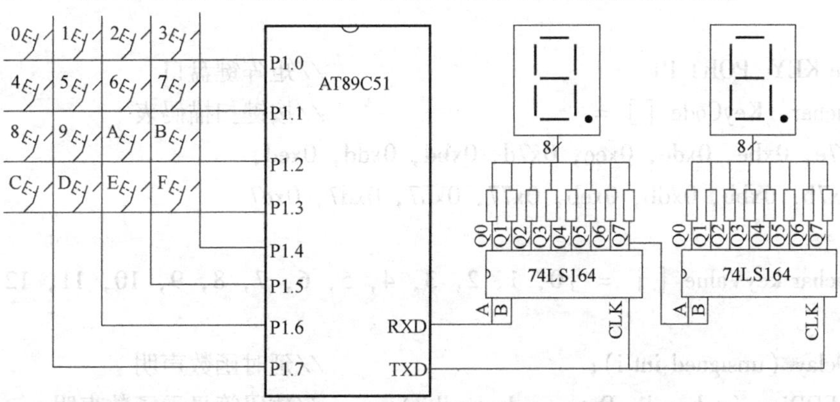

图14-2　键盘和数码管显示原理图

分析：对于4×4矩阵键盘的键值读取可采取线扫描法或翻转法，线扫描法的原理是先给矩阵键盘逐行送低电平，如果在该行上有键按下，则对应的列值也为低电平。比如当扫描到第二行，并且有5号键按下时，P1.6读回来的值也为低电平，这样就可以确定5号键的扫描码是10111101B（对应十六进制为0xbd）。行列翻转法仅需两次读写即可确定是哪个键按下，原理是先给所有行线送低电平，读取所有列线的值；然后再把所有列线送低电平，读取所有行线的值。把两次读到的值相加即可得到对应按键的键码。在这里采用行列翻转法扫描键盘。为了消除按键的机械抖动，需要在软件程序中加入去抖措施，一般用10～20ms的软件延时来实现去抖。

本例采用共阳型的数码管，单片机输出低电平点亮数码管。要想在数码管上显示正确的数字或符号，必须要先找到正确的笔形码。例如，数字“0”应该是中间的“-”和小数点“.”不亮，其他段都应该点亮，对应的笔形码为0x28（注意：具体的笔形码是根据串行移位寄存器74LS164和数码管的具体电路连接得到的，不同的电路连接会得到不同的笔形码）。

两位数码管的串行静态显示采用串口的方式0来发送显示数据，串口的方式0为移位寄存器方式，显示时只需把待显示的笔形码发到SBUF即可，每个字节确保低位在前、高位在后。先发送最后一位数码管的显示数据，最后发送第一个数码管的显示数据。

程序示例如下：

```
#include <reg51.h>
#define uchar unsigned char
#define uint  unsigned int
#define LEDSEGNUM  2                        /*数码管的个数*/
code char seg7Table [ ] =                   /*七段数码管的显示数值对应表*/
{ /*0      1      2      3      4      5      6      7*/
   0x28,  0x7e,  0xa2,  0x62,  0x74,  0x61,  0x21,  0x7a,
  /*8      9      A      B      C      D      E      F*/
   0x20,  0x60,  0x30,  0x25,  0xa9,  0x26,  0xa1,  0xb1,
  /*     无显示     */
   0xff
};
#define KEY_PORT P1                                //矩阵键盘口
code uchar  KeyCode [ ] =                          //按键扫描码表
{ 0x7e, 0xbe, 0xde, 0xee, 0x7d, 0xbd, 0xdd, 0xed,
  0x7b, 0xbb, 0xdb, 0xeb, 0x77, 0xb7, 0xd7, 0xe7
};
code uchar keyValue [ ] = {0, 1, 2, 3, 4, 5, 6, 7, 8, 9, 10, 11, 12, 13, 14,
15};
void Delay (unsigned int i);                       //延时函数声明
void LEDDisp (uchar dispData, uchar selbit);       //数码管显示函数声明
uchar MatrixKeyScan (void);                        //按键扫描函数声明
void main (void)
{
  uchar key;
  SCON = 0x00;                                     //串口工作于方式 0
  while (1)
  {
     key = MatrixKeyScan ();                       //读取按键值
     LEDDisp (key, 0x01);                          //在某一位数码管上显示键值
  }
}
/*完成一定时间的延时，用于非准确延时*/
void Delay (unsigned int i)
{
  unsigned int j;
  char k;
```

```
for (j=0; j<i; j++)
    {
     for (k=0; k<100; k++);
    }
}
/*用数码显示数据。dispData：显示的数据，selbit：显示的位选*/
void LEDDisp (uchar dispData, uchar selbit)
{
    uchar i;
    for (i=LEDSEGNUM; i>0; i--)                //先显示最后一位数码管
     {
        if (i == selbit)
         {
            SBUF=seg7Table [dispData];         //在对应的数码管上显示数据
         }
        else SBUF=0xff;                        //其他位置的数码管熄灭
     }
}
/* 采用翻转法对矩阵键盘进行扫描，有键按下并释放之后才返回*/
uchar MatrixKeyScan (void)
{
    uchar i;
    uchar key=0xff, keyScan0, keyScan1;
    while (1)
     {
                                               //采用翻转法对键盘进行扫描
      KEY_PORT=0xf0;                           //行置低电平，列置高电平
      keyScan0=KEY_PORT & 0xf0;                //读出列的值，判断是否被拉低
      if (keyScan0! =0xf0)                     //判断是否有键按下，有
       {
          Delay (10);                          //延时去抖
          keyScan0=KEY_PORT & 0xf0;            //再次读出列的值，判断是否被拉低
          if (keyScan0! =0xf0)
           {
            KEY_PORT=0x0f;                     //列置低电平，行置高电平
            keyScan1=KEY_PORT & 0x0f;          //读行值，得按键扫描码
            key= (keyScan0<<4) +keyScan1;
            for (i=0; i<16; i++)               //根据按键扫描码得到对应的键值
             {
```

```
            if (KeyCode [i] = = key) break;    //如果找到相应的扫描码，则跳出
            }
            KEY_PORT = 0x0f;
            while (keyScan0! =0x0f)             //等待按键释放
             {                                  //再次读出列值，判断是否被拉低
               keyScan0 = KEY_PORT & 0x0f;
             }
         if (i > =16)    return 0x10;           //没找到正确的扫描码
            else         return keyValue [i];   //返回对应的键值
            }
      }
    }
  }
```

思考与练习

1. Keil C51 与标准 C 语言有何异同？
2. continue 与 break 语句有何区别？
3. while 与 do-while 语句有何异同？
4. 宏与函数在使用上有何异同？
5. 哪些数据类型是 80C51 单片机直接支持的？
6. 写出一个 C51 程序的结构。
7. 8051 系列单片机有几种存储区类型？
8. 如何定义内部 RAM 的可位寻址区的字符变量？
9. 试编写一段程序，将内部数据存储器 30H 和 31H 单元内容传送到外部数据存储器 1000H 和 1001H 单元中去。
10. 试编写一段程序，将外部数据存储器 40H 单元中的内容传送到 50H 单元。
11. 采用 C51 编程时，在什么情况下有必要调用汇编语言？
12. 混合编程应注意的问题是什么？
13. 如何编写高效的单片机 C51 程序？

单元15 单片机系统的电磁兼容设计

学习目的： 掌握单片机抗干扰设计。

重点难点： 硬件抗干扰及软件抗干扰。

外语词汇： Electromagnetic Compatibility（电磁兼容）、Watchdog（看门狗）。

电磁兼容（EMC）设计实际上就是针对电子产品中产生的电磁干扰进行优化设计，使之能成为符合各国或地区电磁兼容性标准的产品。电磁兼容性的定义是“设备或系统在其电磁环境中能正常工作且不对该环境中的任何事物构成不能承受的电磁干扰”。即在同一电磁环境中，设备能够不因为其他设备的干扰影响正常工作，同时也不对其他设备产生影响工作的干扰。

单片机应用系统的工作环境复杂多变，常常容易受到各种干扰的侵袭，特别是在工业环境下工作的单片机系统，恶劣的工业环境往往会给单片机带来各种各样的干扰，干扰入侵单片机系统的途径如图15-1所示。

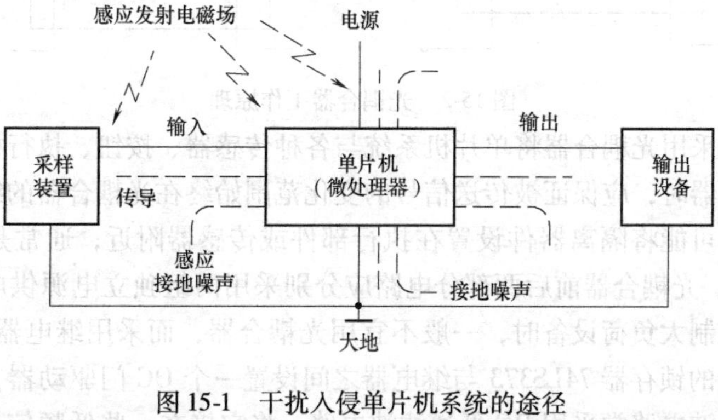

图15-1 干扰入侵单片机系统的途径

因此，单片机应用系统必须采取一定措施，减少或消除干扰，抗干扰设计现已成为单片机应用系统整体设计中的一部分。常见干扰有电源干扰、过程通道干扰以及空间电磁辐射干扰等。抗干扰设计的基本原则是抑制干扰源，切断干扰传播路径，提高敏感器件的抗干扰性能。抗干扰设计的基本技术有硬件抗干扰技术和软件抗干扰技术。

15.1 硬件抗干扰技术

硬件抗干扰技术是系统设计首选的抗干扰措施，它能有效地抑制干扰源，阻断干扰的传输信道。常用的措施有隔离技术、滤波技术、屏蔽技术和接地技术。

15.1.1 输入输出隔离

常用的隔离器件有隔离变压器、光耦合器（简称光耦）、继电器和隔离放大器等，其中，光耦合器应用最广。

1. 隔离变压器

一般变压器的绕组之间存在着干扰信号的电容性耦合，而隔离变压器能有效地抑制这种耦合。因此，隔离变压器常用于电源及两个或多个设备之间的电路性去耦。由于隔离变压器在一次侧与二次侧之间增加了一层屏蔽层，并将屏蔽层与铁心一起接地，这样，可以防止干扰通过一次侧与二次侧之间的分布电容进入单片机。电源通过低通滤波器和隔离变压器接入电网。

2. 光耦合器

光耦合器是利用光传递信息的，它是由输入端的发光元器件和输出端的受光元器件组成的，光耦合器工作原理如图 15-2 所示。它的发光元器件可以是场致发光器件、发光二极管(红色光或红外光)、氖灯或钨丝灯。受光元器件可以是光敏二极管、光敏晶体管、光敏晶闸管、光敏集成电路。近年来，许多厂家已生产出多种类型的光耦合器。由于它的输入与输出在电气上是完全隔离的，具有很高的抗干扰性能，因而近年来在微型计算机控制系统中获得了广泛应用。

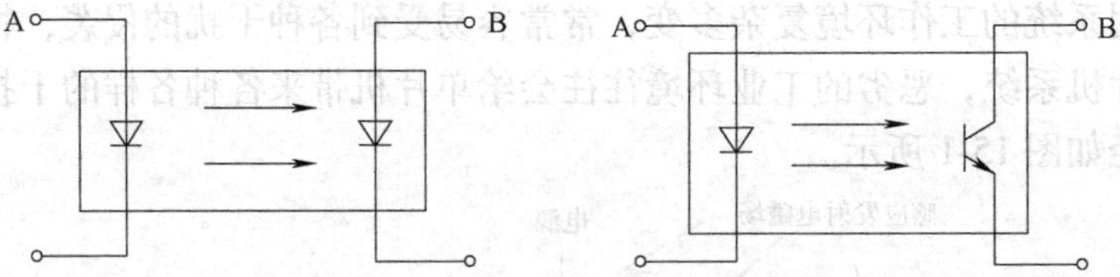

图 15-2　光耦合器工作原理

在过程通道中采用光耦合器将单片机系统与各种传感器、按钮、执行机构隔离。在模拟通道中使用光耦合器时，应保证被传送信号的变化范围始终在光耦合器的线性区内，否则会产生较大误差。尽可能将隔离器件设置在执行部件或传感器附近，通常是将光耦合器放在 ADC 或 DAC 附近。光耦合器前后两部分电路应分别采用两组独立电源供电。当数字通道输出的开关量用于控制大负荷设备时，一般不宜用光耦合器，而采用继电器隔离输出。此时，要在单片机输出端的锁存器 74LS373 与继电器之间设置一个 OC 门驱动器，用以提供较大的驱动电流。硬件滤波电路常采用 RC 低通滤波电路，将它接在一些低频信号传送电路中，可以大大削弱各类高频干扰信号。

门电路将不同电位的信号加到光耦合器上，构成简单的逻辑电路，可方便地用于各种与逻辑电路相连的输入端，能把信号送到输出端，而输入端的噪声不会送出。

在测量微弱电流时，常常采用由光耦合器构成的整形放大器。若放大器中使用机械换流器（或场效应晶体管）时，响应速度慢，有尖峰干扰，影响电路工作。采用光耦合器就没有这样的问题，尖峰噪声可以去掉。

15.1.2　硬件滤波电路

在整流元件上并联滤波电容，可在很大程度上削弱高频干扰，滤波电容一般选用 1000pF ~ 0.01μF 的瓷片电容。通过增加低通滤波电路，可以滤除电路中的高频干扰信号。通过添加交流稳压器，可以稳定供电电压，减少电源干扰。

在输入通道上采用一定的过电压保护电路，以防引入高压，损坏系统电路。过电压保护电路由限流电阻和稳压管组成，稳压值以略高于最高传送信号电压为宜。对于微弱信号

(0.2V 以下)，采用两个反并联的二极管，也可起到过电压保护的作用。

有时有效信号的频谱与干扰的频谱相互交错，使用一般硬件滤波很难分离，可采用调制解调技术。先用已知频率的信号对有效信号进行调制，调制后的信号频谱应远离干扰信号的频谱区域。传输中各种干扰信号很容易被滤波器滤除，被调制的有效信号经解调器解调后恢复原状。有时不用硬件解调，运用软件中的相关算法也可达到解调的目的。

15.1.3　接地技术

单片机应用系统中存在的地线有数字地、模拟地、功率地、信号地和屏蔽地。

1）一般高频电路应就近多点接地，低频电路应一点接地。在高频电路中，地线上具有电感，因而增大了地线阻抗，而且地线变成了天线，会向外辐射噪声信号，因此，要多点就近接地。在低频电路中，接地电路若形成环路，对系统影响很大，因此应一点接地。

2）交流地、功率地与信号地不能共用。流过交流地和功率地的电流较大，会产生数毫伏，甚至几伏电压，这会严重地干扰低电平信号的电路，因此信号地与交流地、功率地应该分开。

3）信号地与屏蔽地的连接不能形成死循环回路，否则会感应出电压，形成干扰信号。

4）地与模拟地应分开，最后单点相连。

15.1.4　屏蔽

用金属外壳将整机或部分元器件包围起来，再将金属外壳接地，就能起到屏蔽的作用，对于各种通过电磁感应引起的干扰特别有效。屏蔽外壳的接地点要与系统的信号参考点相接，而且只能单点接地，所有具有同参考点的电路必须装在同一屏蔽盒内。如有引出线，应采用屏蔽线，其屏蔽层应和外壳在同一点接系统参考点。参考点不同的系统应分别屏蔽，不可共处一个屏蔽盒内。

15.2　软件抗干扰技术

尽管采取了硬件抗干扰措施，但由于干扰信号产生的原因很复杂，且有很大的随机性，因此在采取硬件抗干扰措施的基础上，采取软件抗干扰措施加以补充。常见的软件抗干扰技术有数字滤波、指令冗余、“软件陷阱”和“看门狗”技术。数字滤波可以对各种干扰信号，甚至极低频率的信号滤波。指令冗余、“软件陷阱”和“看门狗”技术主要是防程序“跑飞”。

15.2.1　数字滤波

所谓数字滤波，就是通过特定的计算程序处理，降低干扰信号在有用信号中的比例，故实质上是一种程序滤波。数字滤波可以对各种干扰信号，甚至极低频率的信号滤波。数字滤波由于稳定性高，滤波器参数修改方便，因此得到了广泛应用。

与模拟滤波器相比，数字滤波器有以下优点：

1）不需要增加任何硬设备，只要程序在进入数据处理和控制算法之前，附加一段数字滤波程序即可。

2）不存在阻抗匹配问题。

3）可以对频率很低，如 0.01Hz 的信号滤波，而模拟 RC 滤波器由于受电容容量的影响，频率不能太低。

4）对于多路信号输入通道，可以共用一个滤波器，从而降低仪表的硬件成本。

5）只要适当改变滤波器程序或参数，就可以方便地改变滤波特性，这对于低频脉冲干扰和随机噪声的克服特别有效。

1. 限幅滤波

当采样信号由于随机干扰而引起严重失真时，可以采用限幅滤波。根据经验，可确定出两次采样信号可能出现的最大偏差 ΔY。所谓限幅滤波，就是把两次相邻的采样值相减，求出其增量（以绝对值表示），然后与两次采样允许的最大差值 ΔY 进行比较。如果小于或等于 ΔY，则取本次采样值；如果大于 ΔY，则仍取上次采样值作为采样值。这种滤波方法主要用于变化缓慢的参数测量，如温度、液位等。也可以在大电流、大电感负载切断时，即干扰的特点为时间短但幅值却很大的情况下使用。

将当前采样值存入 30H，上次采样值存入 31H，结果存入 32H。ΔY 根据经验确定，限幅滤波程序流程图如图 15-3 所示。

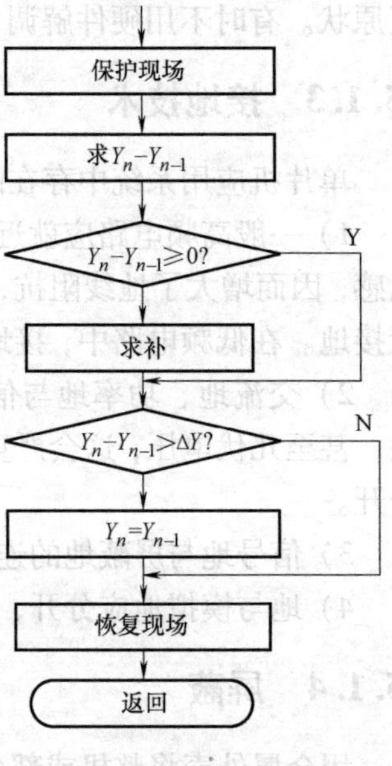

图 15-3 限幅滤波程序流程图

程序清单如下：

```
XF-FILTERING: PUSH   ACC           ; 保护现场
              PUSH   PSW
              MOV    A, 30H        ; Yn→A
              CLR    C
              SUBB   A, 31H        ; Yn - Yn-1
              JNC    LPO           ; Yn - Yn-1 ≥0 是否成立
              CPL    A             ; Yn < Yn-1，进行求补
LP0:          CLR    C
              CJNE   A, #01H, LP2  ; Yn - Yn-1 > ΔY 是否成立
LP1:          MOV    32H, 30H      ; 等于 ΔY，本次采样值有效
              AJMP   LP3
LP2:          JC     LP1
              MOV    32H, 31H      ; 小于 ΔY，本次采样值有效
LP3:          POP    PSW           ; 大于 ΔY，Yn = Yn-1
              POP    ACC           ; 恢复现场
              RET
```

只有当本次采样值小于上次采样值时才进行求补，从而保证本次采样值有效。

2. 中位值滤波

中位值滤波是对某一被测量连续采样 N 次（一般 N 取为奇数），然后把 N 次采样值按大小排列，取中间值为本次采样值。中位值滤波能有效地克服偶然因素引起的波动。对于温度、液位等缓慢变化的被测量，采用此法能收到良好的滤波效果，但对于流量、压力等变化较快的被测量，一般不宜采用中位值滤波。

中位值滤波就是连续输入三个检测信号，从中选择一个中间值作为有效信号。本例第一次采集的数据存入 R1，第二次采集的数据存入 R2，第三次采集的数据存入 R3。中位值存入 R0。程序清单如下：

```
MV：    PUSH    PSW        ；保护 PSW、A
        PUSH    A
        MOV     A，R1      ；第一次采集的数据送 A
        CLR     C
        SUBB    A，R2
        JNC     LOB01      ；第一次采集的数据大于第二次采集的数据，转 LOB01
        MOV     A，R1      ；第一次和第二次采集的数据互换
        XCH     A，R2
        MOV     R1，A
LOB01：MOV     A，R3
        CLR     C
        SUBB    A，R1
        JNC     LOB03      ；第三次采集的数据大于第一次采集的数据，转 LOB03
        MOV     A，R3
        CLR     C
        SUBB    A，R2
        JNC     LOB04      ；第三次采集的数据大于第二次采集的数据，转 LOB04
        MOV     A，R2
        MOV     R0，A
LOB02：POP     ACC        ；恢复 PSW、A
        POP     PSW
        RET
LOB03：MOV     A，R1
        MOV     R0，A
        AJMP    LOB02
LOB04：MOV     A，R3
        MOV     R0，A
        AJMP    LOB02
```

3. 平滑滤波

叠加在有用数据上的随机噪声在很多情况下可以近似地认为是白噪声。白噪声具有一个很重要的统计特性，即其统计平均值为零。因此，可以用求平均值的办法来消除随机误差，这就是所谓平滑滤波。

4. 算术平均滤波

算术平均滤波法适用于对一般的具有随机干扰的信号进行滤波。这种信号的特点是信号本身在某一数值范围附近上下波动，如测量流量、液位时经常遇到这种情况。

算术平均滤波是要按输入的 N 个采样数据 x_i（$i=1, 2, \cdots, N$），寻找这样一个 y，使 y 与各采样值之间的偏差的二次方和最小，即令 $E = \min\left[\sum_{i=1}^{N}(y - x_i)^2\right]$ 最小。

由一元函数求极值的原理可得

$$y = \frac{1}{N}\sum_{i=1}^{N} x_i$$

上式即为算术平均滤波的算式。

15.2.2 指令冗余防程序“跑飞”

程序“跑飞”，就是单片机在正常运行过程中，遇到外界干扰使 CPU 发生混乱引起“死机”的现象。程序“跑飞”后，使其恢复正常最简单的方法是让 CPU 复位，让程序从头开始重新运行。这种方法虽然简单，但需要人的参与，而且复位不及时。人工复位一般是在整个系统已经瘫痪且无计可施的情况下才不得已而为之的。因此，在进行软件设计时就要预先考虑到万一程序“跑飞”，应让其能够自动恢复到正常状态下运行。程序“跑飞”后往往将一些操作数当作指令码来执行，从而引起整个程序的混乱。消除程序“跑飞”的方法之一，是采用指令冗余使“跑飞”的程序恢复到正常的状态中。

所谓指令冗余，就是指在一些关键的地方人为地插入一些单字节的空操作指令 NOP。当程序“跑飞”到某条单字节指令上时，就不会发生将操作数当成指令来执行的错误。对于 MCS-51 单片机来说，所有的指令都不会超过 3B，因此在某条指令前面插入两条 NOP 指令，则该条指令就不会被前面冲下来的失控程序拆散，而会得到正确的执行，从而使程序重新纳入轨道。通常是在一些对程序的流向起关键作用的指令前插入两条 NOP 指令，这些指令有 RET、RETI、ACALL、LCALL、SJMP、AJMP、JZ、JNZ、JC、JNC、JB、JNB、JBC、JBNZ、DJNZ 等。在某些对系统工作状态起至关重要的指令（如 SETB EA 之类）前也可插入两条 NOP 指令，以保证这些指令被正确执行。值得注意的是，在一个程序中，指令冗余不能过多，否则会降低程序的执行效率。

15.2.3 “软件陷阱”防程序“跑飞”

采用指令冗余，使“跑飞”的程序恢复正常是有条件的。首先，“跑飞”的程序必须落到程序区；其次，必须执行到所设置的冗余指令。如果“跑飞”的程序落到非程序区（如 EPROM 中未用完的空间或某些数据表格区等），或在执行到冗余指令前已经形成一个死循环，则指令冗余措施就不能使“跑飞”的程序恢复正常。这时可采用另一种抗干扰措施，即所谓的“软件陷阱”。

“软件陷阱”是一条引导指令，强行将捕获的程序引向一个指定的地址，在那里有一段专门处理错误的程序。假设这段处理错误的程序入口地址为 ERROR，则下面三条指令即组成一个“软件陷阱”。

```
NOP
NOP
```

```
LJMP    ERROR     ；转到预先设计的入口执行
```

“软件陷阱”一般安排在下列四种地方。

1. 未使用的中断向量区

MCS-51单片机的中断向量区为0003H～002FH。如果系统程序未使用完全部中断向量区，则可在剩余的中断向量区安排“软件陷阱”，以便能捕捉到错误的中断。例如，某系统使用了两个外部中断INT0、INT1和一个定时器溢出中断T0，它们的中断服务子程序入口地址分别为TO_INT0、TO_INT1和TO_T0，即可按下面的方式来设置中断向量区：

```
        ORG     0000H
START:  LJMP    TO_MAIN     ；引向主程序入口
        ORG     0003H
        LJMP    TO_ INT0    ；INT0中断服务程序入口
        NOP                 ；冗余指令
        LJMP    ERROR       ；陷阱
        ORG     000BH
        LJMP    TO_T0       ；T0中断服务程序入口
        NOP                 ；冗余指令
        NOP
        LJMP    ERROR       ；陷阱
        ORG     0013H
        LJMP    TO_INT1     ；INT1中断服务程序入口
        NOP                 ；冗余指令
        NOP
        LJMP    ERROR       ；陷阱
        ORG     001BH
        LJMP    ERROR       ；未使用T1中断，设陷阱
        NOP                 ；冗余指令
        NOP
        LJMP    ERROR       ；陷阱
        ORG     0023H
        LJMP    ERROR       ；未使用串口中断，设陷阱
        NOP                 ；冗余指令
        NOP
        LJMP    ERROR       ；陷阱
        ORG     002BH
        LJMP    ERROR       ；未使用T2中断，设陷阱
        NOP                 ；冗余指令
        NOP
        TO_MAIN：…          ；主程序
```

2. 未使用的大片FLASH ROM空间

程序一般都不会占用 FLASH ROM 芯片的全部空间。对于剩余未编程的 FLASH ROM 空间，一般都维持原状，即其内容为 0FFH。0FFH 对于 AT89S51 单片机的指令系统来说是一条单字节的指令：

MOV R7，A

如果程序“跑飞”到这一区域，则将顺利向后执行，不再跳跃（除非又受到新的干扰），因此，在这段区域内每隔一段地址设一个陷阱，就一定能捕捉到“跑飞”的程序。

3. 表格

有两种表格：一类是数据表格，供“MOVC A，@A+PC”指令或“MOVC A，@A+DPTR”指令使用，其内容完全不是指令；另一类是散转表格，供“JMP @A+DPTR”指令使用，其内容为一系列的三字节指令 LJMP 或双字节指令 AJMP。由于表格的内容与检索值有一一对应的关系，在表格中间安排陷阱会破坏其连续性和对应关系，因此，只能在表格的最后安排陷阱。如果表格区较长，则安排在最后的陷阱不能保证一定能捕捉“跑飞”来的程序，程序有可能在中途再次“跑飞”，这时只好指望别处的陷阱或冗余指令对其进行捕捉。

4. 程序区

程序区是由一系列的指令构成的。不能在这些指令中间任意安排陷阱，否则会破坏正常的程序流程。但是，在这些指令中间常常有一些断点，正常的程序执行到断点处就不再往下执行了，这类指令有 LJMP、SJMP、AJMP、RET、RETI 等。CPU 执行到这些指令时，PC 的值应发生正常跳变。如果在这些指令处设置陷阱，就有可能捕捉到“跑飞”的程序。例如，一个对累加器 A 的内容的正、负、和的情况进行三分支判断的程序，其“软件陷阱”安排如下：

```
            JNZ     TO_XYZ
            …                       ；0 处理
            AJMP    ABC_SUB         ；断点
            NOP
            NOP
            LJMP    ERROR           ；陷阱
TO_XYZ：    JB      ACC.7，TO_UVW
            …                       ；正处理
            AJMP    ABC_SUB         ；断点
            NOP
            NOP
            LJMP    ERROR           ；陷阱
TO_UVW：    …                       ；负处理
ABC_SUB：   MOV     A，R2           ；取结果
            RET                     ；断点
            NOP
            NOP
            LJMP    ERROR
```

由于“软件陷阱”都安排在正常程序执行不到的地方，故不会影响程序的执行效率。在 FLASH ROM 容量允许的条件下，这种“软件陷阱”设置多一些为好。

15.2.4　使用“看门狗”处理程序“跑飞”

如果“跑飞”的程序落到一个临时构成的死循环中，冗余指令和“软件陷阱”都将无能为力，这时可采取“看门狗”措施。

“看门狗”有如下特性：

1）本身能独立工作，基本上不依赖于 CPU。CPU 只在一个固定的时间间隔内与其打一次交道，表明整个系统“目前尚属正常”。

2）当 CPU 落入死循环后，能及时发现并使整个系统复位。在 AT89S 系列单片机中，已将“看门狗”功能集成到芯片中，使用起来很方便。“看门狗”包含一个 14 位计数器和看门狗定时器复位寄存器（WDTRST）。用户只要按照先写入 01EH，紧接着写入 0E1H 的顺序，将代码 01EH 和 0E1H 写入 WDTRST（地址为 0A6H），WDT 的定时器便启动计数。

具体操作如下：

```
MOV    WDTRST，#1EH
MOV    WDTRST，#0E1H
```

在振荡器有效运行的情况下，计数器每个机器周期都将加 1。在 WDT 启动之后，每次向 WDTRST 内重装数据 01EH 和 0E1H，WDT 定时器便重新停止 WDT 计数。WDT 溢出时，将在器件的 RST 引脚上输出一个正脉冲。WDT 溢出时，不仅可使单片机复位，程序从 0000H 开始执行，而且会在 RST 引脚上输出一个高电平脉冲，其宽度是 98 个振荡器周期。WDT 一旦溢出，便停止计数。

在实际应用中，为防止 WDT 启动后产生不必要的溢出，应在执行运行程序的过程中，周期性地复位 WDTRST。周期应小于 16383 个机器周期。当单片机因干扰而使程序不能正常运行时，也就无法定期复位 WDTRST，导致 WDT 溢出。片内没有看门狗的单片机，可选用专用单片机电源管理芯片，该系统必须包括一定的硬件电路，它完全独立于 CPU 之外。如果为了简化电路，也可采用纯软件的“看门狗”系统。如果产生复位信号，看门狗定时器也会被禁止。当复位信号无效且 WDI 输入检测到短至 50ns 的高电平或低电平跳变时，看门狗定时器将开始 1.6s 的计数。WDI 端的跳变会复位看门狗定时器并启动一次新的计数周期。

除了芯片内硬件看门狗外，也可用软件程序来形成“看门狗”。例如，可以采用 AT89S51 中的定时器 T0 来形成看门狗。将 T0 的溢出中断设置为高优先级中断，其他中断均设置为低优先级中断。若采用 6MHz 的时钟，则可用以下程序定时约 10ms 来形成软件看门狗。

```
MOV     TMOD，#01H      ；设置 T0 为定时器
SETB    ET0             ；允许 T0 中断
SETB    PT0             ；设置 T0 为高优先级中断
MOV     TH0，#0E0H      ；定时约 10ms
SETB    TR0             ；启动 T0
SETB    EA              ；开中断
```

“看门狗”启动后，系统程序必须每隔小于 10ms 的时间执行一次“MOV TH0，#0E0H”

指令，重新设置 T0 的计数初值。如果程序“跑飞”后执行不到这条指令，则在 10ms 之后即会产生一次 T0 溢出中断，在 T0 的中断向量区安放一条转移到出错自理程序的指令“LJMP ERROR”，由出错自理程序来自理各种善后工作。采用软件“看门狗”有一个弱点，就是如果“跑飞”的程序使某种操作数变成了修改 T0 功能的指令，则执行指令后软件“看门狗”就会失效。因此，软件“看门狗”的可靠性不如硬件的高。

15.2.5 通过复位使系统恢复正常

硬件复位是使单片机重新恢复正常工作状态的一个简单有效的方法。硬件复位后，CPU 被重新初始化，所有被激活的中断标志都被清除，程序从 0000H 地址重新开始执行。硬件复位又称为“冷启动”，它是将系统当时的状态全部作废，重新进行彻底的初始化，使系统的状态得以恢复。虽然“冷启动”来得彻底，但往往不利于系统的“连续性”。若用软件抗干扰措施来使系统恢复到正常状态，可对系统的当前状态进行修复和有选择地进行部分初始化，这种操作又称为“热启动”。“热启动”时，首先要对系统进行软件复位，也就是执行一系列指令来使各种专用寄存器达到与硬件复位时同样的状态；其次，还要清除中断激活标志。在所有的指令中，只有 RETI 指令能清除中断激活标志。前面提到的出错处理程序 ERROR 主要用于完成这一功能，这部分程序如下：

```
          ORG    2000H
ERROR:    CLR    EA              ；关中断
          MOV    DPTR，ERR_SUB   ；准备要返回的地址入口
          PUSH   DPL
          PUSH   DPH
          RETI                   ；清除高优先级中断激活标志
ERR_SUB:  MOV    66H，#0AAH      ；重建上电标志
          MOV    67H，#55H
          CLR    A               ；准备复位地址
          PUSH   ACC             ；压入复位地址
          RETI                   ；清除低级中断激活标志
```

在这段程序中，用两条 RETI 指令代替两条 LJMP 指令，从而清除了全部的中断激活标志。另外在 66H、67H 两个单元中，存放一个特定数 0AAH，55H 作为“上电标志”。系统在执行复位操作时，可以根据这一标志来决定是进行全面初始化，还是部分初始化。如前所述，“热启动”时进行部分初始化，但如果干扰过于严重而使系统遭受的破坏太大，“热启动”不能使系统得到正确的恢复时，则只有采取“硬启动”对系统进行全面初始化，使之恢复正常。在进行“热启动”时，为使启动过程能顺利进行，首先关中断并重新设置堆栈，即使系统复位的第一条指令应为关中断指令。因为“热启动”是由软件复位（如软件 WATCHDOG 等）引起的，这时中断系统未被关闭，有些中断请求允许正在排队等待响应。再者，在“热启动”过程中要执行各种子程序，而子程序的工作需要堆栈的配合，在系统得到正确恢复之前堆栈指针的值是无法确定的。所以，在正式恢复之前要先设置好栈底，即第一条指令应为重新设置栈底指令。然后，将所有的 I/O 设备都设置成安全状态，封锁 I/O 操作以免干扰造成的破坏进一步扩大。接着，根据系统中残留的信息进行恢复工作。系统遭

受干扰后，会使 RAM 中的信息受到不同程度的破坏。RAM 中存储的信息包括系统的状态信息（如各种软件标志、状态变量等）、预先设置的各种参数、临时采集的数据或程序运行中产生的暂时数据。对系统进行恢复，实际上就是恢复各种关键的状态信息和重要的数据信息，同时尽可能地纠正因干扰而造成的错误信息。对于那些临时数据，则没有必要进行恢复。在恢复了关键的信息之后，还要对各种外围芯片重新写入它们的命令控制字，必要时还需要补充一些新的信息，才能使系统重新进入工作循环。

不同的单片机系统都有自己的系统要求和特点，在硬件和软件抗干扰设计上也各有自己的特色。针对无线电射频干扰和交流电路工频干扰等五种主要的干扰源以及干扰的方式，可采用上述的硬件抗干扰措施。对于软件抗干扰措施，应首先了解测量对象和干扰因素，分析干扰的来源，然后根据系统设计有效的抗干扰方法。

思考与练习

硬件抗干扰和软件抗干扰都有哪些方法？

单元16 单片机控制实际应用

16.1 卧式车床的数控改造

卧式车床的数控改造是简易的开环数控改造，其主传动仍然使用普通卧式车床的传动，而车刀架的进给运动则由两台步进电动机控制，可实现快速和切削进给。卧式车床的传动框图如图16-1所示。由图可以看出，改造后的传动系统省略了很多机械结构，而由单片机用软件来进行车刀架的换向控制、变速控制以及位置控制。

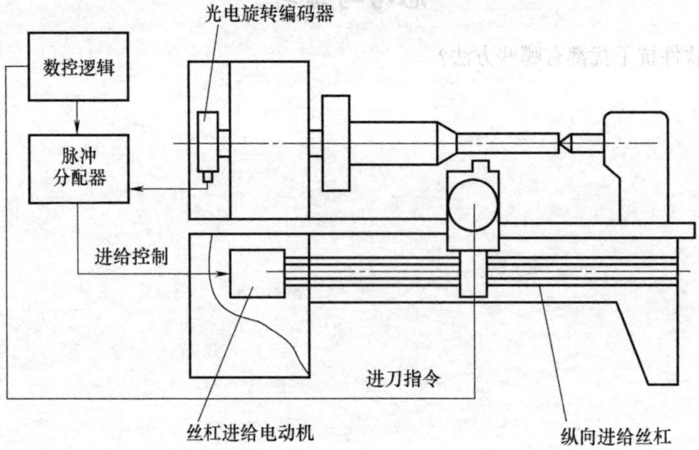

图16-1 卧式车床的传动框图

16.1.1 80C51单片机控制的硬件系统设计

控制系统的原理图如图16-2所示。在该原理图中，扩展了一片EPROM芯片2764用作程序存储器，存放系统底层程序；扩展了一片RAM芯片6264用作数据存储器，存放用户数据；键盘与LED显示采用8255来管理。

16.1.2 车刀架伺服系统软件设计

系统中没有设置硬件环行分配器，而是通过软件来控制步进电动机正、反转及转动速度、转动步数或角度等。这里只给出主程序及显示子程序清单：

```
        ORG     2000H
LOOP0:  CLR     P3.5            ；清0显示
        SETB    P3.5            ；开显示
        MOV     A，R2           ；发送预显示的字符
        MOV     SBUF，A
LOOP1:  JNB     TI，LOOP1       ；是否发送完毕
        CLR     TI              ；清发送标志
```

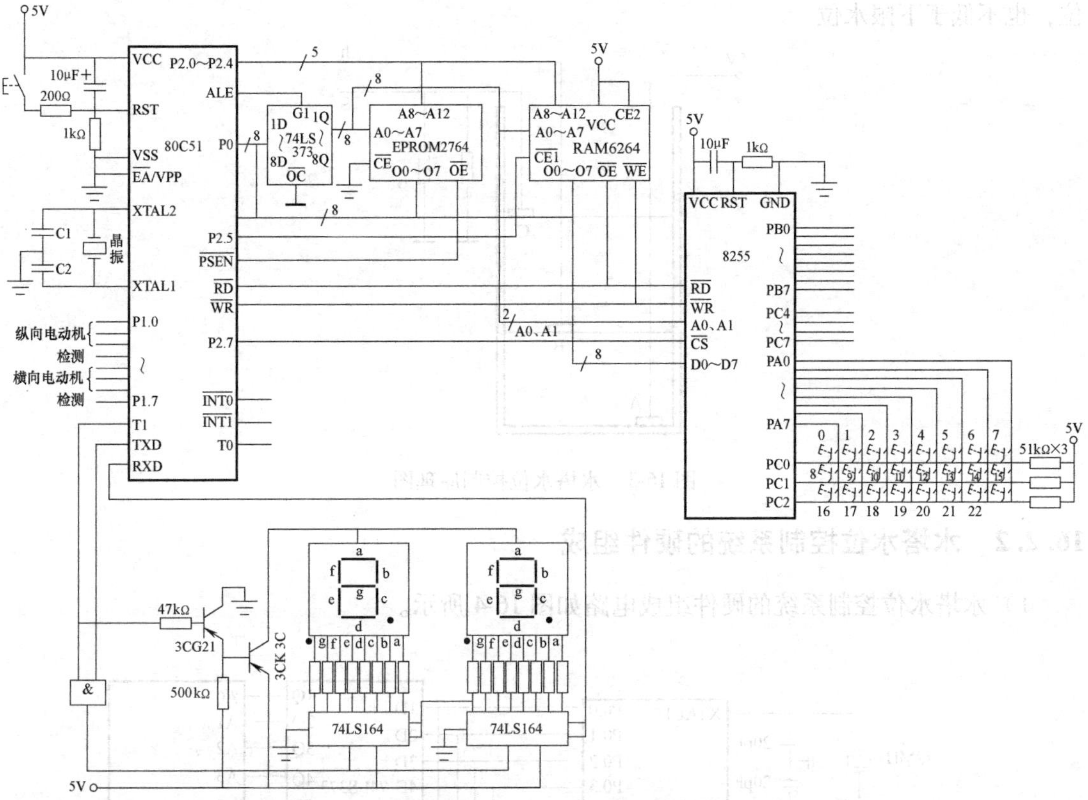

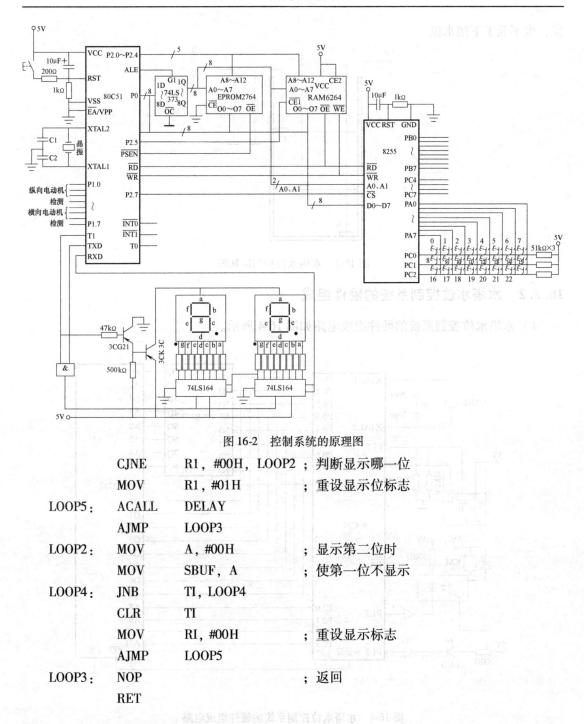

图 16-2　控制系统的原理图

```
            CJNE    R1, #00H, LOOP2  ; 判断显示哪一位
            MOV     R1, #01H         ; 重设显示位标志
LOOP5:      ACALL   DELAY
            AJMP    LOOP3
LOOP2:      MOV     A, #00H          ; 显示第二位时
            MOV     SBUF, A          ; 使第一位不显示
LOOP4:      JNB     TI, LOOP4
            CLR     TI
            MOV     RI, #00H         ; 重设显示标志
            AJMP    LOOP5
LOOP3:      NOP                      ; 返回
            RET
```

16.2　水塔水位控制系统

16.2.1　水塔水位控制系统功能

水塔水位控制原理图如图 16-3 所示。两条细线表示水位范围，正常水位不高于上限水

位，也不低于下限水位。

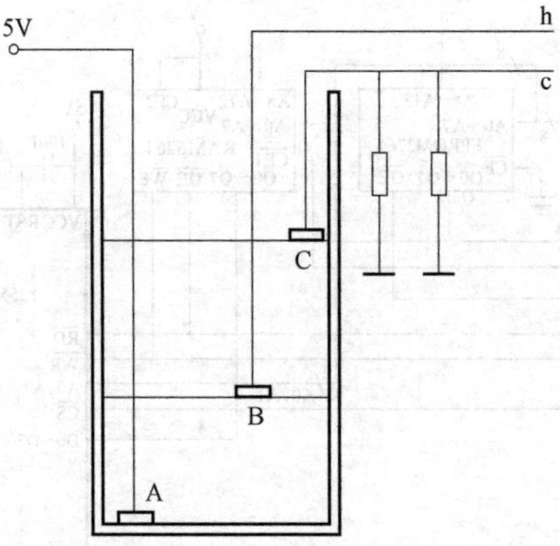

图 16-3 水塔水位控制原理图

16.2.2 水塔水位控制系统的硬件组成

1）水塔水位控制系统的硬件组成电路如图 16-4 所示。

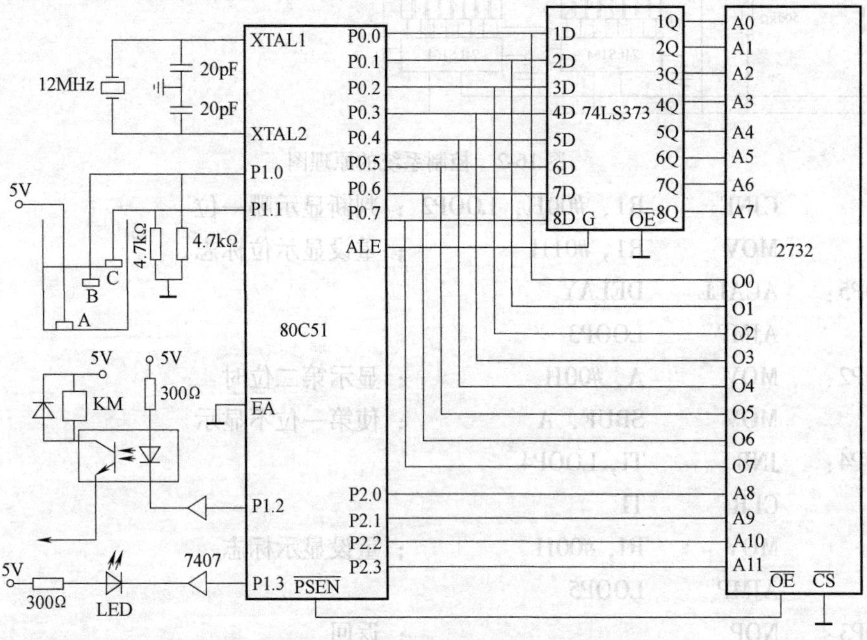

图 16-4 水塔水位控制系统的硬件组成电路

2）硬件电路组成。

① 控制微机电路。

② 检测电路。

检测电路的信号由 P1.0 及 P1.1 输入，P1.0 与 B 的状态有关，P1.1 与 C 的状态有关。这两个信号共有四种组合，水位与电动机状态关系见表 16-1。

表16-1　水位与电动机状态关系

C（P1.1）	B（P1.0）	电动机状态
0	0	电动机运转
0	1	维持原状
1	0	故障报警
1	1	电动机停转

若B棒失灵，即使水位处于上限水位之上，C仍为高电平，B仍为低电平，视为故障状态。

③　输出驱动电路。

16.2.3　水塔水位控制系统的软件设计

水塔水位控制程序流程图如图16-5所示。

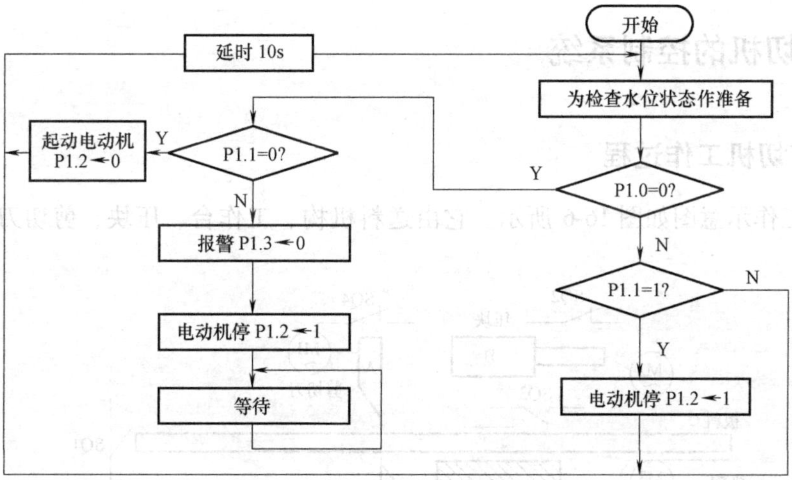

图16-5　水塔水位控制程序流程图

主程序如下：

```
        ORG     8000H
        AJMP    LOOP
LOOP:   ORL     P1, #03H        ；为检测水位状态做准备
        MOV     A, P1
        JNB     ACC.0, ONE      ；P1.0=0 则转移
        JB      ACC.1, TWO      ；P1.1=1 则转移
BACK:   ACALL   D10S            ；延时10s
        AJMP    LOOP
ONE:    JNB     ACC.1, THREE    ；P1.1=0 则转移
        CLR     93H             ；P1.3 清0，启动报警装置
        SETB    92H             ；P1.2 置1，电动机停止
FOUR:   SJMP    FOUR
THREE:  CLR     92H             ；起动电动机
```

```
        AJMP    BACK
TWO:    SETB    92H         ；电动机停止工作
        AJMP    BACK
```

延时子程序 D10S（延时 10s）如下：

```
        ORG     8030H
        MOV     R3, #19H
LOOP3:  MOV     R1, #85H
LOOP1:  MOV     R2, #0FAH
LOOP2:  DJNZ    R2, LOOP2
        DJNZ    R1, LOOP1
        DJNZ    R3, LOOP3
        RET
```

16.3 剪切机的控制系统

16.3.1 剪切机工作过程

剪切机工作示意图如图 16-6 所示。它由送料机构、工作台、压块、剪切刀、装运小车等组成。

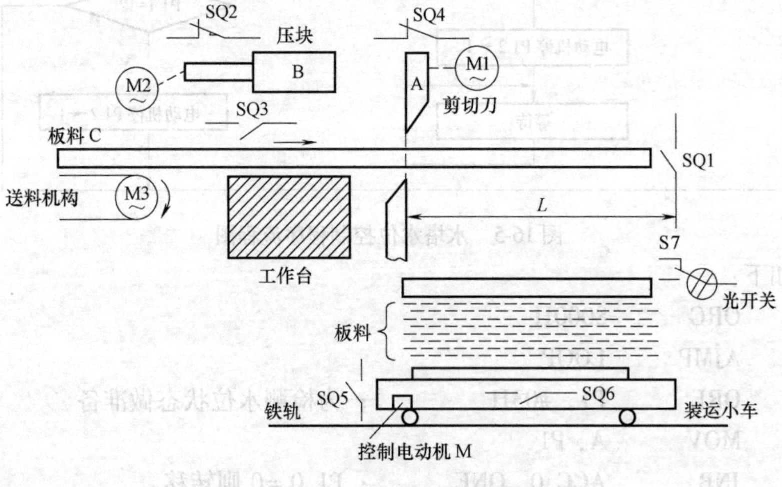

图 16-6 剪切机工作示意图

剪切机的工作过程如下：

1）根据限位开关 SQ6 的状态，判断小车是否空载。若是空载，则可开始工作。

2）通过控制电动机 M 使小车向左运动，到达限定位置时，SQ5 闭合。M 停转，小车等待装载剪切下来的板料。

3）送料机构电动机 M3 转动，带动板料向右运动。当板料到达预定位置时，SQ1 闭合，停止送料。

4）起动电动机 M2，压块下落，SQ2 闭合。当压块压紧板料时，SQ3 也闭合。

5）起动电动机 M1，剪切刀下落，当板料被剪开后，SQ4 闭合。

6）使 M1 和 M2 断电，压块和剪刀在机械机构作用下向上抬起。当回到初始位置时，SQ2、SQ3、SQ4 均断开。

7）剪下的板料落下，通过光开关 S7 时，仅开关输出一个脉冲。此脉冲送到一个计数器，若剪下的板料还不够走的数，则重复步骤 3）~7）。若剪下的板料已够数，则起动电动机 M 反向转动，使小车向右运动，把板料送到另一个地方，卸下后回到剪切机下，开始下一车的剪切工作。

16.3.2　剪切机硬件系统设计

剪切机硬件系统设计如图 16-7 所示。1#74LS373 为地址锁存器。2#74LS373 为 I/O 扩展接口，其地址为 7FFFH，用 1D ~ 6D 作为开关量输入位，分别接 SQ1 ~ SQ6。P1 口的 P1.2 ~ P1.4 这 3 位分别用来控制剪切刀、压块和送料机构；P1.0 和 P1.1 这两位用作双向电动机控制，以便使小车前进或后退。

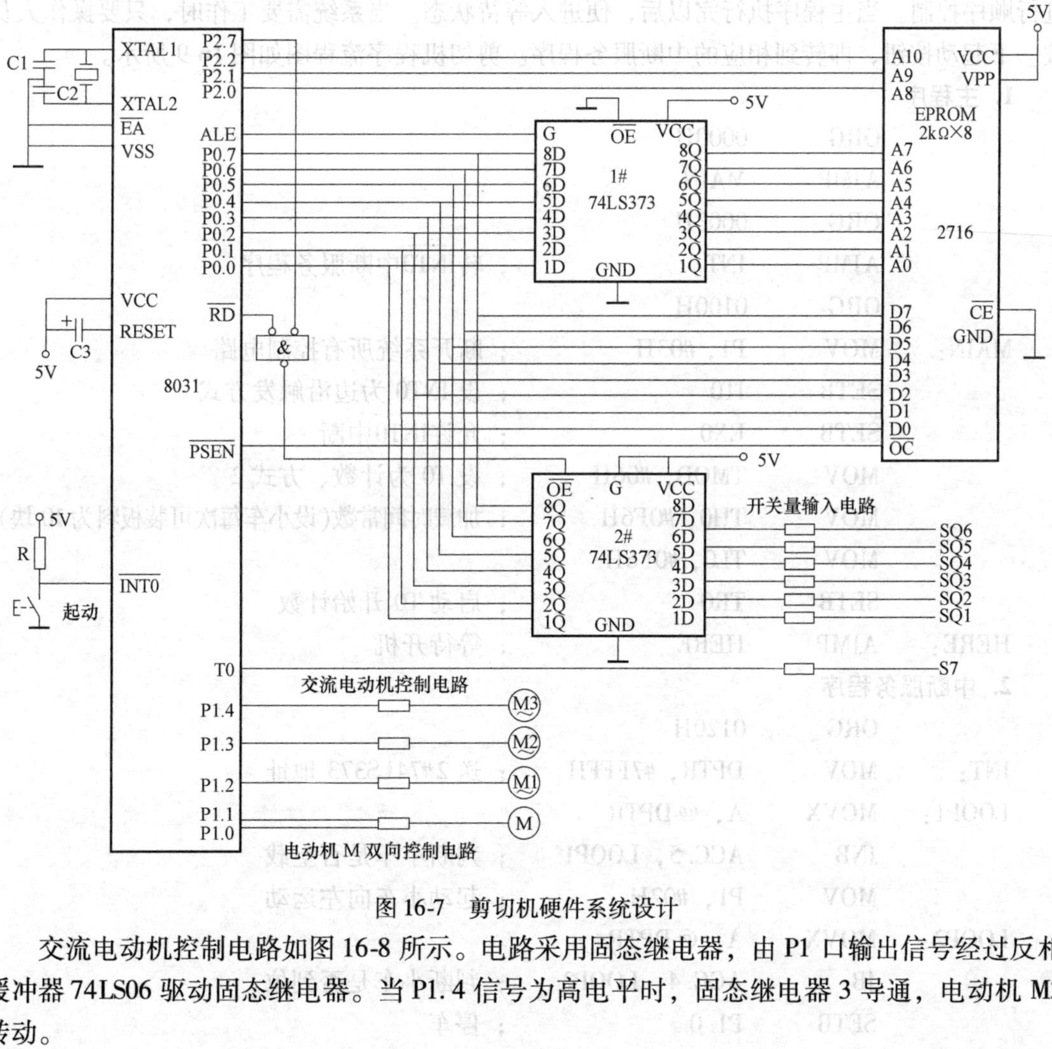

图 16-7　剪切机硬件系统设计

交流电动机控制电路如图 16-8 所示。电路采用固态继电器，由 P1 口输出信号经过反相缓冲器 74LS06 驱动固态继电器。当 P1.4 信号为高电平时，固态继电器 3 导通，电动机 M3 转动。

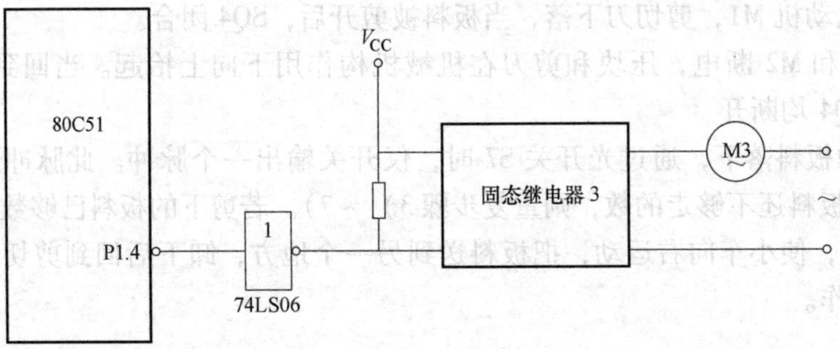

图 16-8 交流电动机控制电路

16.3.3 剪切机的软件设计

自动剪切机的控制是典型的顺序控制系统。控制程序分为两部分，一部分是主程序，用来对系统初始化，即设置中断控制字及计数初值等；另一部分为中断服务程序，用来对系统进行顺序控制。当主程序执行完以后，便进入等待状态。当系统需要工作时，只要操作人员按一下起动按钮，即转到相应的中断服务程序。剪切机程序流程图如图 16-9 所示。

1. 主程序

```
        ORG     0000H
        AJMP    MAIN
        ORG     0003H
        AJMP    INT             ；转INT0中断服务程序
        ORG     0100H
MAIN：  MOV     P1，#03H        ；断开系统所有控制电路
        SETB    IT0             ；设 INT0 为边沿触发方式
        SETB    EX0             ；允许INT0中断
        MOV     TMOD，#06H      ；设 T0 为计数、方式 2
        MOV     TH0，#0F6H      ；加载时间常数(设小车每次可装板料为 10 块)
        MOV     TL0，#0F6H
        SETB    TR0             ；启动 T0 开始计数
HERE：  AJMP    HERE            ；等待开机
```

2. 中断服务程序

```
        ORG     0120H
INT：   MOV     DPTR，#7FFFH    ；送 2#74LS373 地址
LOOP1： MOVX    A，@DPTR
        JNB     ACC.5，LOOP1    ；判断小车是否空载
        MOV     P1，#02H        ；起动小车向左运动
LOOP2： MOVX    A，@DPTR
        JB      ACC.4，LOOP2    ；判断小车是否到位
        SETB    P1.0            ；停车
REPEAT：SETB    P1.4            ；起动 M3，送板料
```

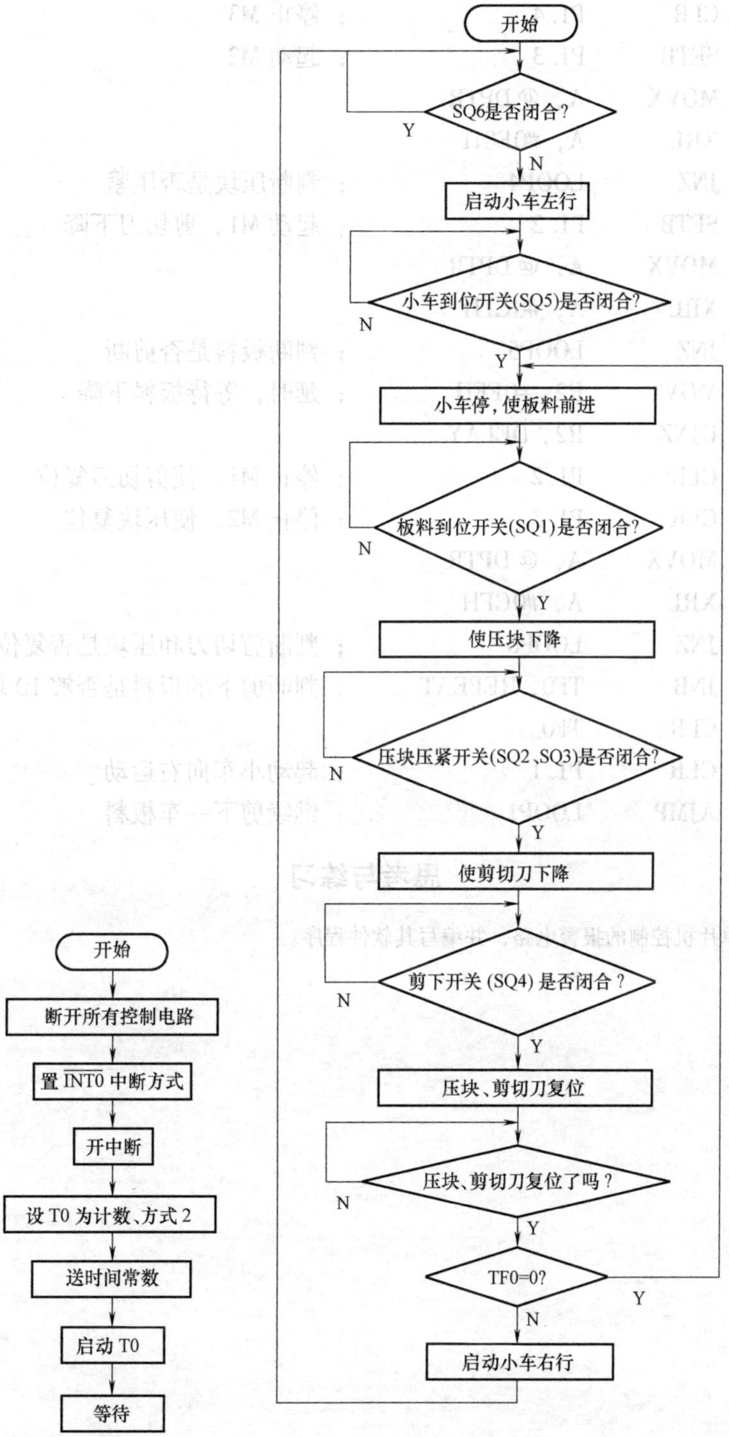

a) 主程序流程图　　　　b) 中断服务程序流程图

图 16-9　剪切机程序流程图

```
LOOP3:  MOVX    A, @DPTR
        JB      ACC.0, LOOP3    ; 判断板料是否到位
```

```
        CLR     P1.4            ; 停止 M3
        SETB    P1.3            ; 起动 M2
LOOP4:  MOVX    A, @DPTR
        XRL     A, #0E8H
        JNZ     LOOP4           ; 判断压块是否压紧
        SETB    P1.2            ; 起动 M1, 剪切刀下降
LOOP5:  MOVX    A, @DPTR
        XRL     A, #0C1H
        JNZ     LOOP5           ; 判断板料是否剪断
        MOV     R2, #0FFH       ; 延时, 等待板料下降
DELAY:  DJNZ    R2, DELAY
        CLR     P1.2            ; 停止 M1, 使剪切刀复位
        CLR     P1.3            ; 停止 M2, 使压块复位
LOOP6:  MOVX    A, @DPTR
        XRL     A, #0CFH
        JNZ     LOOP6           ; 判断剪切刀和压块是否复位
        JNB     TF0, REPEAT     ; 判断剪下的板料是否够 10 块
        CLR     TF0
        CLR     P1.1            ; 起动小车向右运动
        AJMP    LOOP1           ; 继续剪下一车板料
```

思考与练习

试设计一个单片机控制的报警电路，并编写其软件程序。

附　录

附录 A　ASCII 码表

表 A-1　ASCII 码表

行	列	0	1	2	3	4	5	6	7
	MSB 位 654 LSB 位 3210	000	001	010	011	100	101	110	111
0	0000	NUL	DLE	SP	0	@	P	、	p
1	0001	SOH	DC1	!	1	A	Q	a	q
2	0010	STX	DC2	〃	2	B	R	b	r
3	0011	ETX	DC3	#	3	C	S	c	s
4	0100	EOT	DC4	$	4	D	T	d	t
5	0101	ENQ	NAK	%	5	E	U	e	u
6	0110	ACK	SYN	&	6	F	V	f	v
7	0111	BEL	ETB	’	7	G	W	g	w
8	1000	BS	CAN	(	8	H	X	h	x
9	1001	HT	EM	)	9	I	Y	i	y
A	1010	LF	SUB	*	:	J	Z	j	z
B	1011	VT	ESC	+	;	K	[	k	{
C	1100	FF	FS	,	<	L	\	l	|
D	1101	CR	GS	–	=	M	]	m	}
E	1110	SO	RS	·	>	N	↑	n	~
F	1111	SI	HS	/	?	O	←	o	DEL

附录 B　80C51 单片机指令系统

表 B-1　80C51 单片机指令系统（一）

助记符		指令说明	字节数	周期数
数据传递类指令				
MOV	A，Rn	寄存器传送到累加器	1	1
MOV	A，direct	直接地址传送到累加器	2	1
MOV	A，@Ri	累加器传送到外部 RAM（用于 8 位地址）	1	1
MOV	A，#data	立即数传送到累加器	2	1
MOV	Rn，A	累加器传送到寄存器	1	1

（续）

助记符		指令说明	字节数	周期数
数据传递类指令				
MOV	Rn，direct	直接地址传送到寄存器	2	2
MOV	Rn，#data	累加器传送到直接地址	2	1
MOV	direct，Rn	寄存器传送到直接地址	2	1
MOV	direct，direct	直接地址传送到直接地址	3	2
MOV	direct，A	累加器传送到直接地址	2	1
MOV	direct，@Ri	间接 RAM 传送到直接地址	2	2
MOV	direct，#data	立即数传送到直接地址	3	2
MOV	@Ri，A	直接地址传送到直接地址	1	2
MOV	@Ri，direct	直接地址传送到间接 RAM	2	1
MOV	@Ri，#data	立即数传送到间接 RAM	2	2
MOV	DPTR，#data16	16 位常数加载到数据指针	3	1
MOVC	A，@A+DPTR	代码字节传送到累加器	1	2
MOVC	A，@A+PC	代码字节传送到累加器	1	2
MOVX	A，@Ri	外部 RAM（8 位地址）传送到累加器	1	2
MOVX	A，@DPTR	外部 RAM（16 位地址）传送到累加器	1	2
MOVX	@Ri，A	累加器传送到外部 RAM（8 位地址）	1	2
MOVX	@DPTR，A	累加器传送到外部 RAM（16 位地址）	1	2
PUSH	direct	直接地址压入堆栈	2	2
POP	direct	直接地址弹出堆栈	2	2
XCH	A，Rn	寄存器和累加器交换	1	1
XCH	A，direct	直接地址和累加器交换	2	1
XCH	A，@Ri	间接 RAM 和累加器交换	1	1
XCHD	A，@Ri	间接 RAM 和累加器交换低位 4B	1	1
算术运算类指令				
INC	A	累加器加 1	1	1
INC	Rn	寄存器加 1	1	1
INC	direct	直接地址加 1	2	1
INC	@Ri	间接 RAM 加 1	1	1
INC	DPTR	数据指针加 1	1	2
DEC	A	累加器减 1	1	1
DEC	Rn	寄存器减 1	1	1
DEC	direct	直接地址减 1	2	2
DEC	@Ri	间接 RAM 减 1	1	1
MUL	AB	累加器和 B 寄存器相乘	1	4
DIV	AB	累加器除以 B 寄存器	1	4

（续）

助记符		指令说明	字节数	周期数
算术运算类指令				
DA	A	累加器十进制调整	1	1
ADD	A，Rn	寄存器与累加器求和	1	1
ADD	A，direct	直接地址与累加器求和	2	1
ADD	A，@Ri	间接RAM与累加器求和	1	1
ADD	A，#data	立即数与累加器求和	2	1
ADDC	A，Rn	寄存器与累加器求和（带进位）	1	1
ADDC	A，direct	直接地址与累加器求和（带进位）	2	1
ADDC	A，@Ri	间接RAM与累加器求和（带进位）	1	1
ADDC	A，#data	立即数与累加器求和（带进位）	2	1
SUBB	A，Rn	累加器减去寄存器（带借位）	1	1
SUBB	A，direct	累加器减去直接地址（带借位）	2	1
SUBB	A，@Ri	累加器减去间接RAM（带借位）	1	1
SUBB	A，#data	累加器减去立即数（带借位）	2	1
逻辑运算类指令				
ANL	A，Rn	寄存器“与”到累加器	1	1
ANL	A，direct	直接地址“与”到累加器	2	1
ANL	A，@Ri	间接RAM“与”到累加器	1	1
ANL	A，#data	立即数“与”到累加器	2	1
ANL	direct，A	累加器“与”到直接地址	2	1
ANL	direct，#data	立即数“与”到直接地址	3	2
ORL	A，Rn	寄存器“或”到累加器	1	2
ORL	A，direct	直接地址“或”到累加器	2	1
ORL	A，@Ri	间接RAM“或”到累加器	1	1
ORL	A，#data	立即数“或”到累加器	2	1
ORL	direct，A	累加器“或”到直接地址	2	1
ORL	direct，#data	立即数“或”到直接地址	3	1
XRL	A，Rn	寄存器“异或”到累加器	1	2
XRL	A，direct	直接地址“异或”到累加器	2	1
XRL	A，@Ri	间接RAM“异或”到累加器	1	1
XRL	A，#data	立即数“异或”到累加器	2	1
XRL	direct，A	累加器“异或”到直接地址	2	1
XRL	direct，#data	立即数“异或”到直接地址	3	1
CLR	A	累加器清0	1	2
CPL	A	累加器求反	1	1
RL	A	累加器循环左移	1	1

（续）

助记符		指令说明	字节数	周期数
逻辑运算类指令				
RLC	A	带进位累加器循环左移	1	1
RR	A	累加器循环右移	1	1
RRC	A	带进位累加器循环右移	1	1
SWAP	A	累加器高、低4位交换	1	1
控制转移类指令				
JMP	@A + DPTR	相对DPTR的无条件间接转移	1	2
JZ	rel	累加器为0则转移	2	2
JNZ	rel	累加器为1则转移	2	2
CJNE	A, direct, rel	比较直接地址和累加器，不相等转移	3	2
CJNE	A, #data, rel	比较立即数和累加器，不相等转移	3	2
CJNE	Rn, #data, rel	比较寄存器和立即数，不相等转移	3	2
CJNE	@Ri, #data, rel	比较立即数和间接RAM，不相等转移	3	2
DJNZ	Rn, rel	寄存器减1，不为0则转移	3	2
DJNZ	direct, rel	直接地址减1，不为0则转移	3	2
NOP		空操作，用于短暂延时	1	1
ACALL	add11	绝对调用子程序	2	2
LCALL	add16	长调用子程序	3	2
RET		从子程序返回	1	2
RETI		从中断服务子程序返回	1	2
AJMP	add11	无条件绝对转移	2	2
LJMP	add16	无条件长转移	3	2
SJMP	rel	无条件相对转移	2	2
布尔指令				
CLR	C	清进位位	1	1
CLR	bit	清直接寻址位	2	1
SETB	C	置位进位位	1	1
SETB	bit	置位直接寻址位	2	1
CPL	C	取反进位位	1	1
CPL	bit	取反直接寻址位	2	1
ANL	C, bit	直接寻址位“与”到进位位	2	2
ANL	C, /bit	直接寻址位的反码“与”到进位位	2	2
ORL	C, bit	直接寻址位“或”到进位位	2	2
ORL	C, /bit	直接寻址位的反码“或”到进位位	2	2
MOV	C, bit	直接寻址位传送到进位位	2	1
MOV	bit, C	进位位位传送到直接寻址	2	2

（续）

助记符		指令说明	字节数	周期数
布尔指令				
JC	rel	如果进位位为 1 则转移	2	2
JNC	rel	如果进位位为 0 则转移	2	2
JB	bit，rel	如果直接寻址位为 1 则转移	3	2
JNB	bit，rel	如果直接寻址位为 0 则转移	3	2
JBC	bit，rel	直接寻址位为 1 则转移并清除该位	2	2

表 B-2　80C51 单片机指令系统（二）

助记符	指令说明
伪指令	
ORG	指明程序的开始位置
DB	定义数据表
DW	定义 16 位的地址表
EQU	给一个表达式或一个字符串起名
DATA	给一个 8 位的内部 RAM 起名
XDATA	给一个 8 位的外部 RAM 起名
BIT	给一个可位寻址的位单元起名
END	指出源程序到此为止
指令中的符号标识	
Rn	工作寄存器 R0 ~ R7
Ri	工作寄存器 R0 和 R1
@ Ri	间接寻址的 8 位 RAM 单元地址（00H ~ FFH）
#data8	8 位常数
#data16	16 位常数
addr16	16 位目标地址，能转移或调用到 64KBROM 的任何地方
addr11	11 位目标地址，在下条指令的 2KB 范围内转移或调用
Rel	8 位偏移量，用于 SJMP 和所有条件转移指令，范围为 -128 ~ 127
Bit	片内 RAM 中的可寻址位和 SFR 的可寻址位
Direct	直接地址，范围为片内 RAM 单元（00H ~ 7FH）和 80H ~ FFH
$	指本条指令的起始位置

参考文献

[1] 周坚，等．单片机应用与接口技术［M］．北京：机械工业出版社，2010.
[2] 穆兰，等．单片微型计算机原理及接口技术［M］．北京：机械工业出版社，1999.
[3] 杨欣，等．实例解读51单片机完全学习与应用［M］．北京：电子工业出版社，2011.
[4] 王守中．一读就通单片机开发［M］．北京：电子工业出版社，2011.
[5] 宁爱民，等．单片机应用技术［M］．北京：北京理工大学出版社，2009.
[6] 邹显圣，等．单片机原理与应用项目式教程［M］．北京：机械工业出版社，2010.
[7] 王文杰，等．单片机应用技术［M］．北京：冶金工业出版社，2008.